Python 数据分析项目全程实录

明日科技　编著

清华大学出版社
北京

内 容 简 介

本书精选不同行业、不同分析方法以及机器学习等方向的 12 个热门 Python 数据分析项目。这些项目既可以作为练手项目，也可以应用于实际数据分析工作中，其中的机器学习还可作为参赛项目的参考。总体来说，这些项目的实用性都非常强。具体项目包含：热销产品销售数据统计分析、篮坛薪酬揭秘：球员位置与薪资数据的深度分析、股海秘籍：股票行情数据分析之旅、京东某商家的销售评价数据分析、商城注册用户数据探索分析、自媒体账号内容数据分析、汽车数据可视化与相关性分析、抖音电商数据分析系统、会员数据化运营 RFM 分析实战、商超购物 Apriori 关联分析、基于 K-Means 算法实现鸢尾花聚类分析、电视节目数据分析系统。本书从数据分析、机器学习的角度出发，按照项目开发的顺序，系统、全面地讲解每一个项目的开发实现过程。体例上，每章一个项目，统一采用"开发背景→系统设计→技术准备→各功能模块实现→项目运行→源码下载"的形式完整呈现项目，给读者明确的成就感，可以让读者快速积累实际数据分析经验与技巧，早日实现就业目标。

另外，本书配备丰富的 Python 在线开发资源库和电子课件，主要内容如下：

- ☑ 技术资源库：1456 个核心技术点
- ☑ 实例资源库：227 个应用实例
- ☑ 源码资源库：211 套项目与案例源码
- ☑ PPT 电子课件
- ☑ 技巧资源库：583 个开发技巧
- ☑ 项目资源库：44 个精选项目
- ☑ 视频资源库：598 集学习视频

本书可为 Python 数据分析入门自学者提供更广泛的数据分析实战场景，可为统计学专业、计算机等专业学生进行数据分析项目实训、毕业设计提供项目参考，可供计算机专业教师、IT 培训讲师用作教学参考资料，还可作为数据分析师、IT 求职者、编程爱好者进行数据分析实战的参考书。

图书在版编目（CIP）数据

Python 数据分析项目全程实录 / 明日科技编著.
北京：清华大学出版社，2024. 9. --（软件项目开发全程实录）. -- ISBN 978-7-302-67053-7

Ⅰ. TP312.8

中国国家版本馆 CIP 数据核字第 2024VY9663 号

责任编辑：贾小红
封面设计：秦　丽
版式设计：文森时代
责任校对：马军令
责任印制：杨　艳

出版发行：清华大学出版社
　　　网　　　址：https://www.tup.com.cn，https://www.wqxuetang.com
　　　地　　　址：北京清华大学学研大厦 A 座　　　　邮　　　编：100084
　　　社 总 机：010-83470000　　　　　　　　　　邮　　　购：010-62786544
　　　投稿与读者服务：010-62776969，c-service@tup.tsinghua.edu.cn
　　　质量反馈：010-62772015，zhiliang@tup.tsinghua.edu.cn

印 装 者：北京同文印刷有限责任公司
经　　销：全国新华书店
开　　本：203mm×260mm　　　印　　张：18.75　　　字　　数：607 千字
版　　次：2024 年 10 月第 1 版　　　　　　　　　印　　次：2024 年 10 月第 1 次印刷
定　　价：89.80 元

产品编号：107699-01

如何使用本书开发资源库

本书赠送价值 999 元的"Python 在线开发资源库"一年的免费使用权限，结合图书和开发资源库，读者可快速提升编程水平和解决实际问题的能力。

1. VIP 会员注册

刮开并扫描图书封底的防盗码，按提示绑定手机微信，然后扫描右侧二维码，打开明日科技账号注册页面，填写注册信息后将自动获取一年（自注册之日起）的 Python 在线开发资源库的 VIP 使用权限。

Python
开发资源库

读者在注册、使用开发资源库时有任何问题，均可通过明日科技官网页面上的客服电话进行咨询。

2. 开发资源库简介

Python 开发资源库中提供了技术资源库（1456 个核心技术点）、技巧资源库（583 个开发技巧）、实例资源库（227 个应用实例）、项目资源库（44 个精选项目）、源码资源库（211 套项目与案例源码）、视频资源库（598 集学习视频），共计六大类、3119 项学习资源。学会、练熟、用好这些资源，读者可在最短的时间内快速提升自己的开发水平，从一名新手晋升为一名软件工程师。

3. 开发资源库的使用方法

在学习本书的各项目时，可以通过 Python 开发资源库提供的大量技术点、技巧、热点实例等快速回顾或了解相关的知识和技巧，提升学习效率。

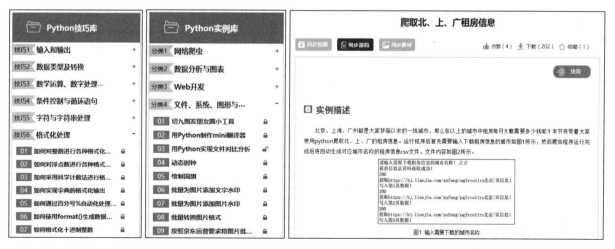

除此之外，开发资源库还配备了更多的大型实战项目，供读者进一步扩展学习，以提升编程兴趣和信心，积累项目经验。

　　另外，利用页面上方的搜索栏，还可以对技术、技巧、实例、项目、源码、视频等资源进行快速查阅。

　　万事俱备后，读者该到软件开发的主战场上接受洗礼了。本书资源包中提供了 Python 的基础冲关 100 题以及企业面试真题，是求职面试的绝佳指南。读者可扫描图书封底的"文泉云盘"二维码获取。

Python面试资源库
第1部分　基础冲关100题
第2部分　企业面试真题汇编

前 言
Preface

丛书说明： "软件项目开发全程实录"丛书第 1 版于 2008 年 6 月出版，因其定位于项目开发案例、面向实际开发应用，并解决了社会需求和高校课程设置相对脱节的痛点，在软件项目开发类图书市场上产生了很大的反响，在全国软件项目开发零售图书排行榜中名列前茅。

"软件项目开发全程实录"丛书第 2 版于 2011 年 1 月出版，第 3 版于 2013 年 10 月出版，第 4 版于 2018 年 5 月出版。经过十六年的锤炼打造，不仅深受广大程序员的喜爱，还被百余所高校选为计算机科学、软件工程等相关专业的教材及教学参考用书，更被广大高校学子用作毕业设计和工作实习的必备参考用书。

"软件项目开发全程实录"丛书第 5 版在继承前 4 版所有优点的基础上，进行了大幅度的改版升级。首先，结合当前技术发展的最新趋势与市场需求，增加了程序员求职急需的新图书品种；其次，对图书内容进行了深度更新、优化，新增了当前热门的流行项目，优化了原有经典项目，将开发环境和工具更新为目前的新版本等，使之更与时代接轨，更适合读者学习；最后，录制了全新的项目精讲视频，并配备了更加丰富的学习资源与服务，可以给读者带来更好的项目学习及使用体验。

现如今，数据分析已经广泛应用于各行各业，成为许多商家和企业不可或缺的一部分。无论是金融、医疗、教育、制造还是零售等行业，都需要数据分析来帮助人们做出判断，以便采取适当的措施。对于企业和商家来说，数据分析可以帮助企业更好地理解市场需求、制定营销策略、提升运营水平，并为决策者提供战略参考等。

作为数据分析工具，Python 无疑是最佳之选，因为它不仅简单易学、数据处理高效，而且对于初学者来说容易上手。在科学计算、数据分析、数据可视化、数据挖掘和机器学习等方面，Python 占据了越来越重要的地位。本书以中小型项目为载体，带领读者亲身体验数据分析在各个领域应用的实际过程，从而提升数据分析技能和项目经验，掌握各种分析方法以及机器学习技术。全书内容不是枯燥的语法和陌生的术语，而是一步一步地引导读者实现一个个热门的项目，从而激发读者学习数据分析的兴趣，将被动学习转变为主动学习。另外，本书的项目开发过程完整，不仅可以应用于实际工作，还可以作为数据分析师以及从事数据相关工作的人员提升数据分析项目经验的工具书，同时可以作为大学生毕业设计的项目参考用书。

本书内容

本书提供不同行业、不同分析方法以及机器学习等方向的 12 个热门 Python 数据分析项目，具体项目包括：热销产品销售数据统计分析、篮坛薪酬揭秘：球员位置与薪资数据的深度分析、股海秘籍：股票行情数据分析之旅、京东某商家的销售评价数据分析、商城注册用户数据探索分析、自媒体账号内容数据分析、汽车数据可视化与相关性分析、抖音电商数据分析系统、会员数据化运营 RFM 分析实战、商超购物 Apriori 关联分析、基于 K-Means 算法实现鸢尾花聚类分析、电视节目数据分析系统。

本书特点

☑ **项目典型。** 本书精选 12 个热点项目。这些项目均是当前实际开发领域常见的热门项目，且每个项目均从实际应用角度出发，进行系统性的讲解，旨在帮助读者通过项目学习，积累丰富的数据分析经验。

☑ **流程清晰**。本书项目从软件工程的角度出发，统一采用"开发背景→系统设计→技术准备→各功能模块实现→项目运行→源码下载"的形式呈现内容，这样的结构让读者能够更加清晰地了解项目的完整开发流程，从而增强读者的成就感和自信心。

☑ **技术新颖**。本书所有项目的实现技术均采用目前业内推荐使用的最新稳定版本，确保了技术与时俱进，并且具有极强的实用性。同时，每个项目都配备了"技术准备"一节，其中对项目中用到的 Python 数据分析基本技术点、高级应用、第三方库等进行了精要讲解。这些内容在 Python 数据分析基础和项目开发之间搭建了有效的桥梁，为仅有 Python 数据分析基础的初级编程人员参与数据分析项目扫清了障碍。

☑ **栏目精彩**。本书根据项目学习的需要，在每个项目讲解过程的关键位置添加了"注意""说明"等特色栏目，点拨项目的开发要点和精华，以便读者能更快地掌握相关技术的应用技巧。

☑ **源码下载**。本书在每个项目的最后都安排了"源码下载"一节，读者可以通过扫描对应二维码下载对应项目的完整源码，从而方便学习和参考。

☑ **项目视频**。本书为每个项目都提供了开发及使用微视频，使读者能够更加轻松地搭建、运行、使用项目，并且可以随时随地进行查看和学习。

读者对象

☑ 数据分析爱好者   ☑ 高等院校的教师
☑ Python 爱好者   ☑ IT 培训机构的教师与学员
☑ 提升数据分析技能的职场人员   ☑ 数据分析师
☑ 参加毕业设计的学生   ☑ 编程爱好者

资源与服务

本书提供了大量的辅助学习资源，同时还提供了专业的知识拓展与答疑服务，旨在帮助读者提高学习效率并解决学习过程中遇到的各种疑难问题。读者需要刮开图书封底的防盗码（刮刮卡），扫描并绑定微信，获取学习权限。

☑ **开发环境搭建视频**

搭建环境对于项目开发非常重要，它确保了项目开发在一致的环境下进行，减少了因环境差异导致的错误和冲突。通过搭建开发环境，可以方便地管理项目依赖，提高开发效率。本书提供了开发环境搭建讲解视频，可以引导读者快速准确地搭建本书项目的开发环境。扫描右侧二维码即可观看学习。

开发环境
搭建视频

☑ **项目精讲视频**

本书每个项目均配有对应的项目精讲微视频，主要针对项目的需求背景、应用价值、功能结构、业务流程、实现逻辑以及所用到的核心技术点进行精要讲解，可以帮助读者了解项目概要，把握项目要领，快速进入学习状态。扫描每章首页的对应二维码即可观看学习。

☑ **项目源码**

本书每章一个项目，系统全面地讲解了该项目的设计及实现过程。为了方便读者学习，本书提供了完整的项目源码（包含项目中用到的所有素材，如图片、数据表等）。扫描每章最后的二维码即可下载。

☑ **AI 辅助开发手册**

在人工智能浪潮的席卷之下，AI 大模型工具呈现百花齐放之态，辅助编程开发的代码助手类工具不断涌现，可为开发人员提供技术点问答、代码查错、辅助开发等非常实用的服务，极大地提高了编程学习和开发效率。为了帮助读者快速熟悉并使用这些工具，本书专门精心配备了电子版的《AI 辅助开发手册》，不仅为读者提供各个主流大语言模型的使用指南，而且详细讲解文心快码（Baidu Comate）、通义灵码、腾讯云 AI 代码助手、iFlyCode 等专业的智能代码助手的使用方法。扫描右侧二维码即可阅读学习。

AI 辅助
开发手册

☑ **代码查错器**

为了进一步帮助读者提升学习效率，培养良好的编码习惯，本书配备了由明日科技自主开发的代码查错器。读者可以将本书的项目源码保存为对应的 txt 文件，存放到代码查错器的对应文件夹中，然后自己编写相应的实现代码并与项目源码进行比对，快速找出自己编写的代码与源码不一致或者发生错误的地方。代码查错器配有详细的使用说明文档，扫描右侧二维码即可下载。

代码查错器

☑ **Python 开发资源库**

本书配备了强大的线上 Python 开发资源库，包括技术资源库、技巧资源库、实例资源库、项目资源库、源码资源库、视频资源库。扫描右侧二维码，可登录明日科技网站，获取 Python 开发资源库一年的免费使用权限。

Python
开发资源库

☑ **Python 面试资源库**

本书配备了 Python 面试资源库，精心汇编了大量企业面试真题，是求职面试的绝佳指南。扫描本书封底的"文泉云盘"二维码即可获取。

☑ **教学 PPT**

本书配备了精美的教学 PPT，可供高校教师和培训机构讲师备课使用，也可供读者做知识梳理。扫描本书封底的"文泉云盘"二维码即可下载。另外，登录清华大学出版社网站（www.tup.com.cn），可在本书对应页面查阅教学 PPT 的获取方式。

☑ **学习答疑**

在学习过程中，读者难免会遇到各种疑难问题。本书配有完善的新媒体学习矩阵，包括 IT 今日热榜（实时提供最新技术热点）、微信公众号、学习交流群、400 电话等，可为读者提供专业的知识拓展与答疑服务。扫描右侧二维码，根据提示操作，即可享受答疑服务。

学习答疑

致读者

本书由明日科技 Python 开发团队组织编写，主要编写人员有高春艳、赛思琪、王小科、张鑫、王国辉、赵宁、赛奎春、田旭、葛忠月、杨丽、李颖、程瑞红、张颖鹤、刘书娟等。明日科技是一家专业从事软件开发、教育培训以及软件开发教育资源整合的高科技公司，其编写的图书非常注重选取软件开发中的必需、常用内容，同时很注重内容的易学、方便性以及相关知识的拓展性，深受读者喜爱。同时，其编写的图书多次荣获"全行业优秀畅销品种""全国高校出版社优秀畅销书"等奖项，多个品种长期位居同类图书销售排行榜的前列。

在编写本书的过程中，我们始终本着科学、严谨的态度，力求精益求精，但疏漏之处在所难免，敬请广大读者批评指正。

感谢您选择本书，希望本书能成为您的良师益友，成为您步入编程高手之路的踏脚石。

宝剑锋从磨砺出，梅花香自苦寒来。祝读书快乐！

编　者

2024 年 9 月

目 录

Contents

## 第 1 章

热销产品销售数据统计分析

——pandas + numpy + matplotlib + ABC 分类法

随着电商行业的快速发展，销售数据的规模和复杂性也在不断增加。通过使用 Python 进行销售数据分析，我们可以从海量数据中挖掘出有价值的信息，如销售趋势、热门产品、客户消费行为等。本章将使用 pandas 模块、numpy 模块、matplotlib 模块并结合 ABC 分类法实现热销产品销售数据统计分析。

本项目的核心功能及实现技术如下：

项目微视频

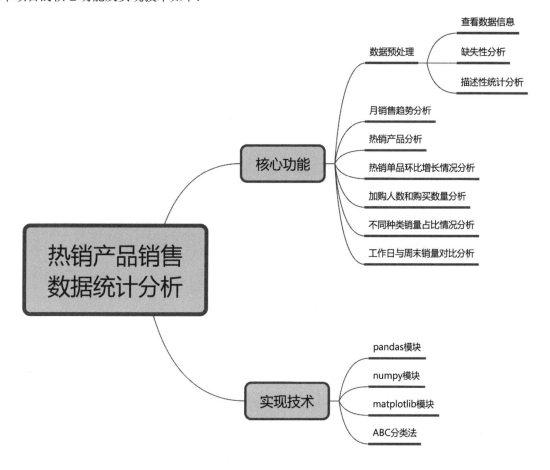

1.1 开发背景

现如今，销售数据分析已成为企业营销和决策的关键因素，而深入挖掘销售数据中的热销产品将会更大程度地提升销售业绩，从而为企业带来更大的收益。同时，销售增长速度的环比分析是企业经营管理中常用的指标，用于衡量销售业绩的增长速度。本章将使用 pandas 模块、numpy 模块、matplotlib 模块并结合 ABC 分类法实现月销售趋势分析、热销产品分析、热销单品环比增长情况分析等。

1.2 系 统 设 计

1.2.1 开发环境

本项目的开发及运行环境如下：
- ☑ 操作系统：推荐 Windows 10、Windows 11 或更高版本。
- ☑ 编程语言：Python 3.12。
- ☑ 开发环境：PyCharm。
- ☑ 第三方模块：pandas（2.1.4）、openpyxl（3.1.2）、numpy（1.26.3）、matplotlib（3.8.2）。

1.2.2 分析流程

热销产品销售数据统计分析首要任务是数据准备，接着进行数据预处理工作，即查看数据信息、缺失性分析和描述性统计分析，以确保数据质量，然后进行数据统计分析。

本项目分析流程如图 1.1 所示。

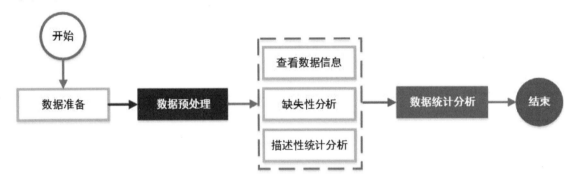

图 1.1　热销产品销售数据统计分析流程

1.2.3 功能结构

本项目的功能结构已经在章首页中给出。本项目实现的具体功能如下：
- ☑ 数据预处理：查看数据信息、缺失性分析、描述性统计分析。
- ☑ 月销售趋势分析：按月统计分析成交商品件数和成交码洋。
- ☑ 热销产品分析：采用 ABC 分类法和累计贡献率对产品进行分类，将其划分为 A 类、B 类和 C 类，随后对分类结果进行可视化展示。
- ☑ 热销单品环比增长情况分析：对热销单品的成交商品件数按月进行环比分析。
- ☑ 加购人数和购买数量分析：对热销产品中的 A 类产品加入购物车人数和实际成交商品件数进行对比分析。
- ☑ 不同种类销量占比情况分析：分析热销产品中不同种类销量占比情况。
- ☑ 工作日与周末销量对比分析：对比分析工作日五天和周末两天的销量。

1.3 技术准备

1.3.1 技术概览

Python 数据分析相关模块非常多，作为第一个项目，我们采用 Python 数据分析最基本的三大模块，它们也是 Python 数据分析必备三剑客，即 pandas 模块、numpy 模块和 matplotlib 模块。这三大模块基本可以实现数据分析所需的大部分功能，并且各自分工明确。其中，pandas 模块主要用于数据处理和统计分析，numpy 模块主要用于数组计算和科学计算，matplotlib 模块主要用于绘制图表，实现数据可视化。

关于这三大模块，此处不进行详细介绍。《Python 数据分析从入门到精通（第 2 版）》一书对它们进行了详细的讲解，对这些知识不太熟悉的读者，可以参考该书对应的内容。

除此之外，对于热销产品的分析，我们使用 ABC 分类法，下面将对其进行必要的介绍，以确保读者可以顺利完成本项目。

1.3.2 ABC 分类法

顾名思义，热销产品销售数据统计分析核心任务就是找出哪些产品属于热销产品，然后对这些热销产品进一步分析。那么，通过猜测或人工筛选显然是不合理的。

在该项目中，我们将使用科学的分析方法，即 ABC 分类法（帕累托分析法），将销售数据按产品维度进行分析，对比不同产品的销售情况，将产品划分为 A 类、B 类和 C 类。我们首先来了解什么是 ABC 分类法。

ABC 分类法全称为 ABC 分类库存控制法，又称为帕累托分析法或 ABC 分析法、ABC 管理法，通常被称为 80/20 法则，该法则是由意大利经济学家"帕累托"提出的。80/20 法则认为：原因和结果、投入和产出、努力和报酬之间本来存在着无法解释的不平衡。例如，一家公司 80%的利润常常来自 20%的产品。下面简单介绍一下相关算法，如下所示：

$$累计贡献率（\%）= \frac{累加销售收入}{销售总收入} \times 100\%$$

上述公式得出的计算结果，我们称之为"累计贡献率"。累计贡献率对应的是产品，通过累计贡献率，可以将产品划分为 A 类、B 类和 C 类，如表 1.1 所示。

表 1.1 ABC 分类法

类　别	重要程度	占　比	说　明
A 类产品	非常重要	80%	数量占比少，价值占比大
B 类产品	比较重要	10%	没有 A 类产品重要，处于 A 类和 C 类之间
C 类产品	一般重要	10%	数量占比大但价值占比很小

说明

真正的比例不一定正好是 80%∶20%。80/20 法则表明在多数情况下该关系很可能是不平衡的，并且接近于 80/20。

另外需要说明一点，在实际应用中，上述算法无须手工计算，因为 pandas 模块已经为我们提供了现成的函数，即 cumsum()函数和 sum()函数。其中，cumsum()函数用于计算序列的累积和，也就是从第一条记录开始计算，每一条记录都与上一条记录相加，直到最后一条记录。cumsum()函数在上述算法中用于计算"累加销售收入"，举个简单的例子：

```python
import pandas as pd
import numpy as np
data=np.array([1,3,5,7,9])
data_cumsum=pd.Series(data).cumsum()
print(data_cumsum)
```

运行程序，结果如下：

```
0    1
1    4
2    9
3    16
4    25
```

sum()函数用于求和，在上述算法中用于计算销售总收入，例如对上述举例进行求和，代码如下：

```python
print(data.sum())
```

运行程序，结果如下：

```
25
```

在数据统计分析过程中，这两个函数应用非常广泛，它们可以帮助我们更好地了解数据的趋势和变化，因此读者必须掌握它们。

1.4　前　期　工　作

1.4.1　开发环境设置

数据分析过程中，我们经常需要在 PyCharm 的控制台中显示数据。然而，默认情况下，这些数据可能会出现不对齐的现象。为了解决这个问题，我们需要对 PyCharm 控制台字体进行一些简单的设置。运行 PyCharm，选择 File→Settings 命令，打开 Settings 对话框，然后按照图 1.2 所示的步骤进行设置即可。

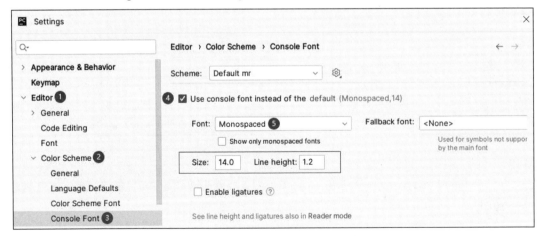

图 1.2　设置字体

1.4.2　安装第三方模块

按照惯例，我们通常使用 pip 命令来安装第三方模块，当然也可以在 PyCharm 开发环境中进行安装。本项目所需模块在前面已经进行了介绍，这里应逐一进行安装。

例如，安装 pandas 模块，在系统"搜索"文本框中输入 cmd，打开"命令提示符"窗口，然后输入如下安装命令：

```
pip install pandas
```

如果需要多个模块，也可以同时安装，则安装命令如下：

```
pip install module1 module2 module3
```

如果需要指定特定版本的模块，则安装命令如下：

```
pip install module1==1.0.0 module2>=2.0.0 module3<=3.0.0
```

1.4.3　新建项目目录

开发项目前，应当创建一个项目目录，用于保存项目所需的 Python 脚本文件，具体步骤如下：运行 PyCharm，右击工程目录（如 PycharmProjects），在弹出的快捷菜单中选择 New 下的 Directory，然后输入名称"热销产品销售数据统计分析"，最后按 Enter 键确认，这样项目目录就创建成功了，如图 1.3 所示。

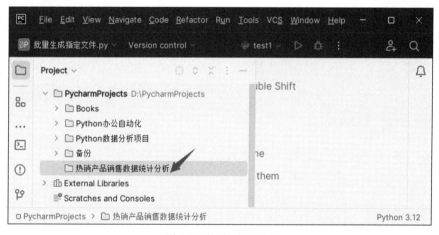

图 1.3　新建项目目录

1.4.4　数据准备

热销产品销售数据统计分析的数据来源于 Excel 文件，具体介绍如下：

☑　文件名：data1.xlsx。

☑　字段：时间、商品名称、一级类目、二级类目、三级类目、浏览量、访客数、人均浏览量、平均停留时长、成交商品件数、成交码洋、加购人数。

☑　记录：11815 条产品销售数据。

部分数据截图，如图 1.4 所示。

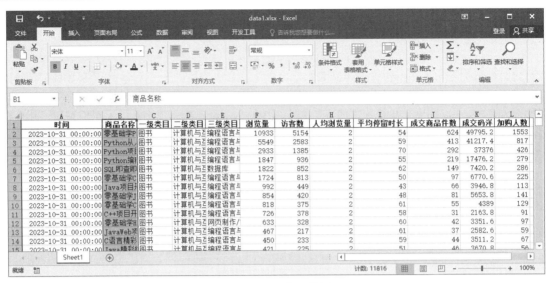

图 1.4　部分数据截图

说明

data1.xlsx 位于资源包项目所在文件夹下的 data 文件夹中，开发本项目前，应将 data 文件夹复制到项目目录中，如图 1.5 所示。

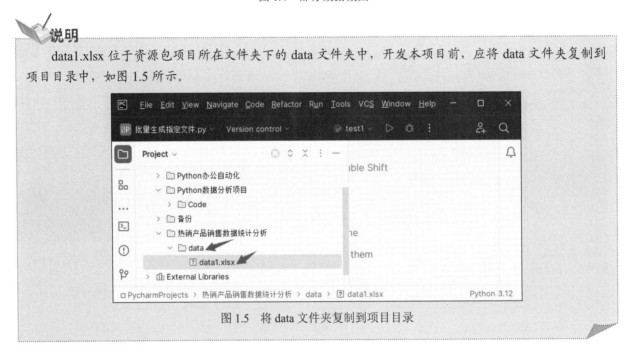

图 1.5　将 data 文件夹复制到项目目录

1.5　数据预处理

1.5.1　查看数据信息

面对一个全新的数据集，在尚未了解其内容的情况下，我们不应冒然进行数据处理和分析。那么，我们应如何着手呢？答案肯定是，我们首先应该查看数据的基本信息，以了解数据的概况，包括数据的行数、列数以及所包含的字段等。由于该项目的数据源自 Excel 文件，如果数据量庞大，直接在 Excel 中打开查看显然是不可取的。在这种情况下，我们可以使用 pandas 模块提供的相关函数来预览数据。

例如，查看 Excel 文件 data1.xlsx 的数据信息，实现过程如下（源码位置：资源包\Code\01\data_view.py）。

（1）运行 PyCharm，在项目目录下新建一个 Python 文件，并将其命名为 data_view.py。

（2）导入相关模块，代码如下：

```
# 导入 pandas 模块
import pandas as pd
```

（3）读取 Excel 文件，并查看数据的行数、列数以及字段。这主要使用 DataFrame 对象的 shape 属性和 columns 属性来实现，代码如下：

```
# 读取 Excel 文件
df=pd.read_excel('./data/data1.xlsx')
# 查看数据维数（行数和列数）和字段
print(df.shape)
print(df.columns)
```

运行程序，结果如图 1.6 所示。

```
(11815, 12)
Index(['时间', '商品名称', '一级类目', '二级类目', '三级类目', '浏览量', '访客数', '人均浏览量', '平均停留时长',
       '成交商品件数', '成交码洋', '加购人数'],
      dtype='object')
```

图 1.6　查看数据

从运行结果中得知：该数据集包含 11815 行和 12 列，同时列出了每一列的名称，即数据中包含的字段。

（4）使用 DataFrame 对象的 head()方法和 tail()方法分别查看前 5 条和最后 5 条数据，代码如下：

```
# 查看前 5 条和最后 5 条数据
print(df.head())
print(df.tail())
```

运行程序，结果如图 1.7 所示。

```
           时间             商品名称  一级类目      二级类目  ... 平均停留时长  成交商品件数   成交码洋 加购人数
0  2023-10-31    零基础学Python（全彩版）    图书 计算机与互联网 ...     54     624 49795.2 1553
1  2023-10-31 Python从入门到项目实践（全彩版）  图书 计算机与互联网 ...     59     413 41217.4  817
2  2023-10-31  Python项目开发案例集锦（全彩版）  图书 计算机与互联网 ...     70     292 37376.0  426
3  2023-10-31    Python编程锦囊（全彩版）    图书 计算机与互联网 ...     55     219 17476.2  279
4  2023-10-31      SQL即查即用（全彩版）    图书 计算机与互联网 ...     62     149  7420.2  286

[5 rows x 12 columns]
              时间            商品名称 一级类目  ... 成交商品件数  成交码洋 加购人数
11810  2023-09-01   JSP项目开发实战入门（全彩版）   图书 ...     2 139.6    3
11811  2023-09-01    C#精彩编程200例（全彩版）   图书 ...     2 179.6    4
11812  2023-09-01     玩转C语言程序设计（全彩版）   图书 ...     0   0.0    1
11813  2023-09-01 Android精彩编程200例（全彩版）  图书 ...     2 179.6    6
11814  2023-09-01      Java开发详解（全彩版）   图书 ...     2 238.0    2

[5 rows x 12 columns]
```

图 1.7　前 5 条和最后 5 条数据

说明

从运行结果中得知：数据出现了不对齐以及显示 "..."（即省略了部分数据）的现象，那么如何解决这一问题呢？

pandas 模块提供了专门用于处理数据显示格式的函数 set_option()，可以更改的参数如下：

☑ display.max_columns：设置 DataFrame 对象的最大显示列数，默认值为 20。

☑ display.max_rows：设置 DataFrame 对象的最大显示行数，默认值为 60。

☑ display.max_colwidth：设置 DataFrame 对象每列的最大长度，默认值为 50。

☑ display.precision：设置 DataFrame 对象中数字的显示精度，默认值为 6。

除此之外，还可以设置 DataFrame 对象的显示格式。其中：float_format 参数用于设置浮点数的显示格式，如"%.2f"表示保留 2 位小数；date_dayfirst 参数用于设置日期的显示格式，默认为 False，表示以月/日/年的格式显示日期，如果设置为 True，则以日/月/年的格式显示日期。

在上述代码前加入如下代码：

```
# 设置数据显示的编码格式为东亚宽度，以实现列对齐
pd.set_option('display.unicode.east_asian_width', True)
pd.set_option('display.width',10000)          # 显示宽度
pd.set_option('display.max_columns',1000)     # 最大列数
```

再次运行程序，之前的问题得到解决，结果如图 1.8 所示。

	时间	商品名称	一级类目	二级类目	三级类目	浏览量	访客数	人均浏览量	平均停留时长	成交商品件数	成交码洋	加购人数
0	2023-10-31	零基础学Python（全彩版）	图书	计算机与互联网	编程语言与程序设计	10933	5154	2	54	624	49795.2	1553
1	2023-10-31	Python从入门到项目实践（全彩版）	图书	计算机与互联网	编程语言与程序设计	5549	2583	2	59	413	41217.4	817
2	2023-10-31	Python项目开发案例集锦（全彩版）	图书	计算机与互联网	编程语言与程序设计	2933	1385	2	70	292	37376.0	426
3	2023-10-31	Python编程锦囊（全彩版）	图书	计算机与互联网	编程语言与程序设计	1847	936	2	55	219	17476.2	279
4	2023-10-31	SQL即查即用（全彩版）	图书	计算机与互联网	数据库	1822	852	2	62	149	7420.2	286
	时间	商品名称	一级类目	二级类目	三级类目	浏览量	访客数	人均浏览量	平均停留时长	成交商品件数	成交码洋	加购人数
11810	2023-09-01	JSP项目开发实战入门（全彩版）	图书	计算机与互联网	编程语言与程序设计	27	10	3	121	2	139.6	3
11811	2023-09-01	C#精彩编程200例（全彩版）	图书	计算机与互联网	编程语言与程序设计	25	21	1	39	2	179.6	4
11812	2023-09-01	玩转C语言程序设计（全彩版）	图书	计算机与互联网	编程语言与程序设计	23	13	2	77	0	0.0	1
11813	2023-09-01	Android精彩编程200例（全彩版）	图书	计算机与互联网	移动开发	20	14	1	177	2	179.6	6
11814	2023-09-01	Java开发详解（全彩版）	图书	计算机与互联网	编程语言与程序设计	14	10	1	42	2	238.0	2

图 1.8　显示前 5 条和最后 5 条数据

1.5.2　缺失性分析

在数据分析过程中，首先需要清晰地了解数据的情况，包括查看数据中是否存在缺失值以及列数据类型是否正常。下面使用 DataFrame 对象的 info()方法查看数据的摘要信息和缺失情况，代码如下（源码位置：资源包\Code\01\data_view.py）：

```
print(df.info())
```

运行程序，结果如图 1.9 所示。

从运行结果中得知：记录总数为 11815，如"时间"字段显示为 11815 non-null，这意味着在该字段中有 11815 条非空数据，其他字段也都显示为 11815 non-null。因此，结论是数据中没有缺失值。

说明

当出现大型数据集时，如果字段数达到上百个，那么使用前面的方法会显示很多信息，使得结果看起来十分烦琐。info()方法提供了简短摘要信息的功能，但主要通过将 verbose 参数值设置为 False 来实现，代码如下：

```
print(df.info(verbose=False))
```

运行程序，结果如图 1.10 所示。

```
<class 'pandas.core.frame.DataFrame'>
RangeIndex: 11815 entries, 0 to 11814
Data columns (total 12 columns):
 #   Column    Non-Null Count  Dtype
     
 0   时间        11815 non-null  datetime64[ns]
 1   商品名称      11815 non-null  object
 2   一级类目      11815 non-null  object
 3   二级类目      11815 non-null  object
 4   三级类目      11815 non-null  object
 5   浏览量       11815 non-null  int64
 6   访客数       11815 non-null  int64
 7   人均浏览量     11815 non-null  int64
 8   平均停留时长    11815 non-null  int64
 9   成交商品件数    11815 non-null  int64
 10  成交码洋      11815 non-null  float64
 11  加购人数      11815 non-null  int64
dtypes: datetime64[ns](1), float64(1), int64(6), object(4)
memory usage: 1.1+ MB
None
```

图 1.9　查看数据的摘要信息和缺失情况

```
<class 'pandas.core.frame.DataFrame'>
RangeIndex: 11815 entries, 0 to 11814
Columns: 12 entries, 时间 to 加购人数
dtypes: datetime64[ns](1), float64(1), int64(6), object(4)
memory usage: 1.1+ MB
None
```

图 1.10　数据简短摘要信息

与图 1.9 相比，摘要信息看起来简洁清爽多了。

1.5.3　描述性统计分析

为了快速检视统计信息并从中识别异常数据，如空数据或值为 0 的数据，我们可以使用 DataFrame 对象的 describe()方法来查看每列数据的基本统计量。这些统计量主要包括计数、平均值、标准差、最小值、第一四分位数（1/4 分位数）、中位数（1/2 分位数）、第三四分位数（3/4 分位数）以及最大值。通过分析这些统计量，我们可以发现数据中的异常情况，代码如下（源码位置：资源包\Code\01\data_view.py）：

```
print(df.describe().T)
```

运行程序，结果如图 1.11 所示。

	count	mean	min	25%	50%	75%	max	std
时间	11815	2023-07-04 06:46:13.355903488	2023-01-01 00:00:00	2023-04-06 00:00:00	2023-07-05 00:00:00	2023-10-03 00:00:00	2023-12-31 00:00:00	NaN
浏览量	11815.0	266.673127	0.0	56.0	117.0	249.0	11554.0	495.506533
访客数	11815.0	126.068811	0.0	30.0	58.0	118.0	5415.0	230.523978
人均浏览量	11815.0	2.018282	0.0	2.0	2.0	2.0	9.0	0.447521
平均停留时长	11815.0	75.209564	0.0	58.0	71.0	87.0	377.0	28.093542
成交商品件数	11815.0	16.588828	0.0	3.0	7.0	17.0	1007.0	31.714549
成交码洋	11815.0	1350.848667	0.0	238.0	558.4	1197.0	80358.6	2849.94014
加购人数	11815.0	31.088955	0.0	6.0	13.0	29.0	1733.0	62.131456

图 1.11　描述性统计分析

从运行结果中得知：数据的整体统计分布情况，包括记录数、均值、最小值、第一四分位数（25%）、中位数（50%）、第三四分位数（75%）、最大值和标准差。例如，在"成交商品件数"这一字段中，有 25% 的数据小于或等于 3.0，50% 的数据小于或等于 7.0，而 75% 的数据小于或等于 17.0。同时，我们注意到"成交商品件数"和"成交码洋"等字段的最小值为 0，这可能表明客户没有进行购买、浏览或加入购物车的行为，因此这部分数据可能被视为异常值或无效数据。

接下来统计数据中值为 0 的记录数量，代码如下：

```
print(df[df == 0].count())
```

运行程序，结果如图 1.12 所示。

时间	0
商品名称	0
一级类目	0
二级类目	0
三级类目	0
浏览量	56
访客数	56
人均浏览量	56
平均停留时长	57
成交商品件数	745
成交码洋	745
加购人数	192
dtype: int64	

图 1.12　统计数据为 0 的记录数

从运行结果中得知："成交商品件数"和"成交码洋"两个字段中，值为 0 的记录数最多，均为 745 条，而其他字段也有少量值为 0 的记录。然而，这些值为 0 的数据并不影响我们对热销产品的分析，因此这里选择不对其进行处理。

综上所述，数据质量良好，接下来进入数据统计分析环节。

1.6　数据统计分析

1.6.1　月销售趋势分析

月销售趋势分析主要实现按月份统计分析销售额和销量，并通过双折线图直观地体现销售的整体趋势，如图 1.13 所示。

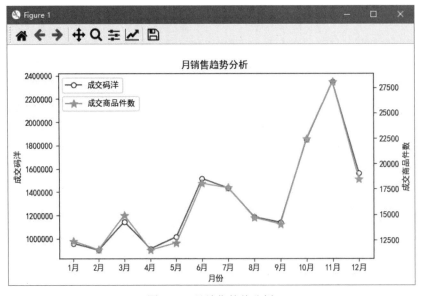

图 1.13　月销售趋势分析

从运行结果中得知：销售数据呈明显上升趋势，其中 6 月、10 月和 11 月是销售旺季。为了实现月销售趋势分析，首先使用 pandas 模块的 resample()方法和 to_period()方法按月统计销售数据，然后通过 matplotlib 模块的 plot()函数绘制双 y 轴图表，其中左侧 y 轴体现"成交码洋"，右侧 y 轴体现"成交商品件数"，实现过程如下（源码位置：资源包\Code\01\data_month_sales.py）。

（1）在项目目录下新建一个 Python 文件，并将其命名为 data_month_sales.py。

（2）导入相关模块，代码如下：

```
import pandas as pd                    # 导入 pandas 模块
import matplotlib.pyplot as plt        # 导入 matplotlib 模块
```

（3）读取 Excel 文件并抽取指定的数据，代码如下：

```
# 读取 Excel 文件
df=pd.read_excel('./data/data1.xlsx')
# 抽取数据
df=df[['时间','成交商品件数','成交码洋']]
```

（4）按月统计数据，首先按"时间"对数据进行升序排序并将"时间"设置为索引，然后使用 resample()方法和 to_period()方法按月统计数据，代码如下：

```
# 排序并设置时间为索引
df1=df.sort_values(by=['时间']).set_index('时间')
# 按月统计数据
df2=df1.resample('M').sum().to_period('M')
print(df2)
```

运行程序，查看按月统计后的数据，如图 1.14 所示。

（5）数据处理完成后，接下来的任务是使用 matplotlib 模块的 plot()函数绘制一个双 y 轴的图表。具体思路是：首先使用 add_subplot()函数创建一个子图，然后通过 twinx()函数为该子图添加一个与主 y 轴共享 x 轴的第二个 y 轴，并确保这个新 y 轴的刻度显示在子图的右侧，代码如下：

时间	成交商品件数	成交码洋
2023-01	12376	958763.6
2023-02	11537	900500.2
2023-03	14933	1144057.4
2023-04	11493	911718.8
2023-05	12228	1014847.8
2023-06	18066	1515419.0
2023-07	17619	1433418.2
2023-08	14698	1185811.0
2023-09	14059	1138865.0
2023-10	22467	1848853.4
2023-11	28063	2347063.0
2023-12	18458	1560959.6

图 1.14　按月统计数据

```
# 设置月份
month=['1 月','2 月','3 月','4 月','5 月','6 月','7 月','8 月','9 月','10 月','11 月','12 月']
# x 轴数据
x = range(len(month))
# y 轴数据
y1=df2[['成交码洋']]
y2=df2[['成交商品件数']]
# 解决中文乱码问题
plt.rcParams['font.sans-serif']=['SimHei']
# 设置画布大小
fig = plt.figure(figsize=(7,4))
# 创建子图表
ax1 = fig.add_subplot(111)
# x 轴刻度及标签
plt.xticks(x,labels=month)
# x 轴标签
plt.xlabel('月份')
# 取消科学记数法
ax1.get_yaxis().get_major_formatter().set_scientific(False)
# 第一个折线图
ax1.plot(x,y1,marker='o', mec='r', mfc='w',label=u'成交码洋')
ax1.set_ylabel('成交码洋')                  # 第一个 y 轴标签
ax1.legend(loc=2)                          # 显示图例
```

```
# 第二个折线图
ax2 = ax1.twinx()                                    # 共享 x 轴添加一条 y 轴
ax2.plot(x,y2,color='orange',marker='*', ms=10,label=u'成交商品件数')
ax2.set_ylabel('成交商品件数')                          # 第二个 y 轴标签
ax2.legend(loc=2,bbox_to_anchor=(0, 0.9))             # 显示图例
plt.title("月销售趋势分析")                             # 标题
plt.show()                                           # 显示图表
```

1.6.2 热销产品分析（ABC 分类法）

热销产品分析主要使用 ABC 分类法，该方法通过计算产品累计贡献率，将产品划分为 A 类、B 类和 C 类，并随后进行数据可视化，以便直观地观察热销产品的分布情况，如图 1.15 所示。

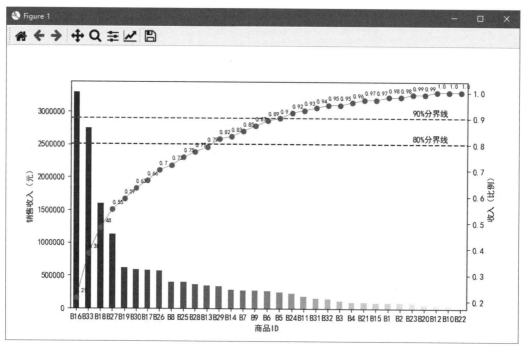

图 1.15 热销产品分析

从运行结果中得知：销售收入排名前三的产品分别是 B16、B33 和 B18，销售收入排名后三的产品分别是 B12、B10 和 B22。此外，各产品销售收入之间的差异巨大。

综上所述，根据 ABC 分类法，其中：A 类产品贡献率为 80%，包括 B16、B33、B18、B27、B19、B30、B17、B26、B8、B25、B28 和 B13，这些产品属于热销产品，需要重点营销；B 类产品贡献率为 10%，包括 B29、B14、B7、B9、B6 和 B5，这些产品比较重要，需要关注，并进一步挖掘增长点；C 类产品贡献率为 10%，包括 B24、B11、B31、B32、B3 等，这些产品一般重要，需要发挥潜力。

下面介绍热销产品分析的实现过程（源码位置：资源包\Code\01\data_hot_all.py）。

（1）在项目目录下新建一个 Python 文件，并将其命名为 data_hot_all.py。

（2）导入相关模块，代码如下：

```
import pandas as pd                          # 导入 pandas 模块
import matplotlib.pyplot as plt              # 导入 matplotlib 模块
import numpy as np                           # 导入 numpy 模块
```

（3）按照"商品名称"进行分组统计数据。首先读取 Excel 文件，然后抽取指定的数据，最后使用 groupby() 函数实现分组统计求和，代码如下：

```
# 读取 Excel 文件
df=pd.read_excel('./data/data1.xlsx')
# 抽取数据
df=df[['商品名称','成交商品件数','成交码洋','加购人数']]
# 按照商品名称进行分组统计
# 通过 reset_index()函数将 groupby()的分组结果重新设置索引
df1 = df.groupby("商品名称").sum().reset_index()
```

（4）由于"商品名称"过于冗长，可能会影响图表的可视化效果，因此我们可以为"商品名称"设置"商品 ID"。这主要通过 for 循环和 DataFrame 对象的 loc 属性来实现，代码如下：

```
# 设置商品 ID
row_count = df1.shape[0]                          # 行数
for i in range(row_count):                        # 遍历行数
    df1.loc[i,'商品 ID']='B'+str(i+1)              # 为商品 ID 赋值
```

（5）计算累计贡献率。首先将"商品 ID"设置为 DataFrame 的索引，然后按照"成交码洋"的降序对数据进行排序，最后使用 cumsum()函数和 sum()函数计算累计贡献率，代码如下：

```
df1 = df1.set_index('商品 ID').sort_values(by='成交码洋',ascending=False)    # 设置索引并降序排序
df1['累计贡献率']=(df1['成交码洋'].cumsum()/df1['成交码洋'].sum()).round(2)    # 计算累计贡献率
print(df1.head())                                                        # 输出前 5 条数据
```

运行程序，输出前 5 条数据，以检验计算结果，如图 1.16 所示。

商品ID	商品名称	成交商品件数	成交码洋	加购人数	累计贡献率
B16	Python从入门到项目实践（全彩版）	33016	3294996.8	72354	0.21
B33	零基础学Python（全彩版）	34495	2752701.0	72836	0.38
B18	Python项目开发案例集锦（全彩版）	12474	1596672.0	20069	0.48
B27	零基础学C语言（全彩版）	16223	1132365.4	28946	0.55
B19	SQL即查即用（全彩版）	12436	619312.8	25706	0.59

图 1.16　累计贡献率

（6）按照 ABC 分类法进行分类。首先使用 cut()函数切分数据并标记类别，代码如下：

```
# 使用 cut()函数标记类别
df1['类别']=pd.cut(df1['累计贡献率'], [0,0.8,0.9,1], labels=[u"A 类",u"B 类",u"C 类"])
```

运行程序，输出前 5 条和最后 5 条数据，以便查看分类后的数据，如图 1.17 所示。

商品ID	商品名称	成交商品件数	成交码洋	加购人数	累计贡献率	类别
B16	Python从入门到项目实践（全彩版）	33016	3294996.8	72354	0.21	A类
B33	零基础学Python（全彩版）	34495	2752701.0	72836	0.38	A类
B18	Python项目开发案例集锦（全彩版）	12474	1596672.0	20069	0.48	A类
B27	零基础学C语言（全彩版）	16223	1132365.4	28946	0.55	A类
B19	SQL即查即用（全彩版）	12436	619312.8	25706	0.59	A类

商品ID	商品名称	成交商品件数	成交码洋	加购人数	累计贡献率	类别
B23	零基础学ASP.NET（全彩版）	993	79241.4	1810	0.99	C类
B20	Visual Basic精彩编程200例（全彩版）	718	57296.4	1644	0.99	C类
B12	Java开发详解（全彩版）	411	48909.0	1124	1.00	C类
B10	JSP项目开发实战入门（全彩版）	618	43136.4	1189	1.00	C类
B22	玩转C语言程序设计（全彩版）	437	21762.6	1200	1.00	C类

图 1.17　分类后的数据

（7）将分类数据保存为 Excel 文件，以方便日后使用，代码如下：

```
# 导出为 Excel 文件
df1.to_excel('data/data1_hot.xlsx')
```

（8）数据可视化。我们绘制双 y 轴图表，主要使用 pandas 模块提供的内置绘图函数。其中，柱形图用于展示"销售收入"，而曲线图用于展示"收入比例"。在曲线图上，我们添加累计贡献率的文本标签，同时绘制两条水平线，分别作为累计贡献率 80% 和 90% 的分界线，从而使得累计贡献率在图表中一目了然，代码如下：

```
fig = plt.figure(figsize=(9,5))                                       # 设置画布大小
plt.rcParams['font.sans-serif']=['SimHei']                            # 解决中文乱码问题
# 取消科学记数法
plt.gca().get_yaxis().get_major_formatter().set_scientific(False)
# 绘制第一个柱形图
# 定义颜色为渐变蓝色
colors = plt.colormaps['Blues'](1-np.arange(len(df1))/len(df1))
df1['成交码洋'].plot(kind='bar',color=colors)
plt.ylabel(u'销售收入（元）')                                         # y 轴标签
# 绘制第二个累计贡献率曲线图
p=df1['累计贡献率']
# secondary_y 设置第二个 y 轴，linestyle 为线型，marker 为标记样式
p.plot(secondary_y=True, style='-o', linewidth=0.5)
# 在曲线图上添加文本标签
for a in range(p.shape[0]):
    plt.annotate(format(p.iloc[a], '.2'), xy=(a, p.iloc[a]), xytext=(a, p.iloc[a]+0.02),fontsize=7)
plt.ylabel(u'收入（比例）')                                           # 右侧 y 轴标签
# 添加 80% 和 90% 分界线
plt.axhline(0.8,color='red',linestyle='--')
plt.axhline(0.9,color='green',linestyle='--')
# 在分界线上添加文本
plt.text(x=28,y=0.81, s='80%分界线')
plt.text(x=28,y=0.91, s='90%分界线')
plt.show()                                                            # 显示图表
```

1.6.3　热销单品环比增长情况分析

通过 1.6.2 节内容，我们了解到热销产品中第一位的是 B16。接下来，我们将分析该产品的环比增长情况，并通过双 y 轴图表来展示。在图表中，柱形图将展示"成交商品件数"，而折线图则展示"环比增长率"。具体如图 1.18 所示。

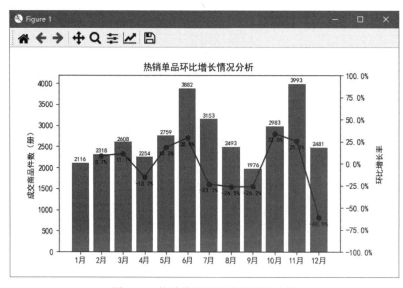

图 1.18　热销单品环比增长情况分析

下面介绍热销单品环比增长情况分析的实现过程（源码位置：资源包\Code\01\data_hot_one.py）。

（1）在项目目录下新建一个 Python 文件，并将其命名为 data_hot_one.py。

（2）导入相关模块，代码如下：

```python
import pandas as pd                          # 导入 pandas 模块
import matplotlib.pyplot as plt              # 导入 matplotlib 的 pyplot 子模块
import matplotlib.ticker as mtick            # 导入 matplotlib 的 ticker 子模块
```

（3）筛选指定数据，然后按月统计数据，代码如下：

```python
df=pd.read_excel('./data/data1.xlsx')                          # 读取 Excel 文件
df1=df[df['商品名称']=='Python 从入门到项目实践（全彩版）']      # 筛选数据
df1=df1[['时间','成交商品件数']]                                # 抽取数据
df1=df1.set_index('时间').sort_values(by=['时间'])             # 将时间设置为索引并进行升序排序
df2=df1.resample('M').sum().to_period('M')                     # 按月统计数据
print(df2)
```

（4）计算环比增长率。环比增长率反映本月比上个月增长了多少，公式如下：

$$环比增长率 = \frac{（本月数 - 上月数）}{上月数} \times 100\%$$

在 pandas 中，我们可以使用 shift()方法将数据移至上一条，从而得到上个月的数据，然后通过上述计算公式得到环比增长率，代码如下：

```python
df2['成交商品件数']=df2.sum(axis=1)                                                    # 求和运算
df2['rate']=((df2['成交商品件数']-df2['成交商品件数'].shift())/df2['成交商品件数'])*100   # 环比增长率
print(df2.head())                                                                      # 输出前 5 条数据
```

运行程序，输出前 5 条数据，看一下环比增长率，如图 1.19 所示。

说明

在运行结果中出现了 NaN，NaN 是 "Not a Number" 的缩写，即不是一个数，表示空值。之所以会出现空值，是因为没有上月数，也就是上一年 12 月份的数据。

时间	成交商品件数	rate
2023-01	2116	NaN
2023-02	2318	8.714409
2023-03	2608	11.119632
2023-04	2254	-15.705413
2023-05	2759	18.303733

图 1.19 环比增长率

（5）数据可视化。绘制双 y 轴图表，其中：使用 matplotlib 模块的 bar()函数绘制柱形图，以展示"成交商品件数"；使用 matplotlib 模块的 plot()函数绘制折线图，以展示环比增长率，代码如下：

```python
# 设置月份
month=['1 月','2 月','3 月','4 月','5 月','6 月','7 月','8 月','9 月','10 月','11 月','12 月']
# x 轴数据
x = range(len(month))
# y 轴数据
y1=df2['成交商品件数']
y2=df2['rate']
fig = plt.figure(figsize=(7,4))                         # 创建并设置画布大小
plt.rcParams['font.sans-serif']=['SimHei']              # 解决中文乱码问题
plt.rcParams['axes.unicode_minus'] = False              # 用来正常显示负号
ax1 = fig.add_subplot(111)                              # 添加子图
plt.title('热销单品环比增长情况分析')                     # 图表标题
plt.xticks(x,labels=month)                              # x 轴刻度及标签
ax1.bar(x,y1,label=u"成交商品件数")                      # 柱形图
ax1.set_ylabel('成交商品件数（册）')                      # y 轴标签
# 为柱形图添加文本标签
for a,b in zip(x,y1):
    plt.text(a, b+20, b, ha='center', va= 'bottom',fontsize=8)
```

```
ax2 = ax1.twinx()                                          # 添加一条 y 轴坐标轴
ax2.plot(x,y2,color='r',linestyle='-',marker='o')          # 折线图
# 设置右侧 y 轴刻度为百分比格式
fmt = '%.1f%%'                                             # 将小数转换为百分比，保留 1 位小数
yticks = mtick.FormatStrFormatter(fmt)
ax2.yaxis.set_major_formatter(yticks)
ax2.set_ylim(-100,100)                                     # 右侧 y 轴坐标范围
ax2.set_ylabel(u"环比增长率")                                # 右侧 y 轴标签
# 为折线图添加文本标签
for a,b in zip(x,y2):
    plt.text(a, b-10, '%.1f%%' % b, ha='center', va= 'bottom',fontsize=8)
plt.subplots_adjust(right=0.85)                            # 调整图表距右的空白
plt.show()                                                 # 显示图表
```

说明

matplotlib.ticker 模块主要用于设置坐标轴刻度的格式和位置。它提供了一些常用的刻度格式，如科学记数法、百分比和日期等，并允许用户自定义刻度格式。此外，它还可以设置刻度的位置、间隔和标签等，以满足不同用户的需求。常用的刻度和格式化如下：

☑ AutoLocator：自动选择刻度间隔。

☑ FixedLocator：指定固定的刻度位置。

☑ MultipleLocator：指定刻度间隔。

☑ NullLocator：不显示刻度。

☑ FormatStrFormatter：指定格式化字符串。

1.6.4　加购人数和购买数量分析

加购人数和购买数量分析主要分析热销产品中 A 类产品的加入购物车人数和实际成交商品件数的对比情况，并通过结合柱形图和折线图来展示分析结果，如图 1.20 所示。

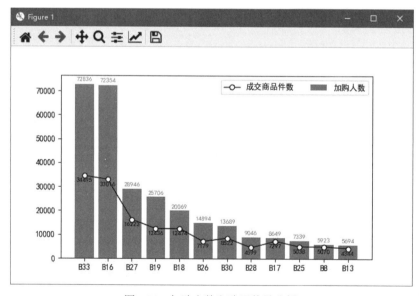

图 1.20　加购人数和购买数量分析

从运行结果中得知：不同产品的购买数量及加购人数呈现基本同步变化的趋势。排名前三的产品分别是 B33、B16 和 B27，其中 B33 和 B16 的购买数量差异不大，但它们与其他产品的购买数量相比，却有着

显著的差异，是其他产品的三倍或更多。

下面介绍加购人数和购买数量分析的实现过程（源码位置：资源包\Code\01\data_addcart.py）。

（1）在项目目录下新建一个 Python 文件，并将其命名为 data_addcart.py。

（2）导入相关模块，代码如下：

```python
import pandas as pd                          # 导入 pandas 模块
import matplotlib.pyplot as plt              # 导入 matplotlib 模块
```

（3）在热销产品中筛选 A 类产品，代码如下：

```python
# 读取 Excel 文件
df=pd.read_excel('./data/data1_hot.xlsx')
# 筛选 A 类产品
df=df[df['类别']=='A 类']
# 抽取数据并按照"加购人数"进行降序排序
df1=df[['商品 ID','成交商品件数','加购人数']].sort_values(by='加购人数',ascending=False)
```

（4）分别绘制折线图和柱形图，以便对实际成交商品件数和加购人数进行对比分析。其中：使用 matplotlib 模块的 plot()函数绘制折线图，用于展示成交商品件数；使用 matplotlib 模块的 bar()函数绘制柱形图，用于展示加购人数，代码如下：

```python
# x 轴数据
x = range(len(df1['商品 ID']))
# y 轴数据
y1=df1['成交商品件数']
y2=df1['加购人数']
plt.rcParams['font.sans-serif']=['SimHei']           # 解决中文乱码问题
fig = plt.figure(figsize=(7,4))                      # 创建画布并设置画布大小
# x 轴刻度及标签
plt.xticks(x,labels=df1['商品 ID'])
plt.plot(x,y1,color='black',linewidth=1,marker='o',mfc='w')   # 折线图
plt.bar(x,y2,color='CornflowerBlue')                 # 柱形图
# 为折线图添加文本标签
for a,b in zip(x,y1):
    plt.text(a,b-3000,b,ha = 'center',va = 'bottom',fontsize=8)
# 为柱形图添加文本标签
for a,b in zip(x,y2):
    plt.text(a,b+800,b,color='CornflowerBlue',ha = 'center',va = 'bottom',fontsize=8)
# 显示图例（2 列）
plt.legend(['成交商品件数', '加购人数'],ncol=2)
plt.show()                                           # 显示图表
```

1.6.5 不同种类产品的销量占比情况分析

接下来，我们对热销产品中不同种类产品的销量占比情况进行分析。我们首先为每种产品打上标签，然后按照这些标签对产品进行分组并统计每一组的销量，最后通过饼形图展示不同种类产品的销量占比情况，如图 1.21 所示。

从运行结果中得知：在热销产品中，Python 的占比达到了 44.5%，几乎占到总数的一半。因此，建议对这些产品实施重点营销策略，并继续拓展其周边产品，以增加产品种类的多样化。

下面介绍不同种类产品销量占比情况分析的实现过程（源码位置：资源包\Code\01\data_type.py）。

（1）在项目目录下新建一个 Python 文件，并将其命名为 data_type.py。

（2）导入相关模块，代码如下：

```python
import pandas as pd                          # 导入 pandas 模块
import matplotlib.pyplot as plt              # 导入 matplotlib 模块
```

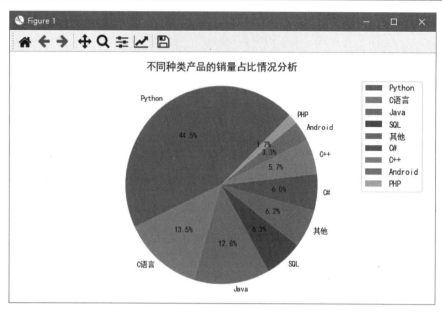

图 1.21　不同种类产品的销量占比情况分析

（3）为产品打标签。我们通过"商品名称"字符串中包含的关键字为产品打标签。我们首先定义标签函数 add_tag()，在该函数中使用 if 语句判断"商品名称"字符串中包含的关键字，然后应用该函数为产品打标签，代码如下：

```
# 读取 Excel 文件
df=pd.read_excel('./data/data1_hot.xlsx')
# 为产品打标签
# 定义标签函数
def add_tag(data):
    global tag
    tag='其他'
    if 'Android' in data:
        tag='Android'
    if 'C#' in data:
        tag='C#'
    if 'C 语言' in data:
        tag='C 语言'
    if 'C++' in data:
        tag='C++'
    if 'Java' in data:
        tag='Java'
    if 'PHP' in data:
        tag='PHP'
    if 'Python' in data:
        tag='Python'
    if 'SQL' in data:
        tag='SQL'
    return tag
# 应用 add_tag()函数为产品打标签
df['tag'] = df['商品名称'].apply(add_tag)
# 设置数据显示的编码格式为东亚宽度，以使列对齐
pd.set_option('display.unicode.east_asian_width', True)
pd.set_option('display.width',10000)          # 显示宽度
pd.set_option('display.max_columns',1000)     # 最大列数
print(df.head())                              # 输出前 5 条数据
```

运行程序，输出前 5 条数据，查看打标签后的结果，如图 1.22 所示。

	商品ID	商品名称	成交商品件数	成交码洋	加购人数	累计贡献率	类别	tag
0	B16	Python从入门到项目实践（全彩版）	33016	3294996.8	72354	0.21	A类	Python
1	B33	零基础学Python（全彩版）	34495	2752701.0	72836	0.38	A类	Python
2	B18	Python项目开发案例集锦（全彩版）	12474	1596672.0	20069	0.48	A类	Python
3	B27	零基础学C语言（全彩版）	16223	1132365.4	28946	0.55	A类	C语言
4	B19	SQL即查即用（全彩版）	12436	619312.8	25706	0.59	A类	SQL

图 1.22　打标签后的数据

（4）分组统计数据。按照 tag 标签对数据进行分组统计求和，并根据"成交商品件数"进行降序排序，代码如下：

```
# 抽取数据
df=df[['tag','成交商品件数']]
# 按照 tag 标签分组统计并进行降序排序
df1=df.groupby('tag').sum().sort_values('成交商品件数',ascending=False)
```

（5）数据可视化。使用 matplotlib 模块的 pie()函数绘制饼形图，以便分析不同种类产品的销量占比情况，代码如下：

```
plt.rcParams['font.sans-serif']=['SimHei']          # 解决中文乱码问题
plt.figure(figsize=(7,4))                            # 创建画布并设置画布大小
labels = df1.index                                   # 饼图标签
sizes = df1['成交商品件数']                           # 饼图数据
plt.pie(sizes,                                        # 饼图数据
        labels=labels,                               # 添加区域水平标签
        labeldistance=1.06,                          # 设置各扇形标签（图例）与圆心的距离
        autopct='%.1f%%',                            # 设置百分比的格式，这里保留一位小数
        startangle=45,                               # 设置饼图的初始角度
        radius = 0.5,                                # 设置饼图的半径
        center = (0.2,0.2),                          # 设置饼图的原点
        textprops = {'fontsize':9, 'color':'k'},     # 设置文本标签的属性值
        pctdistance=0.6)                             # 设置百分比标签与圆心的距离
# 设置 x，y 轴刻度一致，保证饼图为圆形
plt.axis('equal')
plt.title('不同种类产品的销量占比情况分析')           # 图表标题
plt.legend()                                         # 图例
plt.tight_layout()                                   # 图形元素自适应
plt.show()                                           # 显示图表
```

1.6.6　工作日与周末销量对比分析

下面进行工作日与周末销量对比分析。我们首先对"日期"进行处理，从日期中找到工作日和周末，并对它们进行标记，然后对工作日 5 天和周末两天的数据进行分组统计求和，最后绘制双折线图以对这些数据进行对比分析，如图 1.23 所示。

从运行结果中得知：我们虽然凭直觉认为周末休息时购买的人数可能会更多，但经过实际对比分析发现，工作日的销量高于周末的销量。这种差异可能是由于工作日有 5 天，而周末只有两天。

下面介绍工作日与周末销量对比分析的实现过程（源码位置：资源包\Code\01\data_workday_weekend.py）。

（1）在项目目录下新建一个 Python 文件，并将其命名为 data_workday_weekend.py。

（2）导入相关模块，代码如下：

```
import pandas as pd                                  # 导入 pandas 模块
import matplotlib.pyplot as plt                      # 导入 matplotlib 模块
```

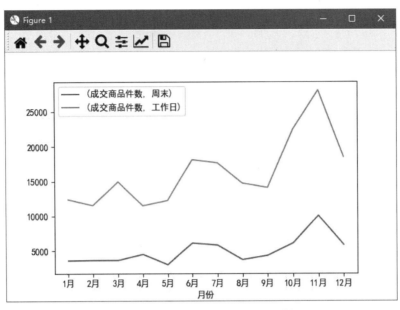

图1.23　工作日与周末销量对比分析

（3）对日期数据进行处理。我们主要使用 dt 对象的 month 属性和 dayofweek 属性获取月份和星期。通过 dayofweek 属性获取的星期是以数字形式表示的，其中 0 表示星期一，以此类推。然后，我们依据星期进行判断，将数字小于 5 的标记为工作日，将数字大于 5 的标记为周末，代码如下：

```
# 读取 Excel 文件
df=pd.read_excel('./data/data1.xlsx')
# 获取并添加月份和星期（星期一=0，星期日=6）
df['月份'],df['星期']=df['时间'].dt.month,df['时间'].dt.dayofweek
# 标记工作日和周末
df.loc[df[df['星期']<5].index,'标记']='工作日'
df.loc[df[df['星期']>=5].index,'标记']='周末'
```

运行程序，查看标记后的数据，如图1.24所示。

（4）数据分组统计。首先抽取指定的数据，然后按照月份和标记分组统计求和，代码如下：

```
# 抽取数据
df=df[['月份','成交商品件数','标记']]
# 按月份和标记分组统计求和
df1=df.groupby(['月份','标记']).sum()
print(df1.head(6))                    # 输出前6条数据
```

运行程序，看一下分组统计后前 3 个月的数据，如图1.25所示。

	时间	商品名称	一级类目	...	月份	星期	标记
0	2023-10-31	零基础学Python（全彩版）	图书	...	10	1	工作日
1	2023-10-31	Python从入门到项目实践（全彩版）	图书	...	10	1	工作日
2	2023-10-31	Python项目开发案例集锦（全彩版）	图书	...	10	1	工作日
3	2023-10-31	Python编程锦囊（全彩版）	图书	...	10	1	工作日
4	2023-10-31	SQL即查即用（全彩版）	图书	...	10	1	工作日

图1.24　标记后的数据

		成交商品件数
月份	标记	
1	周末	3583
	工作日	8793
2	周末	3623
	工作日	7914
3	周末	3626
	工作日	11307

图1.25　分组统计后前 3 个月的数据

（5）绘制双折线图，主要使用 DataFrame 对象自带的绘图函数 plot()直接对处理后的数据进行绘图，方便快捷，代码如下：

```
# 设置月份
month=['1 月','2 月','3 月','4 月','5 月','6 月','7 月','8 月','9 月','10 月','11 月','12 月']
# 解决中文乱码问题
plt.rcParams['font.sans-serif']=['SimHei']
# 将最内层的行索引转换为列索引然后绘制折线图
df1.unstack().plot(stacked=True)
plt.xticks(range(1,13,1),month)            # 设置 x 轴刻度及标签
plt.legend()                                # 显示图例
plt.show()                                  # 显示图表
```

1.7 项目运行

通过前述步骤，我们已经设计并完成了"热销产品销售数据统计分析"项目的开发。"热销产品销售数据统计分析"项目目录包含 7 个 Python 脚本文件，如图 1.26 所示。

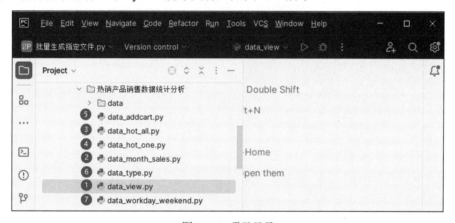

图 1.26 项目目录

接下来，我们按照开发过程运行脚本文件，以检验我们的开发成果。例如，运行 data_view.py，双击该文件，右侧"代码窗口"将显示全部代码，然后右击，在弹出的快捷菜单中选择 Run 'data_view'命令（见图 1.27），即可运行程序。

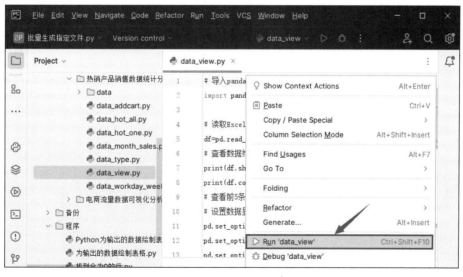

图 1.27 运行 data_view.py

其他脚本文件按照图 1.26 给出的顺序运行，这里就不再赘述了。

1.8 源码下载

源码下载

本章虽然详细地讲解了如何通过 pandas 模块、numpy 模块和 matplotlib 模块实现"热销产品销售数据统计分析"的各个功能，但给出的代码都是代码片段，而非完整的源代码。为了方便读者学习，本书提供了用于下载完整源代码的二维码。

第2章

篮坛薪酬揭秘：球员位置与薪资数据的深度分析

——pandas + numpy + matplotlib + seaborn

在大数据人工智能时代，数据随处可见，各行各业都离不开数据分析，体育赛事也是如此。本章将使用 pandas 模块、numpy 模块、matplotlib 模块和 seaborn 模块实现对篮球赛事中，球员位置与薪资数据的深度分析，这不仅可以提升数据分析技能，也能够满足篮球爱好者的需求。

本项目的核心功能及实现技术如下：

项目微视频

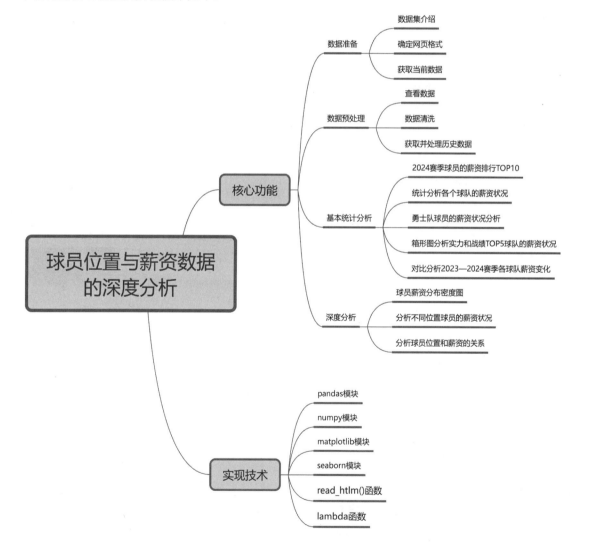

2.1 开 发 背 景

在当今社会，体育赛事已经成为现代社会中不可或缺的一部分，全球每年都举办着数百场各类体育赛事。无论是职业赛事还是业余赛事，数据的收集、分析和应用都是一项至关重要的任务和能力。这些数据可以帮助体育管理者更深入地了解运动员的表现、赛事的规律和趋势，以及观众的需求和偏好等。本项目将使用 pandas 模块获取球员薪资数据，并对其进行基本的统计分析和深度分析，以便更全面地了解球员的薪资状况，同时提升数据分析技能。

2.2 系 统 设 计

2.2.1 开发环境

本项目的开发及运行环境如下：
- ☑ 操作系统：推荐 Windows 10、Windows 11 或更高版本。
- ☑ 编程语言：Python 3.12。
- ☑ 开发环境：PyCharm。
- ☑ 第三方模块：pandas（2.1.4）、openpyxl（3.1.2）、numpy（1.26.3）、matplotlib（3.8.2）、seaborn（0.13.2）、lxml（5.1.0）。

2.2.2 分析流程

进行球员位置与薪资数据的深度分析时，首先需要确定网页数据的结构，然后获取当前网页数据，接下来进行数据预处理，包括查看数据、数据清洗和获取并处理历史数据，最后对数据进行基本统计分析和深度分析。

本项目分析流程如图 2.1 所示。

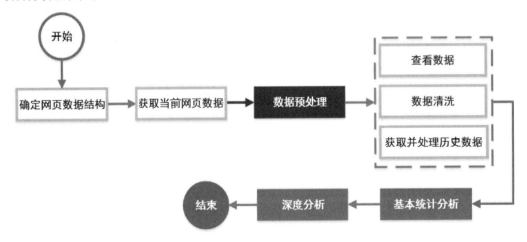

图 2.1 球员位置与薪资数据的深度分析流程

2.2.3　功能结构

本项目的功能结构已经在章首页给出。本项目实现的具体功能如下：

- ☑　获取网页薪资数据：确定网页格式，获取当前网页数据。
- ☑　数据预处理：查看数据、数据清洗以及获取并处理历史数据。
- ☑　基本统计分析：包括2024赛季球员的薪资排行 TOP10、统计分析各个球队的薪资状况、勇士队球员的薪资状况分析、箱形图分析实力和战绩 TOP5 球队的薪资状况、对比分析 2023—2024 赛季各球队薪资变化。
- ☑　深度分析：包括球员薪资分布密度图、分析不同位置球员的薪资状况、分析球员位置和薪资的关系。

2.3　技　术　准　备

2.3.1　技术概览

球员位置与薪资数据的深度分析主要通过 pandas 模块来获取和处理薪资数据。在此过程中，我们使用 numpy 模块提供的方法进行数据类型转换，并使用 matplotlib 模块和 seaborn 模块进行数据的可视化。

以上模块在此处不展开详细的介绍，因为它们在《Python 数据分析从入门到精通（第 2 版）》中有详细的讲解。对这些知识不太熟悉的读者，可以参考该书中的对应章节进行深入学习。

除此之外，获取薪资数据主要通过 pandas 模块的 read_html()函数实现，而在数据处理过程中，我们使用 lambda()函数。下面将对这两个函数进行详细的介绍，以确保读者可以顺利完成本项目。

2.3.2　详解 read_htlm()获取网页数据全过程

要实现球员位置与薪资数据的深度分析，首先需要数据，这主要通过 pandas 模块的 read_htlm()函数来完成。read_htlm()函数提供了一种快速简便的方式，可以从 HTML 文档中解析和读取 Table 结构的网页表格数据，从而实现快速获取和解析网页表格数据的任务，无须复杂的网络爬虫技术，就可以轻松地将网页表格数据解析到 DataFrame 对象中。基本过程如图 2.2 所示。

图 2.2　获取网页表格数据的基本过程

综上所述，read_htlm()函数在获取网页表格数据时有一个特殊要求，那就是网页表格数据必须是 Table 结构。Table 结构是网页设计和排版中广泛使用的 HTML 标记，主要用于展示数据、排版布局等。它通常由 table、tbody、tr、tb 组成，其中：table 标记用于定义表格；tbody 标记用于定义表格的主体区域，这样可以更好地分清表格结构；tr 标记用于定义表格中的行；tb 标记用于定义行中的单元格。Table 的示例结构如图 2.3 所示。

了解了 read_html()函数获取网页表格数据的全过程之后，接下来我们将详细介绍 read_html()函数，read_html()函数的语法格式如下：

```
pandas.read_html(io,match='.+',flavor=None,header=None,index_col=None,skiprows=None,attrs=None,parse_dates=False,
thousands=',',encoding=None,decimal='.',converters=None,na_values=None,keep_default_na=True,displayed_only=True)
```

参数说明：

☑ io：类型为字符串，表示文件路径或 URL 链接。对于 URL 链接，如果链接以 https 开头，可以尝试去掉 https 中的"s"进行数据爬取，如使用 http://www.mingribook.com。

☑ match：读取 URL 并匹配包含特定文本的表格。

☑ flavor：解析器，默认值为 lxml。

☑ header：指定一个标题行。

☑ index_col：指定索引列，可以通过列表指定多重索引。

☑ skiprows：指定要跳过的行数，也可以使用列表指定要跳过的行（如 skiprows=[1,3,5]），默认值为 None。

☑ attrs：指定一个 HTML 属性，如 attrs={'id':'table'}。

☑ parse_dates：指定是否解析日期，即将某一列日期型字符串转换为 datetime 类型，默认值为 False，不进行日期解析。

☑ thousands：指定千位分隔符，默认值为","。

☑ encoding：字符串，用于指定文件的编码格式，默认值为 None。

☑ decimal：指定小数点，默认值为"."。

☑ converters：字典，默认值为 None。该字典用于定义转换函数，其中键是整数或列标签，值是相应的转换函数。例如，将某列转换为字符串，可以设置 converters={"Name": str}。

☑ na_values：指定需要转换为 NaN 的值（即空值）。

☑ keep_default_na：指定是否保留默认的 NaN 值，与 na_values 参数一起使用。

☑ displayed_only：指定是否仅读取在页面上实际显示的表格。

下面举个简单的例子，获取百度百科中世界 500 强企业，如图 2.4 所示。

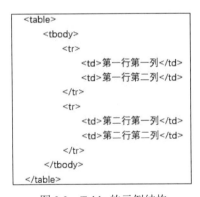

图 2.3　Table 的示例结构

最新排名	上年排名		公司名称
0	1	1	沃尔玛（WAL-MART STORES）
1	2	7	国家电网公司（STATE GRID）
2	3	4	中国石油天然气集团公司（CHINA NATIONAL PETROLEUM）
3	4	2	中国石油化工集团公司（SINOPEC GROUP）
4	5	3	荷兰皇家壳牌石油公司（ROYAL DUTCH SHELL）

	营业收入（百万美元）	利润（百万美元）	总部所在国家
0	482130.0	14694.0	美国
1	329601.3	10201.4	中国
2	299270.6	7090.6	中国
3	294344.4	3594.8	中国
4	272156.0	1939.0	英国

图 2.4　获取百度百科中世界 500 强企业（前 5 条数据）

主要代码如下：

```
# 导入 pandas 模块
import pandas as pd
# 网页 URL 地址
url = 'https://baike.baidu.com/item/%E4%B8%96%E7%95%8C500%E5%BC%BA?fromModule=lemma_search-box'
# 获取数据，并将其解析到 DataFrame 对象中
df = pd.read_html(io=url, header=0)[1]
print(df.head())          # 输出前 5 条数据
```

2.3.3　应用 lambda 函数快速处理数据

lambda 函数是一个非常有用的函数，在 pandas 中，它允许我们快速定义和应用匿名函数以处理数据。

lambda 函数是一种匿名函数，这意味着它没有函数名。lambda 函数的语法简单，主要由参数列表和表达式组成。lambda 函数的语法格式如下：

```
lambda 参数:表达式
```

lambda 函数可以用来编写一些简单的、仅使用一次的函数。在 pandas 中，lambda 函数经常与其他方法或函数结合使用，以便处理数据。下面将详细介绍并举例说明其应用。

（1）map()方法用于将一个函数应用于 Series 对象或 DataFrame 对象的每个元素。例如，使用 lambda 函数将"语文"成绩加 5 以及将三科成绩都加 5，代码如下：

```python
# 导入 pandas 模块
import pandas as pd
# 通过字典创建 DataFrame 对象
df = pd.DataFrame({
    '语文':[110,105,99],
    '数学':[105,88,115],
    '英语':[109,120,130],
    '班级':[1,2,1]})
# 使用 lambda 函数将"语文"成绩加 5
df['语文']=df['语文'].map(lambda x:x+5)
print(df)
# 使用 lambda 函数将三科成绩都加 5
df1=df.iloc[:,:3].map(lambda x:x+5)
print(df1)
```

（2）apply()方法用于将一个函数应用于 DataFrame 对象的每一行或每一列。例如，计算总成绩，主要代码如下：

```python
df['总成绩']=df.apply(lambda x:x['语文']+x['数学']+x['英语'],axis=1)
print(df)
```

（3）filter()方法用于筛选符合条件的数据，可以通过 lambda 函数来指定这些条件。例如，分组筛选出所在班级语文平均成绩低于 105 的所有数据，主要代码如下：

```python
grouped = df.groupby('班级')
df2=grouped.filter(lambda x: x['语文'].mean() <105)
print(df2)
```

（4）split()方法是 str 对象的一个方法，用于对字符串进行分割。例如，使用空格作为分隔符来分割每个字符串，并提取分割后的最后一组字符串，代码如下：

```python
str=lambda x: x.split()[-1]
```

以上就是 lambda 函数结合一些常用方法来实现快速处理数据的应用实例，读者应重点掌握这些技巧。

2.4 数 据 准 备

2.4.1 数据集介绍

本项目数据来源于球员薪资网页，网页地址为 http://www.espn.com/nba/salaries。我们将使用 pandas 模块的 read_html()函数来获取这些数据。

2.4.2 确定网页数据的结构

要使用 pandas 模块的 read_html()函数获取薪资网页数据，首先需要确认薪资网页数据是否为 Table 结构，以球员薪资网页（http://www.espn.com/nba/salaries）为例：首先在浏览器中输入该网址以打开网页，如图 2.5 所示；然后右击该网页中的表格，在弹出的快捷菜单中选择"检查"（注：或者"检查元素"，不同浏览器显示的菜单项不同）；最后打开浏览器开发者工具，查看对应的 HTML 代码，确认代码中是否包含表格标签<table>···</table>，如图 2.6 所示。

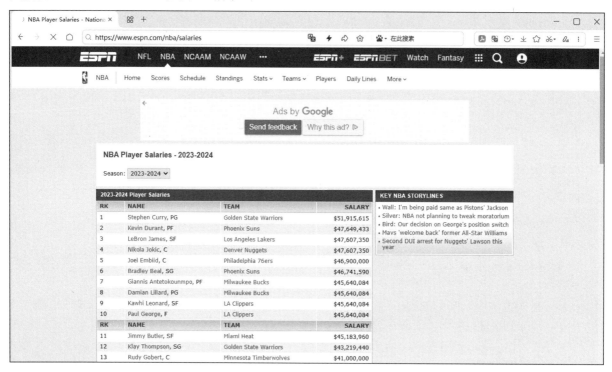

图 2.5　薪资网页

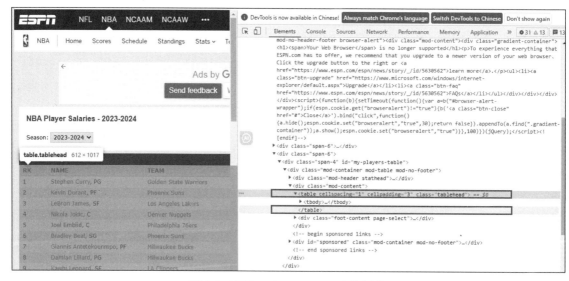

图 2.6　查看<table>···</table>表格标签

从图 2.6 中可以看出，网页薪资数据为 Table 结构。

2.4.3 获取当前数据

确定薪资网页数据为 Table 结构后，下面使用 pandas 模块的 read_html()函数来获取数据，实现过程如下（源码位置：资源包\Code\02\data_getting.py）。

（1）在项目目录下新建一个 Python 文件，并将其命名为 data_getting.py。

（2）创建一个空的 DataFrame 对象，用于存储数据，同时创建一个空的列表，用于存放网页地址，代码如下：

```python
# 导入 pandas 模块
import pandas as pd
# 创建一个空的 DataFrame
df=pd.DataFrame()
# 创建一个空列表
url_list=[]
```

（3）在查看薪资网页数据时，我们发现该网页共包含 12 页，总计 475 条数据记录，如图 2.7 所示。每一页的网页地址虽然各不相同，但是存在一定的规律：无论翻到哪一页，网页地址中仅有位于中间位置的数字会发生变化，而地址的其他部分则保持不变。这一数字实际上代表了当前的页码，如图 2.8 所示。

图 2.7 薪资网页数据

图 2.8 网页地址

发现这一规律后，我们可以使用 for 循环来获取每个网页的地址，其中变量 i 为页码，然后将获取到的网页地址保存到列表中，代码如下：

```python
# 获取网页地址，将地址保存在列表中
for i in range(1,13):
    # 网页地址字符串，使用 str()函数将整型变量 i 转换为字符串
    url='http://www.espn.com/nba/salaries/_/page/'+ str(i)
    url_list.append(url)
```

（4）获取网页数据并将数据导出为 Excel 文件，代码如下：

```
# 遍历列表读取网页数据
for url in url_list:
    df=df._append(pd.read_html(url),ignore_index=True)
print(df)
# 导出数据为 Excel 文件
df.to_excel('original_data.xlsx')
```

运行程序，结果分别如图 2.9 和图 2.10 所示。

	0	1	2	3
0	RK	NAME	TEAM	SALARY
1	1	Stephen Curry, PG	Golden State Warriors	$51,915,615
2	2	Kevin Durant, PF	Phoenix Suns	$47,649,433
3	3	LeBron James, SF	Los Angeles Lakers	$47,607,350
4	4	Nikola Jokic, C	Denver Nuggets	$47,607,350
..	...	...	...	...
518	471	Patty Mills, PG	Miami Heat	$475,908
519	472	Dominick Barlow, F	San Antonio Spurs	$455,620
520	473	Taj Gibson, F	Detroit Pistons	$348,225
521	474	Onuralp Bitim, SF	Chicago Bulls	$334,582
522	475	Javon Freeman-Liberty, G	Toronto Raptors	$289,542

[523 rows x 4 columns]

图 2.9　获取网页薪资数据

图 2.10　将薪资数据导出为 Excel 文件

2.5　数据预处理

2.5.1　查看数据

通过前面的步骤，我们已经成功地获取了我们想要的薪资数据。接下来，我们查看数据概况，以便更清晰地了解这些数据。我们首先使用 DataFrame 对象的 info()方法查看数据的摘要信息和缺失情况，然后使用 head()方法输出前 5 条数据。具体的实现过程如下（源码位置：资源包\Code\01\data_view.py）。

（1）在项目目录下新建一个 Python 文件，并将其命名为 data_view.py。

（2）查看数据，代码如下：

```
# 导入 pandas 模块
import pandas as pd
# 读取 Excel 文件
df=pd.read_excel('original_data.xlsx')
```

```
print(df.info())    # 查看数据概况
print(df.head())    # 输出前 5 条数据
```

运行程序，结果如图 2.11 所示。

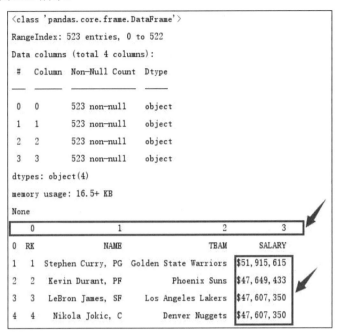

图 2.11　查看数据的摘要信息和缺失情况

从运行结果中得知：记录总数为 523 条，且数据中没有缺失值。然而，数据并不完美，存在以下问题：

（1）表头使用数字 0、1、2、3，这不能表明每列数据的作用。

（2）获取到的数据记录数与实际数据记录数不符，实际数据记录数为 475 条（见图 2.7），而获取到的数据记录数为 523 条（见图 2.11）。经过分析，发现薪资网页数据中存在重复记录，如"RK""NAME""TEAM"和"SALARY"，这些数据可能被一同获取了。

（3）薪资字段 SALARY 的数据类型为 object，并且包含"$"和","符号。

2.5.2　数据清洗

下面将对上述数据中存在的问题进行统一处理，实现过程如下（源码位置：资源包\Code\02\data_clean.py）。

（1）在项目目录下新建一个 Python 文件，并将其命名为 data_clean.py。

（2）前面将获取到的原始薪资数据保存到了 original_data.xlsx 文件中，下面读取该文件中的数据，以便进行后面的数据清洗工作，代码如下：

```
# 导入 pandas 模块
import pandas as pd
# 导入 numpy 模块
import numpy as np
# 读取 Excel 文件
df=pd.read_excel('original_data.xlsx')
```

（3）处理重复数据。首先查看重复数据，主要使用 duplicated()函数，代码如下：

```
# 使用 duplicated()函数查找重复的行
df1 = df.duplicated()
```

```
# 输出所有重复的行
print(df.loc[df1])
```

运行程序，部分重复数据如图 2.12 所示。

从运行结果中得知：果然是"RK""NAME""TEAM"和"SALARY"数据重复。

（4）删除重复数据，主要使用 drop_duplicates()函数，并指定 keep=False 来确保所有重复的行都被删除，代码如下：

```
# 删除重复的行，不保留任何重复行
df2 = df.drop_duplicates(keep=False)
print(df2)
```

运行程序，结果如图 2.13 所示。

	0	1	2	3
11	RK	NAME	TEAM	SALARY
22	RK	NAME	TEAM	SALARY
33	RK	NAME	TEAM	SALARY
44	RK	NAME	TEAM	SALARY
55	RK	NAME	TEAM	SALARY
66	RK	NAME	TEAM	SALARY
77	RK	NAME	TEAM	SALARY
88	RK	NAME	TEAM	SALARY
99	RK	NAME	TEAM	SALARY
110	RK	NAME	TEAM	SALARY

图 2.12　部分重复数据

	0	1	2	3
1	1	Stephen Curry, PG	Golden State Warriors	$51,915,615
2	2	Kevin Durant, PF	Phoenix Suns	$47,649,433
3	3	LeBron James, SF	Los Angeles Lakers	$47,607,350
4	4	Nikola Jokic, C	Denver Nuggets	$47,607,350
5	5	Joel Embiid, C	Philadelphia 76ers	$46,900,000
..	...	...	...	...
518	471	Patty Mills, PG	Miami Heat	$475,908
519	472	Dominick Barlow, F	San Antonio Spurs	$455,620
520	473	Taj Gibson, F	Detroit Pistons	$348,225
521	474	Onuralp Bitim, SF	Chicago Bulls	$334,582
522	475	Javon Freeman-Liberty, G	Toronto Raptors	$289,542

[475 rows x 4 columns]

图 2.13　删除重复数据后的数据

从运行结果中得知：数据为 475 条，这表明重复数据已被成功删除。

（5）处理表头，主要使用 DataFrame 对象的 cloumns 属性，直接赋值即可，代码如下：

```
data=df2.copy()                              # 复制副本
data.columns=['RK','NAME','TEAM','SALARY']   # 修改列标题
```

（6）处理薪资字段 SALARY，首先去掉薪资中的"$"和","符号，然后将其转换为整型，以方便日后对薪资数据进行统计分析，代码如下：

```
# 去掉薪资中的","和"$"符号
data['SALARY']=data['SALARY'].map(lambda x: "".join(filter(str.isdigit, x)))
# 将薪资转换为整型
data['SALARY'] = data['SALARY'].astype(np.int32)
print(data.head())
```

运行程序，清洗后的数据如图 2.14 所示。

	RK	NAME	TEAM	SALARY
1	1	Stephen Curry, PG	Golden State Warriors	51915615
2	2	Kevin Durant, PF	Phoenix Suns	47649433
3	3	LeBron James, SF	Los Angeles Lakers	47607350
4	4	Nikola Jokic, C	Denver Nuggets	47607350
5	5	Joel Embiid, C	Philadelphia 76ers	46900000

图 2.14　清洗后的数据（前 5 条数据）

（7）将处理后的数据导出为 Excel 文件，方便日后使用，代码如下：

```
# 将数据导出为 Excel 文件
data.to_excel('data2024.xlsx',index=False)
```

运行程序，打开 data2024.xlsx，如图 2.15 所示。

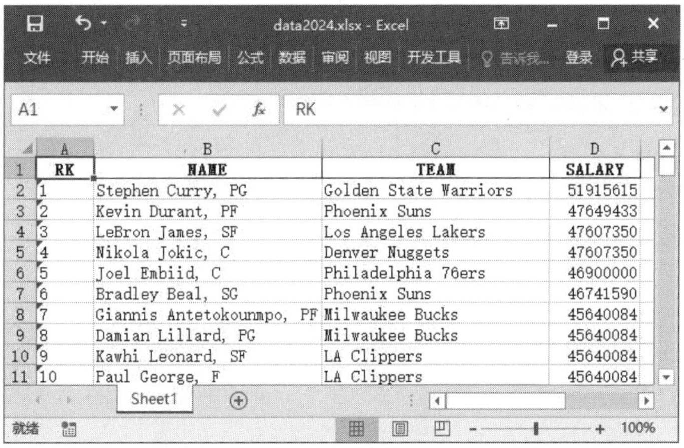

图 2.15　导出后的数据

2.5.3　获取并处理历史数据

在后面的数据分析过程中，我们将会分析历年球员薪资数据。为此，我们返回球员薪资网页（http://www.espn.com/nba/salaries），并发现了另一个规律：在 Season 下拉列表中可以选择不同的年份（见图 2.16），这样就可以获取到历年的球员薪资数据。

图 2.16　网页薪资数据选择年份

例如，获取 2023 年球员薪资数据，首先在 Season 下拉列表中选择 2022-2023，然后网页地址将更新为 https://www.espn.com/nba/salaries/_/year/2023。

接下来，按照前面的介绍方法从该网页中获取数据，然后对其进行清洗，实现过程如下（源码位置：资源包\Code\02\data_getting_old.py）。

（1）在项目目录下新建一个 Python 文件，并将其命名为 data_getting_old.py。

（2）从网页中获取数据，然后对其进行清洗，最后将清洗后的数据导出为 Excel 文件，文件名为

data2023.xlsx，代码如下：

```
# 导入 pandas 模块
import pandas as pd
# 创建一个空的 DataFrame
df=pd.DataFrame()
# 创建一个空列表
url_list=[]
# 获取网页地址，并将地址保存在列表中
for i in range(1,15):
    # 网页地址字符串，使用 str 函数将整型变量 i 转换为字符串
    url='http://www.espn.com/nba/salaries/_/page/'+ str(i)+'/year/2023'
    url_list.append(url)
# 遍历列表，读取网页数据
for url in url_list:
    df=df._append(pd.read_html(url),ignore_index=True)
# 删除重复的行，不保留任何重复的行
df1 = df.drop_duplicates(keep=False)
# 将数据导出为 Excel 文件
df1.to_excel('data2023.xlsx',header=['RK','NAME','TEAM','SALARY'],index=False)
```

运行程序，获取到的 2023 年薪资数据将被保存在 Excel 文件 data2023.xlsx 中。打开该文件，结果如图 2.17 所示。

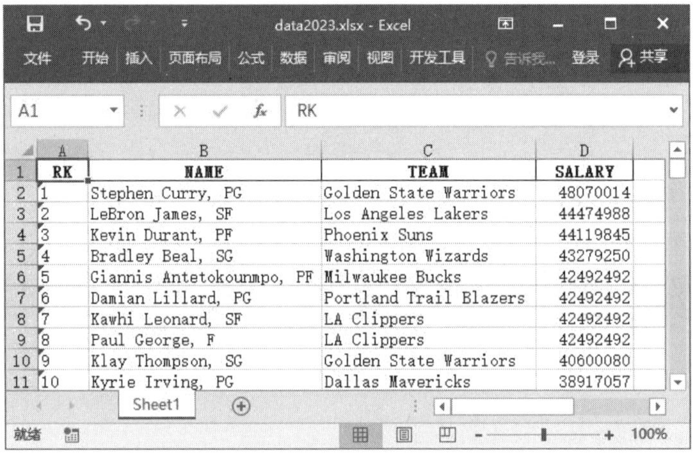

图 2.17　2023 年球员薪资数据

至此，数据获取和处理工作就完成了。接下来，我们对数据进行基本统计分析和深度分析。

2.6　基本统计分析

2.6.1　2024 赛季球员的薪资排行 TOP10

2024 赛季球员的薪资排行 TOP10 主要实现按球员的薪资数据进行排序，然后从中抽取前 10 条数据并进行可视化，如图 2.18 所示。

从运行结果中得知：2024 赛季薪资最高的球员是 Stephen Curry（斯蒂芬·库里）。

下面介绍 2024 赛季球员的薪资排行 TOP10 的实现过程（源码位置：资源包\Code\02\data_top10.py）。

（1）在项目目录下新建一个 Python 文件，并将其命名为 data_top10.py。

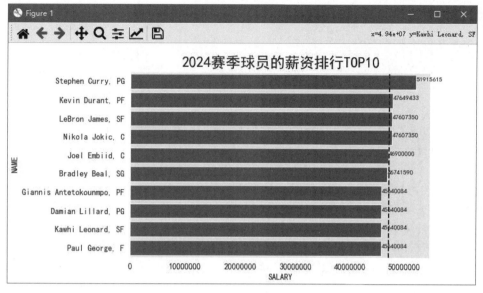

图 2.18　2024 赛季球员的薪资排行 TOP10

（2）导入相关模块，代码如下：

```
import pandas as pd                          # 导入 pandas 模块
import matplotlib.pyplot as plt              # 导入 matplotlib 模块
import seaborn as sns                        # 导入 seaborn 模块
```

（3）按照球员薪资进行降序排序并抽取前 10 名球员的数据，代码如下：

```
# 读取 Excel 文件
df=pd.read_excel('data2024.xlsx')
# 按照球员薪资进行降序排序并抽取前 10 名球员的数据
df1=df.sort_values(by='SALARY',ascending=False).head(10)
print(df1)
```

运行程序，结果如图 2.19 所示。

	RK	NAME	TEAM	SALARY
0	1	Stephen Curry, PG	Golden State Warriors	51915615
1	2	Kevin Durant, PF	Phoenix Suns	47649433
2	3	LeBron James, SF	Los Angeles Lakers	47607350
3	4	Nikola Jokic, C	Denver Nuggets	47607350
4	5	Joel Embiid, C	Philadelphia 76ers	46900000
5	6	Bradley Beal, SG	Phoenix Suns	46741590
6	7	Giannis Antetokounmpo, PF	Milwaukee Bucks	45640084
7	8	Damian Lillard, PG	Milwaukee Bucks	45640084
8	9	Kawhi Leonard, SF	LA Clippers	45640084
9	10	Paul George, F	LA Clippers	45640084

图 2.19　2024 赛季球员的薪资排行 TOP10

（4）绘制水平柱形图，主要使用 seaborn 模块的 barplot()函数并结合 matplotlib 模块辅助完成图表的一些基本设置，如画布大小、图表标题、解决中文乱码问题等，代码如下：

```
sns.set_style('dark')                        # 阴影
fig=plt.figure(figsize=(8,4))                # 画布大小
```

```
plt.subplots_adjust(left=0.26)                              # 调整图表空白处
plt.rcParams['font.sans-serif']=['SimHei']                  # 解决中文乱码问题
plt.ticklabel_format(useOffset=False, style='plain')        # 禁止科学记数法
plt.title('2024 赛季球员的薪资排行 TOP10',fontsize='18')      # 图表标题
sns.barplot(x='SALARY',y='NAME',orient='h',data=df1)        # 水平柱形图
```

说明

　　sns.set_style()方法可以设置 5 种风格的图表背景，分别是 darkgrid、whitegrid、dark、white 和 ticks，默认情况下为 darkgrid 风格。

　　（5）绘制薪资平均数参考线，主要使用 matplotlib 模块的 axvline()函数。首先使用 DataFrame 对象的 mean()函数计算薪资的平均数，然后使用 axvline()函数绘制薪资平均数参考线，代码如下：

```
mean=df1['SALARY'].mean()                    # 薪资平均数
plt.axvline(mean,color='r',linestyle='--',)  # 绘制薪资平均数参考线
```

　　（6）为水平柱形图添加薪资的文本标签，主要使用 matplotlib 模块的 text()函数，代码如下：

```
# 定义 x 轴和 y 轴的数据
x=df1['NAME']
y=df1['SALARY']
# 添加文本标签
for a, b in zip(y,x):
    plt.text(a+2500000, b,a, ha='center', va='bottom', fontsize=8)
# 显示图表
plt.show()
```

2.6.2　统计分析各个球队的薪资状况

　　下面，我们将通过柱形图来统计分析本赛季各个球队球员的薪资总和，如图 2.20 所示。

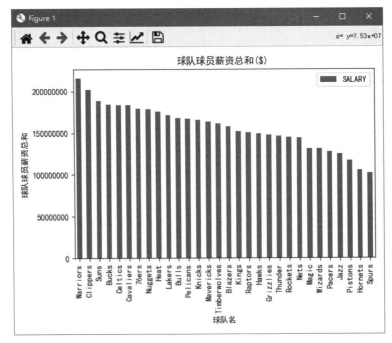

图 2.20　统计分析各个球队球员薪资总和

从运行结果中得知：Warriors（勇士队）支付给球员的薪资最多，是本赛季最舍得花钱的球队。

接下来，我们将通过柱形图来统计分析各个球队队员的薪资总和，主要使用 pandas 模块的内置绘图函数。在绘制图表前，需要对数据进行简单的处理，实现过程如下（源码位置：资源包\Code\02\data_team.py）。

（1）在项目目录下新建一个 Python 文件，并将其命名为 data_team.py。

（2）导入相关模块，代码如下：

```python
import pandas as pd                      # 导入 pandas 模块
import matplotlib.pyplot as plt          # 导入 matplotlib 模块
```

（3）数据处理，从 Excel 文件中读取指定列，并从 TEAM 字段中提取球队名称，代码如下：

```python
# 使用空格分割字符串并提取最后一组字符串
team = lambda x: x.split()[-1]
# 读取 Excel 文件
# usecols 参数抽取指定列
# converters 参数转换函数，键是整数或列标签，值是一个函数
df = pd.read_excel('data2024.xlsx', usecols=['NAME', 'TEAM', 'SALARY'], converters={'TEAM': team})
```

（4）按照球队进行分组，对薪资数据进行求和，并按照薪资总额进行降序排序，代码如下：

```python
# 按照球队进行分组，对薪资数据进行求和，并按薪资总额进行降序排序
df1 = df.groupby('TEAM').sum().sort_values('SALARY',ascending=False)
print(df1.head())                        # 输出前 5 条数据
```

运行程序，结果如图 2.21 所示。

```
                                               NAME      SALARY
TEAM
Warriors    Stephen Curry, PGKlay Thompson, SGChris Paul, ...  215301874
Clippers    Kawhi Leonard, SFPaul George, FJames Harden, S...  201939293
Suns        Kevin Durant, PFBradley Beal, SGDevin Booker, ...  188220814
Bucks       Giannis Antetokounmpo, PFDamian Lillard, PGKhr...  184146404
Celtics     Jrue Holiday, PGKristaps Porzingis, CJayson Ta...  183505135
```

图 2.21　按照球队统计薪资（前 5 条数据）

（5）绘制柱形图主要使用 pandas 模块中 DataFrame 对象的 plot()方法来完成。同时，结合 matplotlib 模块来辅助完成图表的基本设置，包括解决中文乱码问题、设定 x 轴和 y 轴的标题等。

```python
# 绘制柱形图
plt.rcParams['font.sans-serif']=['SimHei']  # 解决中文乱码问题
df1.plot(kind='bar', align='center', title='球队球员薪资总和($)')
# 取消科学记数法
plt.gca().get_yaxis().get_major_formatter().set_scientific(False)
# 设置 x 轴和 y 轴标题
plt.xlabel('球队名')
plt.ylabel('球队球员薪资总和')
# 解决图形元素显示不全的问题
plt.tight_layout()
# 显示图表
plt.show()
```

2.6.3　勇士队球员的薪资状况分析

通过 2.6.2 节内容，我们了解到勇士队支付给球员的薪资最高。接下来，我们通过柱形图分析该球队球员的薪资状况，如图 2.22 所示。

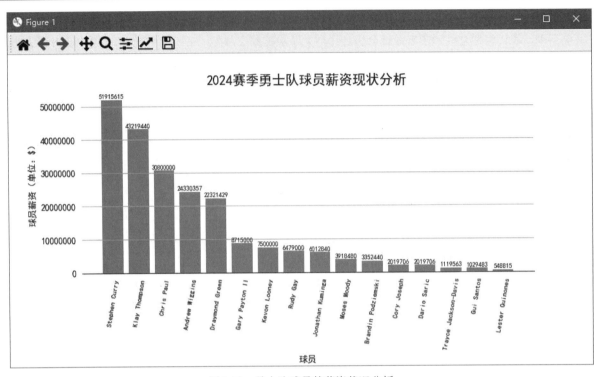

图 2.22 勇士队球员的薪资状况分析

从运行结果中得知：勇士队薪资最高的球员是 Stephen Curry（斯蒂芬·库里），其次是 Klay Thompson（克莱·汤普森）。这两位球员的薪资总和约占了该球队球员整体薪资的 50%，这也证实了为什么勇士队支付的薪资最高，是由于勇士队高薪聘请了这两位顶尖球员。

下面介绍勇士队球员的薪资状况分析。我们首先筛选"勇士队"数据，然后按照薪资进行降序排序，最后使用 matplotlib 模块的 bar()函数绘制柱形图，实现过程如下（源码位置：资源包\Code\02\data_team_Warriors.py）。

（1）在项目目录下新建一个 Python 文件，并将其命名为 data_team_Warriors.py。

（2）导入相关模块，代码如下：

```python
import pandas as pd                          # 导入 pandas 模块
import matplotlib.pyplot as plt              # 导入 matplotlib 模块
```

（3）数据处理，抽取指定数据并按逗号切分"NAME"字段以提取"球员"信息，代码如下：

```python
# 读取 Excel 文件
# usecols 参数抽取指定列
df = pd.read_excel('data2024.xlsx', usecols=['NAME', 'TEAM', 'SALARY'])
# 按逗号切分 "NAME" 字段, 提取球员
s=df['NAME'].str.split(',',expand=True)
df['球员']=s[0]
```

（4）筛选出"勇士队"的球员，并按照他们的"薪资"进行降序排序，代码如下：

```python
pd.set_option('display.width',10000)                            # 显示宽度
pd.set_option('display.max_columns',1000)                       # 最大列数
df_ys=df[df['TEAM']=='Golden State Warriors']                   # 筛选出 "勇士队" 的球员
df_ys_new=df_ys.sort_values(by='SALARY',ascending=False)        # 按照 "薪资" 进行降序排序
print(df_ys_new.head())                                         # 输出前 5 条数据
```

运行程序，结果如图 2.23 所示。

	NAME	TEAM	SALARY	球员
0	Stephen Curry, PG	Golden State Warriors	51915615	Stephen Curry
11	Klay Thompson, SG	Golden State Warriors	43219440	Klay Thompson
42	Chris Paul, PG	Golden State Warriors	30800000	Chris Paul
57	Andrew Wiggins, SF	Golden State Warriors	24330357	Andrew Wiggins
63	Draymond Green, PF	Golden State Warriors	22321429	Draymond Green

图 2.23　勇士队球员薪资（前 5 条数据）

（5）绘制柱形图，主要使用 matplotlib 模块的 bar()函数，代码如下：

```python
# 创建绘图的 figure 和 axes 对象
figure,axes = plt.subplots(1,1,figsize = (8,5))
plt.subplots_adjust(bottom=0.3)                              # 调整图表空白处
plt.rcParams['font.sans-serif']=['SimHei']                   # 解决中文乱码问题
# 取消科学记数法
plt.gca().get_yaxis().get_major_formatter().set_scientific(False)
plt.grid(axis="y", which="major")                            # 生成虚线网格
# x 轴和 y 轴的数据
x=df_ys_new['球员']
y=df_ys_new['SALARY']
axes.bar(x,y,color = 'LightSeaGreen')                        # 绘制柱形图
```

（6）为柱形图添加薪资文本标签，代码如下：

```python
# 柱形图添加文本标签
for a,b in zip(x,y):
    plt.text(a, b+100000,b, ha='center', va= 'bottom',fontsize=6,color = 'LightSeaGreen')
```

（7）图表细节设置，如添加图表标题、设置 x 轴和 y 轴的标题、隐藏边框等，代码如下：

```python
plt.title('2024 赛季勇士队球员薪资现状分析',fontsize='15')     # 图表标题
# x 轴和 y 轴标签
plt.xlabel('球员')
plt.ylabel('球员薪资（单位：$）')
# 旋转 x 轴刻度标签并设置字体大小
plt.xticks(x,rotation=80,fontsize=8)
axes.spines['top'].set_visible(False)                        # 隐藏顶部边框
axes.spines['left'].set_visible(False)                       # 隐藏左侧边框
axes.spines['right'].set_visible(False)                      # 隐藏右侧边框
axes.tick_params(bottom=False,left=False)                    # 隐藏底部和左侧坐标轴刻度
plt.show()                                                   # 显示图表
```

2.6.4　箱形图分析实力和战绩 TOP5 球队的薪资状况

经过查阅资料，我们了解到全明星周末目前 30 支球队的实力和战绩排名情况。接下来，我们将从中选出实力和战绩均排名 TOP5 的球队，分别是 Boston Celtics（波士顿凯尔特人队）、Minnesota Timberwolves（明尼苏达森林狼队）、LA Clippers（洛杉矶快船队）、Oklahoma City Thunder（俄克拉荷马雷霆队）和 Cleveland Cavaliers（克利夫兰骑士队）。我们将利用箱形图分析这 5 支球队的薪资状况，如图 2.24 所示。

从运行结果中得知：骑士队的薪资比较平均，凯尔特人队和快船队的薪资跨度比较大。

接下来，我们使用多个箱形图来统计分析实力和战绩 TOP5 球队的薪资状况，这一过程主要借助 pandas 模块提供的内置绘图函数。在绘制图表前，我们需要对数据进行简单的处理，实现过程如下（源码位置：资源包\Code\02\data_team_top5.py）。

（1）在项目目录下新建一个 Python 文件，并将其命名为 data_team_top5.py。

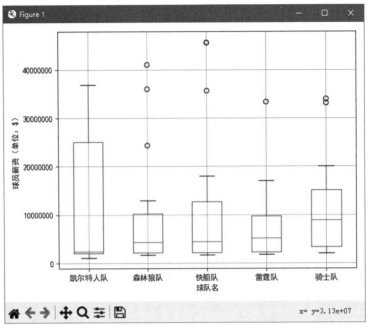

图 2.24　箱形图分析实力和战绩 TOP5 球队的薪资状况

（2）导入相关模块，代码如下：

```
import pandas as pd                              # 导入 pandas 模块
import matplotlib.pyplot as plt                  # 导入 matplotlib 模块
```

（3）抽取指定数据，并提取球队简称，代码如下：

```
# 以空格分割字符串并提取最后一组字符串
team = lambda x: x.split()[-1]
# 读取 Excel 文件
# 使用 usecols 参数抽取指定列
# 使用 converters 参数转换函数，键是整数或列标签，值是一个函数
df = pd.read_excel('data2024.xlsx', usecols=['TEAM', 'SALARY'],converters={'TEAM': team})
```

（4）创建新数据集由实力和战绩 TOP5 球队和薪资组成，代码如下：

```
# 创建由各个球队和薪资组成的数据集
data = pd.DataFrame({"凯尔特人队": df[df['TEAM'] == 'Celtics']['SALARY'],
                     "森林狼队": df[df['TEAM'] == 'Timberwolves']['SALARY'],
                     "快船队": df[df['TEAM'] == 'Clippers']['SALARY'],
                     "雷霆队": df[df['TEAM'] == 'Thunder']['SALARY'],
                     "骑士队": df[df['TEAM'] == 'Cavaliers']['SALARY']})
```

（5）使用 DataFrame 对象的 boxplot()函数绘制箱形图，代码如下：

```
plt.rcParams['font.sans-serif'] = ['SimHei']            # 用来正常显示中文标签
# 设置 x 轴和 y 轴的标题
plt.ylabel("球员薪资（单位：$）")
plt.xlabel("球队")
# 绘制箱形图
data.boxplot()
# 取消科学记数法
plt.gca().get_yaxis().get_major_formatter().set_scientific(False)
# 解决图形元素显示不全的问题
plt.tight_layout()
# 显示图表
plt.show()
```

2.6.5　对比分析 2023—2024 赛季各球队薪资变化

通过双柱形图对比分析 2023—2024 赛季各球队的薪资变化，如图 2.25 所示。

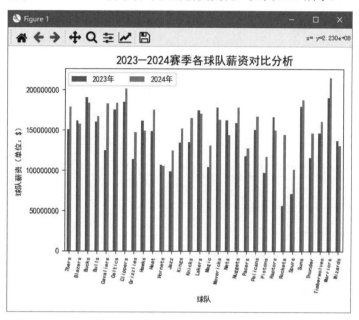

图 2.25　2023—2024 赛季各球队薪资对比分析

我们首先抽取并统计 2023 年和 2024 年各球队的薪资数据，然后标记"年份"并合并这些数据，以便制作数据透视表，最后绘制双柱形图来对比分析 2023—2024 赛季各球队的薪资变化。具体的实现过程如下（源码位置：资源包\Code\02\data_20232024.py）。

（1）在项目目录下新建一个 Python 文件，并将其命名为 data_20232024.py。

（2）导入相关模块，代码如下：

```
import pandas as pd                    # 导入 pandas 模块
import matplotlib.pyplot as plt        # 导入 matplotlib 模块
```

（3）分别抽取 2023 年和 2024 年的数据，并从中提取"球队"的简称，代码如下：

```
# 以空格分割字符串并提取最后一组字符串
team = lambda x: x.split()[-1]
# 读取 Excel 文件
# 使用 usecols 参数抽取指定列
# 使用 converters 参数转换函数，键是整数或列标签，值是一个函数
df2023 = pd.read_excel('data2023.xlsx', usecols=['TEAM', 'SALARY'], converters={'TEAM': team})
df2024 = pd.read_excel('data2024.xlsx', usecols=['TEAM', 'SALARY'], converters={'TEAM': team})
```

（4）按照球队简称分别对 2023 年和 2024 年的数据进行分组并统计求和，代码如下：

```
# 按照球队简称进行分组，并对分组后的数据进行求和
df1 = df2023.groupby('TEAM').sum()
df2 = df2024.groupby('TEAM').sum()
```

（5）添加"年份"合并数据，然后实现数据透视表，代码如下：

```
# 添加年份
df1['年份']='2023'
df2['年份']='2024'
```

```
dfs=pd.concat([df1,df2])                          # 合并数据
# 数据透视表
df_pivot=dfs.pivot(columns='年份',values='SALARY')
print(df_pivot.head())                            # 输出前 5 条数据
```

运行程序，如图 2.26 所示。

（6）绘制双柱形图，主要使用 DataFrame 对象的 bar()函数，代码如下：

```
df_pivot.plot(kind='bar')
```

（7）图表细节处理，如解决中文乱码、设置图表标题、设置 *x* 轴和 *y* 轴标签以及设置图例等，代码如下：

```
plt.rcParams['font.sans-serif']=['SimHei']        # 解决中文乱码问题
# 取消科学记数法
plt.gca().get_yaxis().get_major_formatter().set_scientific(False)
plt.title('2023-2024 赛季各球队薪资对比分析',fontsize='15')  # 设置图表标题
# 设置 x 轴和 y 轴标签
plt.xlabel('球队')
plt.ylabel('球队薪资（单位：$）')
# 旋转 x 轴刻度标签并设置字体大小
plt.xticks(rotation=80,fontsize=8)
# 解决图形元素显示不全的问题
plt.tight_layout()
plt.legend(['2023 年', '2024 年'],ncol=2)           # 设置图例（两列）
plt.show()                                         # 显示图表
```

年份	2023	2024
TEAM		
76ers	150899421	178906055
Blazers	161793891	157605999
Bucks	190742159	184146404
Bulls	160273929	167679078
Cavaliers	124900659	183158357

图 2.26　按年份统计各球队
薪资总和（前 5 条数据）

2.7　深度分析

2.7.1　球员薪资分布密度图

接下来，我们将通过密度图来分析 2024 赛季球员薪资的分布情况，如图 2.27 所示。

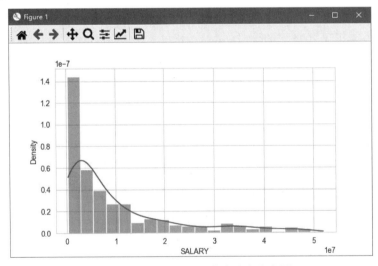

图 2.27　2024 赛季球员薪资分布密度图

从运行结果中得知：大部分球员的薪资水平是偏低的。

下面，我们介绍球员薪资分布密度图，实现过程如下（源码位置：资源包\Code\02\data_dist.py）。

（1）在项目目录下新建一个 Python 文件，并将其命名为 data_dist.py。

（2）导入相关模块，代码如下：

```python
import pandas as pd                    # 导入 pandas 模块
import matplotlib.pyplot as plt        # 导入 matplotlib 模块
import seaborn as sns                  # 导入 seaborn 模块
```

（3）读取 Excel 文件，并抽取指定数据，代码如下：

```python
# 以空格分割字符串并提取最后一组字符串
team = lambda x: x.split()[-1]
# 读取 Excel 文件
df = pd.read_excel('data2024.xlsx', usecols=['TEAM', 'SALARY'], converters={'TEAM': team})
```

（4）使用 seaborn 模块的 histplot()函数绘制密度图，代码如下：

```python
sns.set_style("whitegrid")                          # 图表背景风格
fig=plt.figure(figsize=(7,4))                        # 画布大小
# 薪资分布密度图
sns.histplot(df['SALARY'],kde=True,stat="density")
plt.show()                                           # 显示图表
```

2.7.2　分析不同位置球员的薪资状况

通过了解得知，薪资数据的"NAME"字段包含了球员位置信息，并且这些信息是通过逗号进行分割的，如图 2.28 所示。

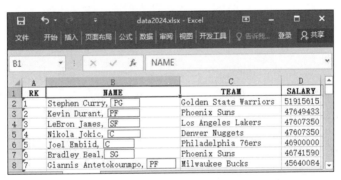

图 2.28　薪资数据

从图 2.28 中可以看出，球员位置都采用了英文简称进行标注。因此，在分析不同位置球员的薪资前，我们来简单了解这些英文简称所代表的球员位置，具体如下：

- ☑　C：中锋。
- ☑　F：前锋。
- ☑　G：后卫
- ☑　SF：小前锋。
- ☑　PF：大前锋。
- ☑　SG：得分后卫/攻击后卫。
- ☑　PG：控球后卫/组织后卫。

接下来的任务就是将球员位置从"NAME"字段中切分出来，然后按球员位置对球员薪资进行统计分析，实现过程如下（源码位置：资源包\Code\02\data_position.py）。

（1）在项目目录下新建一个 Python 文件，并将其命名为 data_position.py。

（2）导入相关模块，代码如下：

```
import pandas as pd                          # 导入 pandas 模块
```

（3）读取 Excel 文件，并从中抽取指定数据，然后提取球队名称中最后一组字符串（即球队简称），代码如下。

```
# 以空格分割字符串并提取最后一组字符串
team = lambda x: x.split()[-1]
# 读取 Excel 文件
# 使用 usecols 参数抽取指定列
# 使用 converters 参数为转换函数，键是整数或列标签，值是一个函数
df = pd.read_excel('data2024.xlsx', usecols=['NAME','SALARY'],converters={'TEAM': team})
```

（4）切分"NAME"字段，并从中提取球员位置，代码如下：

```
# 按逗号切分"NAME"字段，提取球员位置
s=df['NAME'].str.split(',',expand=True)
df['球员位置']=s[1]
# 输出前 5 条数据
print(df.head())
```

运行程序，结果如图 2.29 所示。

```
              NAME       SALARY 球员位置
0   Stephen Curry, PG   51915615   PG
1   Kevin Durant, PF    47649433   PF
2   LeBron James, SF    47607350   SF
3   Nikola Jokic, C     47607350   C
4   Joel Embiid, C      46900000   C
```

图 2.29   提取球员位置后的数据（前 5 条数据）

（5）按球员位置分组统计薪资，代码如下：

```
# 抽取数据
df=df[['球员位置','SALARY']]
# 按球员位置分组统计薪资数据
# 求薪资平均值并保留小数点后两位
print(df.groupby('球员位置').mean().map(lambda x: '%.2f'%x).rename(columns={'SALARY': '薪资平均数'}))
# 求薪资中位数
print(df.groupby('球员位置').median().rename(columns={'SALARY': '薪资中位数'}))
# 求薪资总和
print(df.groupby('球员位置').sum().rename(columns={'SALARY': '薪资总和'}))
```

运行程序，结果分别如图 2.30、图 2.31 和图 2.32 所示。

```
         薪资平均数
球员位置
C     10243038.46
F      3879817.00
G      3369043.55
PF    12061470.31
PG    15331633.72
SF    12642907.01
SG    11378029.37
```

图 2.30   薪资平均数

```
         薪资中位数
球员位置
C      4553160.0
F      2196970.0
G      2322806.0
PF     9326520.0
PG    10197916.5
SF     7181475.0
SG     8715000.0
```

图 2.31   薪资中位数

```
        薪资总和
球员位置
C     696526615
F     259947739
G     208880700
PF    783995570
PG    981224558
SF    885003491
SG    898864320
```

图 2.32   薪资总和

从运行结果中得知：控球后卫/组织后卫（PG）薪资最高。

2.7.3　分析球员位置和薪资的关系

通过按照球员的位置对球员进行分类，我们可以分析球员位置与薪资之间的关系，这一分析主要利用 seaborn 模块的条形图来实现。Seaborn 模块的条形图能够根据特定的方法汇总分类数据，默认情况下显示的是每个分类的平均值。在条形图中，x 轴代表分类数据，即"球员位置"，y 轴代表数值数据，即"球员薪资"。每个分类的条形图上的值都是该分类的平均薪资，如图 2.33 所示。

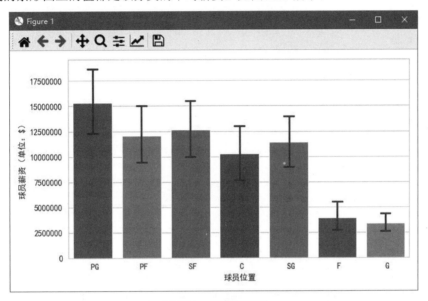

图 2.33　误差条形图

从运行结果中得知：控球后卫（PG）的平均薪资最高，但其薪资数据存在较大的误差，这反映了该位置球员薪资波动较大，即部分球员获得高薪，而部分球员薪资则相对较低；相比之下，前锋（F）和后卫（G）的平均薪资较低，且其薪资数据的误差较小，这表明这些位置球员的薪资较为稳定，差距不大，并且无一球员薪资超过五千万。

> **说明**
>
> 下面，我们将简单了解误差条形图，具体如下：
> ☑ 条形：图 2.33 中的条形代表不同位置球员的平均薪资。条形的高度反映了平均薪资的高低程度。
> ☑ 误差线：从每个条形的顶部延伸出的黑色线表示标准误差，误差线的长度显示了数据的不确定性。误差线较短，表明薪资分布较为集中；误差线较长，表明薪资波动较大。

下面使用 seaborn 模块的 barplot()函数绘制条形图分析球员位置和薪资的关系，实现过程如下（源码位置：资源包\Code\02\data_corr.py）。

（1）在项目目录下新建一个 Python 文件，并将其命名为 data_corr.py。

（2）导入相关模块，代码如下：

```
import pandas as pd                # 导入 pandas 模块
import matplotlib.pyplot as plt    # 导入 matplotlib 模块
import seaborn as sns              # 导入 seaborn 模块
```

（3）读取 Excel 文件，并抽取指定数据，然后从 NAME 中提取球员位置，代码如下：

```
# 读取 Excel 文件
# 使用 usecols 参数抽取指定列
df = pd.read_excel('data2024.xlsx', usecols=['NAME','SALARY'])
# 按逗号切分 "NAME" 字段，提取球员位置
s=df['NAME'].str.split(',',expand=True)
df['球员位置']=s[1]
```

（4）使用 seaborn 模块的 barplot()函数绘制条形图，代码如下：

```
sns.set_style("whitegrid")              # 图表背景风格
fig,ax=plt.subplots(figsize=(7,4))      # 画布大小
plt.rcParams['font.sans-serif']=['SimHei']  # 解决中文乱码问题
# 取消科学记数法
plt.gca().get_yaxis().get_major_formatter().set_scientific(False)
# 绘制条形图
sns.barplot(x="球员位置", y="SALARY",hue='球员位置',data=df,capsize=.2)
# 设置 x 轴和 y 轴标题
plt.ylabel("球员薪资（单位：$）")
plt.xlabel("球员位置")
plt.tight_layout()                      # 解决图形元素显示不全的问题
plt.show()                              # 显示图表
```

2.8 项目运行

通过前述步骤，我们已经设计并完成了"球员位置与薪资数据的深度分析"项目的开发。"球员位置与薪资数据的深度分析"项目目录包含 11 个 Python 脚本文件和 3 个 Excel 文件，如图 2.34 所示。

图 2.34 项目目录

下面我们按照开发过程运行脚本文件，以检验我们的开发成果。例如，运行 data_getting.py 文件，双击该文件，右侧"代码窗口"将显示全部代码，然后右击，在弹出的快捷菜单中选择 Run 'data_getting'命令（见图 2.35），即可运行程序。

图 2.35 运行 data_getting.py 文件

其他脚本文件按照图 2.34 给出的顺序运行，这里就不再赘述了。

2.9 源 码 下 载

本章虽然详细地讲解了如何通过 pandas 模块、numpy 模块、matplotlib 模块和 seaborn 模块实现"球员位置与薪资数据的深度分析"的各个功能，但给出的代码都是代码片段，而非完整的源代码。为了方便读者学习，本书提供了用于下载完整源代码的二维码。

源码下载

第 3 章

股海秘籍：股票行情数据分析之旅

——tushare + pandas + matplotlib + numpy + mplfinance

众所周知，pandas 模块的开发者本身就是一家量化投资公司的分析师，因此使用 Python 进行金融数据分析具有绝对的优势，我们可以对股票价格、交易量等进行实时监测和分析，帮助投资者做出更明智的投资决策。此外，Python 在金融领域还可以进行风险评估、信用评级等方面的数据分析，为金融机构提供决策支持。本章将使用 tushare 模块、pandas 模块、matplotlib 模块、numpy 模块和 mplfinance 模块实现股票行情数据的统计分析和相关性分析。

项目微视频

本项目的核心功能及实现技术如下：

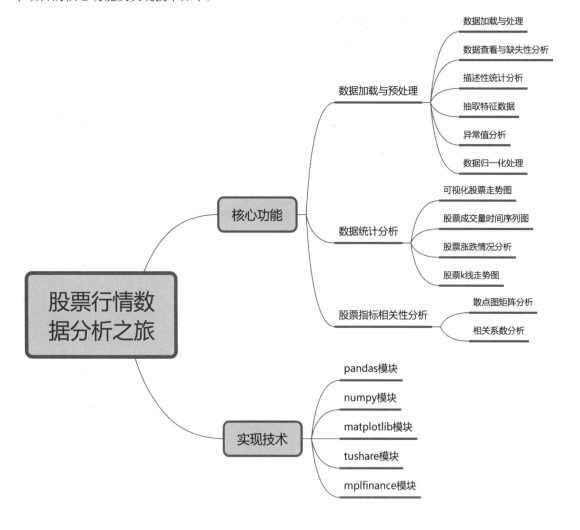

3.1　开　发　背　景

股市一直以来都是热门话题，而对于正在学习 Python 数据分析的读者来说，股票行情数据分析无疑是一个不错的练手项目，因为 Tushare 专门为 Python 提供了接口模块（tushare 模块），可以很方便地获取到想要的股票行情数据。同时，Python 还提供了专门绘制股票 k 线图的模块 mplfinance，从而使得进行股票行情数据分析变得更加方便快捷。本章将通过这两大模块并结合 pandas 模块、numpy 模块、matplotlib 模块实现可视化股票走势图、股票成交量时间序列图、股票收盘价与成交量分析、股票涨跌情况分析以及股票指标相关性分析等。

3.2　系　统　设　计

3.2.1　开发环境

本项目的开发及运行环境如下：
- ☑　操作系统：推荐 Windows 10、Windows 11 或更高版本。
- ☑　编程语言：Python 3.12。
- ☑　开发环境：Anaconda3、Jupyter Notebook。
- ☑　第三方模块：pandas（2.1.4）、openpyxl（3.1.2）、numpy（1.26.3）、matplotlib（3.8.2）、tushare（1.4.6）、mplfinance（0.12.10b0）。

3.2.2　分析流程

股票行情数据分析之旅主要通过 tushare 模块获取股票历史行情数据，那么首先需要注册并登录 Tushare 获取接口 token，接下来在程序中设置 token、初始化 pro 接口、获取股票行情数据，然后加载并处理数据、了解数据状况以及描述性统计分析等，最后对股票行情数据进行统计分析和股票指标相关性分析。

本项目分析流程如图 3.1 所示。

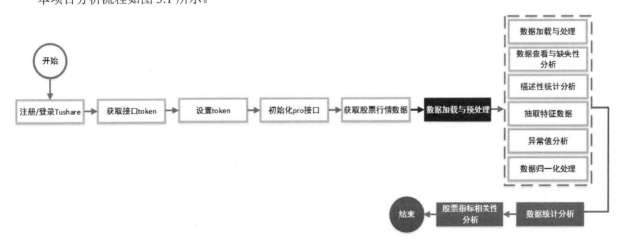

图 3.1　股票行情数据分析流程

3.2.3　功能结构

本项目的功能结构已经在章首页中给出。本项目实现的具体功能如下：

☑ 获取股票行情数据：设置 token、初始化 pro 接口、获取股票行情数据。

☑ 数据加载与预处理：包括数据加载与处理、数据查看与缺失性分析、描述性统计分析、抽取特征数据、异常值分析、数据归一化处理。

☑ 数据统计分析：包括可视化股票走势图、股票成交量时间序列图、股票收盘价与成交量分析、股票涨跌情况分析、股票 k 线走势图。

☑ 股票指标相关性分析：包括散点图矩阵分析、相关系数分析。

3.3　技　术　准　备

3.3.1　技术概览

股票行情数据分析之旅主要使用 tushare 模块获取股票行情数据，然后使用 pandas 模块加载和处理数据，其中涉及的一些计算使用了 numpy 模块提供的函数，最后对股票行情数据进行可视化，主要使用了 matplotlib 模块和 mplfinance 模块。

关于 pandas 模块、numpy 模块和 matplotlib 模块，此处不再赘述，因为它们在《Python 数据分析从入门到精通（第 2 版）》一书中已有详细的讲解。对这些知识不太熟悉的读者，可以参考该书的相关章节进行深入学习。

下面将详细介绍 tushare 模块获取股票行情数据的全过程，包括注册、登录、获取 token 和获取股票行情数据等，以及 mplfinance 模块的应用并进行举例，以确保读者可以顺利完成本项目并进行扩展。

3.3.2　详解 tushare 模块获取股票数据

实现股票行情数据分析之旅首要任务是获取股票行情数据，在 Python 中获取股票行情数据主要使用 Tushare 提供的 tushare 模块，首先我们来了解什么是 Tushare。

Tushare 是一个免费且开源的 Python 财经数据接口包，它负责股票等金融数据从数据采集、清洗加工到数据存储的全过程。Tushare 能够为金融分析人员提供快速、整洁且多样化的数据，这些数据便于进行分析，极大地减轻了他们在数据获取方面的工作负担，从而让他们更加专注于策略和模型的研究与实现。Tushare 主要面向对象如下：

☑ 量化投资分析师。

☑ 对金融市场进行大数据分析的企业和个人。

☑ 开发以证券为基础的金融类产品和解决方案的公司。

☑ 正在学习利用 Python 进行数据分析的用户。

tushare 模块返回的绝大部分的数据格式都是 DataFrame 对象，非常适合用 pandas 模块、numpy 模块、matplotlib 模块进行数据统计分析和可视化。

了解了 Tushare 后，下面使用 tushare 模块获取股票行情数据，基本过程如图 3.2 所示。

在 Python 中使用 tushare 模块之前，您需要在 Tushare 网站上注册账号。只有获取个人 token 值，您才能够随时调用所需的股票行情数据，实现过程如下。

图 3.2　使用 tushare 模块获取股票数据的基本过程

（1）用户注册并登录。首先登录 Tushare 官网（https://tushare.pro），在主菜单右侧单击"注册"菜单项，打开"用户注册"页面，输入相关信息，如图 3.3 所示，然后单击"注册"按钮。

图 3.3　用户注册

注册完成后，登录 Tushare 官网，在主菜单中单击"登录"菜单项，输入相关信息，单击"登录"按钮，进入主页，鼠标移至右侧头像处，在弹出的菜单中单击"个人主页"，如图 3.4 所示。

图 3.4　单击"个人主页"

（2）获取接口 token。进入"用户中心"，单击"接口 TOKEN"，然后单击右侧的复制按钮复制 token，如图 3.5 所示，将复制后的 token 保存到一个文本文件中，方便日后使用。

图 3.5　复制 token

（3）在 Python 中安装 tushare 模块。由于本项目开发环境是 Anaconda3、Jupyter Notebook。因此需要在 Anaconda3 中安装 tushare 模块。首先单击系统"开始"菜单，然后选择 Anaconda3（64-bit）→Anaconda Prompt，打开 Anaconda Prompt 命令提示符窗口，接着在该窗口中，使用 pip 命令安装 tushare 模块，命令如下：

```
pip install tushare
```

需要注意的是，tushare 模块的版本应不低于 1.2.10。

（4）导入 tushare 模块，代码如下：

```
import tushare as ts
```

（5）设置 token，代码如下：

```
ts.set_token('这里是自己的 token')
```

 说明

上述方法只需要在第一次或者 token 失效后进行设置，正常情况下不需要重复设置，直接到下一步初始化 pro 接口即可。也可以忽略此步骤，直接使用 pro = ts.pro_api('这里是自己的 token')。

（6）初始化 pro 接口，代码如下：

```
pro = ts.pro_api()
```

（7）获取股票数据。例如，获取股票代码为 000001.SZ，开始日期为 2024 年 4 月 1 日，结束日期为 2024 年 4 月 3 日的股票行情数据，代码如下：

```
import pandas as pd                    # 导入 pandas 模块
import tushare as ts                   # 导入 tushare 模块
# 设置 token
ts.set_token('1886b4ad92fd035953190f28a24e6d3c341dec12ca796384cbd8435f')
# 初始化 pro 接口
pro = ts.pro_api()
# 获取股票行情数据
df = pro.daily(ts_code='000001.SZ', start_date='20240401', end_date='20240403')
df                                     # 输出数据
```

上述代码中使用了 daily 接口，该接口专门用于获取 A 股日线行情数据。daily 接口的参数及其说明如表 3.1 所示。

表 3.1　daliy 接口的参数及其说明

参　　数	数 据 类 型	说　　明
ts_code	str	股票代码（支持多个股票同时提取，逗号分隔）
trade_date	str	交易日期
start_date	str	开始日期
end_date	str	结束日期

 说明

表 3.1 中的日期均为 YYYYMMDD 格式，例如 20240401。

运行程序，结果如图 3.6 所示。

	ts_code	trade_date	open	high	low	close	pre_close	change	pct_chg	vol	amount
0	000001.SZ	20240403	10.53	10.55	10.42	10.46	10.55	-0.09	-0.8531	981845.85	1028648.883
1	000001.SZ	20240402	10.63	10.68	10.53	10.55	10.64	-0.09	-0.8459	1085458.26	1149700.800
2	000001.SZ	20240401	10.52	10.65	10.51	10.64	10.52	0.12	1.1407	1191087.96	1261770.380

图 3.6　tushare 模块获取股票行情数据示例

下面来了解图 3.6 中各个字段的意思。

- ☑　ts_code：股票代码。
- ☑　trade_date：股票交易日期。
- ☑　open：开盘价。
- ☑　high：最高价。
- ☑　low：最低价。
- ☑　close：收盘价。
- ☑　pre_close：昨日收盘价。
- ☑　change：涨跌额。
- ☑　pct_chg：涨跌幅度。
- ☑　vol：成交量。
- ☑　amount：成交额。

说明

以上是 tushare 模块的基本用法，您如果想了解更多的关于 tushare 模块的内容，可以在 Tushare 官网进行查阅。

3.3.3　mplfinance 模块的应用

mplfinance 模块是一个专门用于金融数据的可视化分析模块，它是建立在 matplotlib 基础上的。该模块提供了用于绘制金融图表的高级工具和函数，可以帮助金融分析师、交易员和数据科学家更轻松地实现可视化金融市场数据。另外，mplfinance 模块简化了金融数据可视化的过程，增加了很多新功能，使用户能够轻松地创建各种类型的图表，包括 k 线图、线图、OHLC 图、砖形图、点数图等。此外，mplfinance 模块还支持多种风格，可以定制多种颜色、线条（默认线条较粗，影响观感）等。语法格式如下：

```
mplfinance.plot(data, type, title, ylabel, style, volume, ylabel_lower, show_nontrading, figratio, mav)
```

参数说明：

- ☑　data：DataFrame 对象，其中包含 open、high、low、close 字段，如果要显示成交量，还需要提供 vol（或 volume）字段，默认 date 字段为索引。
- ☑　type：图表类型，可选参数值为 ohlc、candle、line、renko 和 pnf。
- ☑　title：图表标题。
- ☑　ylabel：y 轴标签。
- ☑　style：k 线图的样式，mplfinance 模块提供了很多内置样式。
- ☑　volume：参数值为 True 表示添加成交量，默认值为 False。
- ☑　ylabel_lower：成交量的 y 轴标签。
- ☑　show_nontrading：参数值为 True 表示显示非交易日，默认值为 False。
- ☑　figratio：控制图表大小的元组。

☑ mav：整数或包含整数的元组，是否在图表中添加移动平均线。

mplfinance 模块属于第三方模块，在使用之前需要进行安装。在 Anaconda Prompt 命令提示符窗口中，使用 pip 命令来安装该模块，命令如下：

```
pip install mplfinance
```

例如，创建一个简单的金融图表——k 线图。k 线图通常用于展示股票或其他金融资产的价格走势，代码如下：

```python
# 导入相关模块
import pandas as pd
import mplfinance as mpf
import matplotlib.pyplot as plt
# 读取 Excel 文件
data=pd.read_excel('000001.xlsx')
# 设置 trade_date 为索引并升序排序
data=data.set_index('trade_date').sort_values(by='trade_date')
# 抽取特征数据
feature_data=data[['open','high','low','close','vol']]
# 抽取指定日期范围的数据
mydate=feature_data['2024-01-01':'2024-04-01']
# 绘制 k 线图
mpf.plot(mydate,type='candle',style='yahoo')
plt.show()                    # 显示图表
```

运行程序，结果如图 3.7 所示。

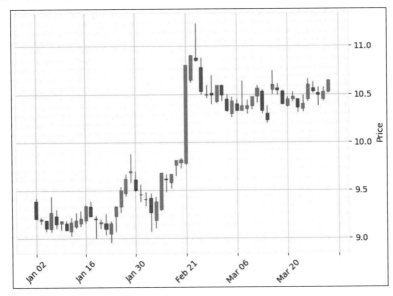

图 3.7　k 线图

上述代码中，使用 mpf.plot()函数绘制图，通过 type 参数指定图表类型为'candle'，通过 style 参数指定图表样式为'yahoo'。

下面按功能详细介绍 mplfinance 模块的应用。

（1）调整样式。

mplfinance 模块提供了很多内置样式，方便用户快速创建美观的 k 线图，这些模式主要通过 style 参数进行设置，该参数值为'binance'、'blueskies'、'brasil'、'charles'、'checkers'、'classic'、'default'、'mike'、'nightclouds'、'sas'、'starsandstripes'或者'yahoo'，用户可以随意选择一种样式，例如下面的代码：

```python
mpf.plot(mydate,type='candle',style='yahoo')
```

（2）添加成交量。

添加成交量主要通过 volume 参数进行设置，设置该参数值为 True，即可在图表中添加成交量，例如下面的代码：

```
mpf.plot(mydate,type='candle',style='yahoo',volume=True)
```

需要注意的是，Tushare 提供的股票行情数据中，成交量字段名称为 vol，而上述代码添加成交量参数为 volume，因此在添加成交量前应将 vol 修改为 volume，代码如下：

```
feature_data.columns=['open','high','low','close','volume']
```

运行程序，结果如图 3.8 所示。

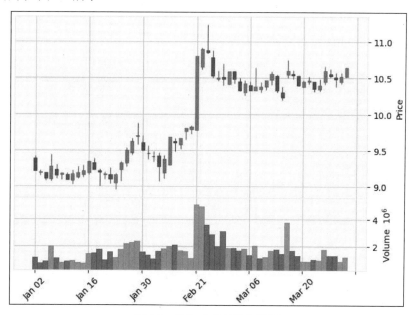

图 3.8　添加成交量的 k 线图

（3）显示非交易日。

显示非交易日主要通过 show_nontrading 参数进行设置，设置该参数值为 True，即可在图表中显示非交易日，例如下面的代码：

```
mpf.plot(mydate,type='candle',style='yahoo',volume=True,show_nontrading=True)
```

（4）自定义样式。

如果内置样式不满足需求，可以自定义样式，并将该样式指定给 style 参数。

首先设置 k 线的颜色，调用 make_marketcolors()函数，例如下面的代码：

```
mc = mpf.make_marketcolors(
    up='red',          # 设置上涨 k 线柱子的颜色为"红色"
    down='green',      # 设置下跌 k 线柱子的颜色为"绿色"
    edge='i',          # 设置 k 线图柱子边缘的颜色（i 代表继承自 up 和 down 的颜色），下同
    volume='i',        # 设置成交量直方图的颜色
    wick='i'           # 设置上下影线的颜色
)
```

然后调用 make_mpf_style()函数，自定义 k 线图样式，例如下面的代码：

```
mystyle = mpf.make_mpf_style(base_mpl_style="ggplot", marketcolors=mc)
```

最后将自定义样式 mystyle 指定给 style 参数，例如下面的代码：

```
mpf.plot(mydate,type='candle',style=mystyle,volume=True)
```

（5）调整图表大小。

调整图表大小主要使用 figratio 参数进行设置，例如下面的代码：

```
mpf.plot(mydate,type='candle',style=mystyle,volume=True,figratio=(3,2))
```

（6）添加移动平均线。

添加移动平均线主要使用 mav 参数，该参数值为整数或包含整数的列表/元组。例如，添加 3、6、9 日的平均线，代码如下：

```
mpf.plot(mydate,type='candle',style=mystyle,volume=True,mav=(3,6,9))
```

运行程序，结果如图 3.9 所示。

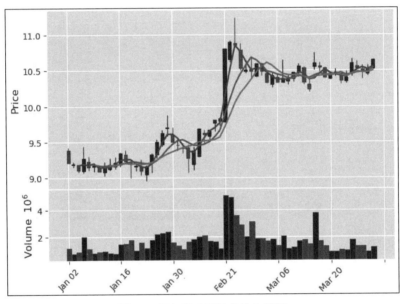

图 3.9 添加移动平均线的 k 线图

3.4 前 期 准 备

3.4.1 新建 Jupyter Notebook 文件

下面介绍如何新建 Jupyter Notebook 文件夹以及如何在该文件夹中新建 Jupyter Notebook 文件，具体步骤如下。

（1）在系统"搜索"文本框中输入 Jupyter Notebook，运行 Jupyter Notebook。

（2）新建一个 Jupyter Notebook 文件夹，单击右上角的 New 按钮，选择 Folder，如图 3.10 所示，此时会在当前页面列表中默认创建一个名称类似 Untiled Folder 的文件夹。接下来重命名该文件夹，选中该文件夹前的复选框，然后单击 Rename 按钮，如图 3.11 所示。打开"重命名路径"对话框，在"请输入一个新的路径"文本框中输入"股票行情数据分析之旅"，如图 3.12 所示，然后单击"重命名"按钮。

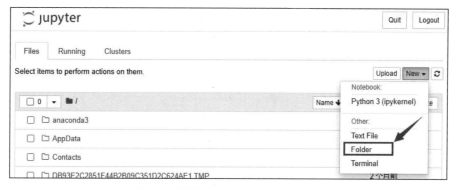

图 3.10　新建 Jupyter Notebook 文件夹

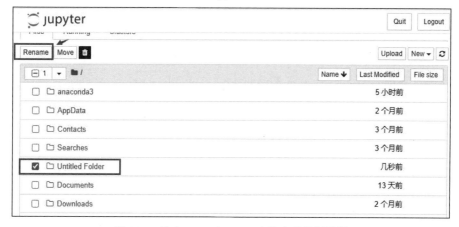

图 3.11　选中 Untiled Folder 文件夹前的复选框

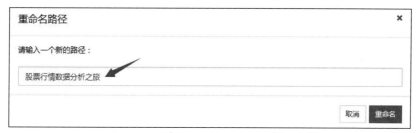

图 3.12　重命名 Untiled Folder 文件夹

（3）新建 Jupyter Notebook 文件。单击"股票行情数据分析之旅"文件夹，进入该文件夹，单击右上角的 New 按钮，由于我们创建的是 Python 文件，因此选择 Python 3（ipykernel），如图 3.13 所示。

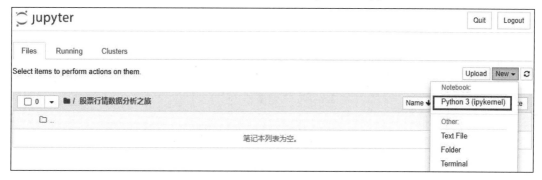

图 3.13　新建 Jupyter Notebook 文件

文件创建完成后，会打开如图 3.14 所示的窗口，通过该窗口就可以编写代码了。至此，新建 Jupyter Notebook 文件的工作就完成了，接下来介绍编写代码的过程。

图 3.14 代码编辑窗口

3.4.2 导入必要的库

本项目主要使用 tushare、pandas、matplotlib、numpy、matplotlib.dates 和 mplfinance 模块，下面在 Jupyter Notebook 中导入项目所需的模块，代码如下：

```
import tushare as ts
import pandas as pd
import matplotlib.pyplot as plt
import numpy as np
import matplotlib.dates as mdates
import mplfinance as mpf
```

3.4.3 获取股票行情数据

下面使用 tushare 模块获取股票代码为"000001.SZ"的股票行情数据，代码如下：

```
# 设置 token
ts.set_token('1886b4ad92fd035953190f28a24e6d3c341dec12ca796384cbd8435f')
# 初始化 pro 接口
pro = ts.pro_api()
# 获取股票行情数据
df = pro.daily(ts_code='000001.SZ', start_date='20210101', end_date='20240401')
df.head()                                    # 输出前 5 条数据
```

运行程序，单击工具栏中的"运行"按钮或者按 Ctrl+Enter 快捷键运行本单元，结果如图 3.15 所示。

	ts_code	trade_date	open	high	low	close	pre_close	change	pct_chg	vol	amount
0	000001.SZ	20240401	10.52	10.65	10.51	10.64	10.52	0.12	1.1407	1191087.96	1261770.380
1	000001.SZ	20240329	10.45	10.57	10.43	10.52	10.49	0.03	0.2860	872758.98	917332.316
2	000001.SZ	20240328	10.51	10.57	10.38	10.49	10.53	-0.04	-0.3799	1302188.92	1362980.388
3	000001.SZ	20240327	10.56	10.63	10.51	10.53	10.60	-0.07	-0.6604	1274135.99	1347397.150
4	000001.SZ	20240326	10.45	10.66	10.42	10.60	10.40	0.20	1.9231	1740021.46	1835376.191

图 3.15 股票行情数据（前 5 条）

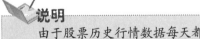
说明

由于股票历史行情数据每天都会更新，因此您获取到的数据和笔者会有所不同。

从运行结果中得知：ts_code（股票代码）为重复数据，下面使用 DataFrame 对象的 drop()方法去掉 ts_code

列，同时将 trade_date（股票交易日期）由字符型转换为日期型，然后使用 to_excel()方法将数据导出为 Excel 文件并去掉索引，代码如下：

```
# 去除 "股票代码" 列
df = df.drop(['ts_code'], axis=1)
# 设置 trade_date 为日期型
df['trade_date']=pd.to_datetime(df['trade_date'])
# 导出 Excel 文件并去掉索引
df.to_excel('000001.xlsx',index=False)
```

3.5　数据加载与预处理

3.5.1　数据加载与处理

下面使用 pandas 模块的 read_excel()函数加载数据，然后使用 DataFrame 对象的 set_index()函数将 trade_date 设置为索引并进行升序排序，最后输出数据，代码如下：

```
# 读取 Excel 文件
data=pd.read_excel('000001.xlsx')
# 将 trade_date 设置为索引并进行升序排序
data=data.set_index('trade_date').sort_values(by='trade_date')
# 输出数据
data
```

运行程序，结果如图 3.16 所示。

trade_date	open	high	low	close	pre_close	change	pct_chg	vol	amount
2021-01-04	19.10	19.10	18.44	18.60	19.34	-0.74	-3.8263	1554216.43	2891682.312
2021-01-05	18.40	18.48	17.80	18.17	18.60	-0.43	-2.3118	1821352.10	3284606.913
2021-01-06	18.08	19.56	18.00	19.56	18.17	1.39	7.6500	1934945.12	3648521.909
2021-01-07	19.52	19.98	19.23	19.90	19.56	0.34	1.7382	1584185.30	3111274.625
2021-01-08	19.90	20.10	19.31	19.85	19.90	-0.05	-0.2513	1195473.22	2348316.363
...	...	...	...	...	...	...	...	...	...
2024-03-26	10.45	10.66	10.42	10.60	10.40	0.20	1.9231	1740021.46	1835376.191
2024-03-27	10.56	10.63	10.51	10.53	10.60	-0.07	-0.6604	1274135.99	1347397.150
2024-03-28	10.51	10.57	10.38	10.49	10.53	-0.04	-0.3799	1302188.92	1362980.388
2024-03-29	10.45	10.57	10.43	10.52	10.49	0.03	0.2860	872758.98	917332.316
2024-04-01	10.52	10.65	10.51	10.64	10.52	0.12	1.1407	1191087.96	1261770.380

图 3.16　数据加载与处理

3.5.2　数据查看与缺失性分析

（1）查看数据集形状，即行数和列数，代码如下：

```
# 查看数据集的形状
data.shape
```

运行程序，返回元组结果为(786, 9)，也就是说该数据集包含 786 行 9 列。

（2）查看摘要信息和数据是否缺失。

在进行数据统计分析前，需要清晰地了解数据，查看数据中是否有缺失值、列数据类型是否正常。下面使用 info() 方法查看数据的数据类型、非空值情况以及内存使用量等，代码如下：

```
# 查看摘要信息
data.info()
```

运行程序，结果如图 3.17 所示。

从运行结果中得知：数据有 786 行，其索引是日期，从 2021-01-04 至 2024-04-01。数据总共有 9 列，列出了每一列的名称和数据类型，并且数据中没有缺失值。

另外，还有一种方法可以查看缺失值，即查看列数据是否包含空值，代码如下：

```
# 检查数据中的空值
data.isnull().any()
```

运行程序，结果如图 3.18 所示。

```
<class 'pandas.core.frame.DataFrame'>
DatetimeIndex: 786 entries, 2021-01-04 to 2024-04-01
Data columns (total 9 columns):
 #   Column     Non-Null Count  Dtype
                ---------------
 0   open       786 non-null    float64
 1   high       786 non-null    float64
 2   low        786 non-null    float64
 3   close      786 non-null    float64
 4   pre_close  786 non-null    float64
 5   change     786 non-null    float64
 6   pct_chg    786 non-null    float64
 7   vol        786 non-null    float64
 8   amount     786 non-null    float64
dtypes: float64(9)
memory usage: 61.4 KB
```

```
open        False
high        False
low         False
close       False
pre_close   False
change      False
pct_chg     False
vol         False
amount      False
dtype: bool
```

图 3.17　查看数据　　　　　　图 3.18　查看列数据是否包含空值

从运行结果中得知：每一列数据都不包含空值，即没有缺失值。

3.5.3　描述性统计分析

描述性统计分析主要用于查看数据的统计信息，包括最大值、最小值、平均值等。此外，它还能帮助我们洞察异常数据，如空数据和值为 0 的数据。下面使用 DataFrame 对象的 describe() 方法快速查看描述性统计信息，代码如下：

```
data.describe()
```

运行程序，结果如图 3.19 所示。

	open	high	low	close	pre_close	change	pct_chg	vol	amount
count	786.000000	786.000000	786.000000	786.000000	786.000000	786.000000	786.000000	7.860000e+02	7.860000e+02
mean	15.046349	15.259300	14.833041	15.049059	15.059249	-0.010191	-0.049531	1.065343e+06	1.578454e+06
std	4.290968	4.403161	4.172690	4.299553	4.299396	0.346138	2.017092	5.515192e+05	8.635391e+05
min	9.010000	9.130000	8.960000	9.030000	9.030000	-1.470000	-7.534200	3.439356e+05	3.796382e+05
25%	11.550000	11.662500	11.440000	11.537500	11.537500	-0.160000	-1.169525	7.158640e+05	9.862376e+05
50%	14.005000	14.160000	13.770000	13.990000	14.010000	-0.030000	-0.184100	9.241207e+05	1.354922e+06
75%	18.037500	18.280000	17.707500	18.002500	18.025000	0.120000	0.882425	1.280411e+06	1.920032e+06
max	24.910000	25.310000	24.520000	25.010000	25.010000	1.700000	9.991500	5.055285e+06	6.026007e+06

图 3.19　描述性统计分析

从运行结果中得知：数据整体统计分布情况，包括总计数值、均值、标准差、最小值、1/4 分位数（25%）、1/2 分位数（50%）、3/4 分位数（75%）和最大值。例如，开盘价 11.55 的占 25%，14.005 的占 50%，18.0375 的占 75%。

3.5.4　抽取特征数据

由于数据统计分析主要分析 open（开盘价）、high（最高价）、close（收盘价）、low（最低价）和 vol（成交量），因此首先抽取这部分数据作为特征数据，代码如下：

```
# 抽取特征数据
feature_data=data[['open','high','low','close','vol']]
feature_data
```

3.5.5　异常值分析

异常值是那些与其他数据点明显不同的值，它们的存在可能会在数据分析过程中产生问题。因此，在数据分析前，应该检测异常值。异常值的检测方法有很多种，其中一种方法是使用箱形图来检测异常值。下面我们主要使用 DataFrame 对象自带的绘图函数 boxplot() 来绘制箱形图，这样可以快速生成图表并自动优化图形输出的形式，代码如下。

```
feature_data.boxplot()          # 绘制箱形图
plt.show()                      # 显示图表
```

运行程序，结果如图 3.20 所示。

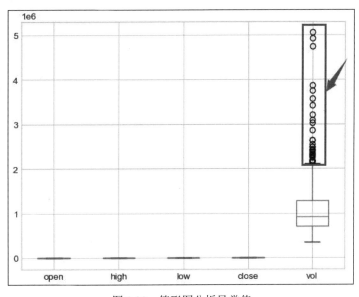

图 3.20　箱形图分析异常值

从运行结果中得知：vol（成交量）存在异常值。异常值的处理方法有多种，这里根据实际情况，我们选择不进行处理，直接在数据集上进行数据分析。

3.5.6　数据归一化处理

经过异常值分析发现，vol（成交量）数据相对于 open（开盘价）、high（最高价）、close（收盘价）、

low（最低价）数值非常大。这种情况下，如果单独分析成交量，数据是没有问题的。但是，如果对多个指标数据进行分析与可视化，就会出现数值较小的数据会被数值较大的数据淹没掉，导致在数据分析图表中难以辨识，如图 3.21 所示。

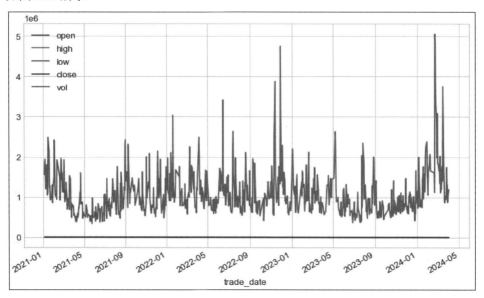

图 3.21　数据归一化处理前的股票走势图

那么，这种情况应该如何处理呢？

数据归一化，也称为"数据标准化"，是一种处理技术，它将所有数据都调整到同一水平线上。数据归一化有多种方法，下面使用 0~1 标准化方法，该方法非常简单，通过遍历特征数据里的每一个数值，记录下最大值（Max）和最小值（Min），然后使用最大与最小值之差（Max-Min）作为基数（即 Min=0，Max=1）进行数据的归一化处理，公式如下：

$$x = (x - Min) / (Max - Min)$$

下面对上述数据进行数据归一化处理，代码如下：

```
# 数据归一化（采用 0~1 标准化方法）
normalize_data=(feature_data-feature_data.min())/(feature_data.max()-feature_data.min())
normalize_data
```

运行程序，结果如图 3.22 所示。

	open	high	low	close	vol
trade_date					
2021-01-04	0.634591	0.616193	0.609254	0.598874	0.256886
2021-01-05	0.590566	0.577874	0.568123	0.571965	0.313587
2021-01-06	0.570440	0.644623	0.580977	0.658949	0.337697
2021-01-07	0.661006	0.670581	0.660026	0.680225	0.263247
2021-01-08	0.684906	0.677998	0.665167	0.677096	0.180742
...	...	...	...	...	...
2024-03-26	0.090566	0.094561	0.093830	0.098248	0.296324
2024-03-27	0.097484	0.092707	0.099614	0.093867	0.197438
2024-03-28	0.094340	0.088999	0.091260	0.091364	0.203393
2024-03-29	0.090566	0.088999	0.094473	0.093242	0.112245
2024-04-01	0.094969	0.093943	0.099614	0.100751	0.179811

图 3.22　数据归一化处理

从运行结果中得知：数据发生了变化，所有数据都处于同一水平线上。这时，有的读者可能会问：数据归一化后，会不会影响数据的走势？答案是：不影响，因为数据归一化不会改变原始数据。

3.6 数据统计分析

3.6.1 可视化股票走势图

数据处理完成后，我们将对数据进行可视化，以观察股票走势。这里直接使用 DataFrame 对象自带的绘图工具，该绘图工具能够快速生成图表，并自动优化图形输出形式。我们将使用归一化处理后的数据，以股票交易日期 trade_date 作为横坐标，每日的 open（开盘价）、high（最高价）、low（最低价）、close（收盘价）和 vol（成交量）作为纵坐标，绘制多折线图。通过该多折线图，我们可以观察股票随时间的变化情况。代码如下：

```
# 使用 DataFrame 对象的 plot()方法绘制折线图
normalize_data.plot(figsize=(9,5))
plt.show()                          # 显示图表
```

运行程序，结果如图 3.23 所示。

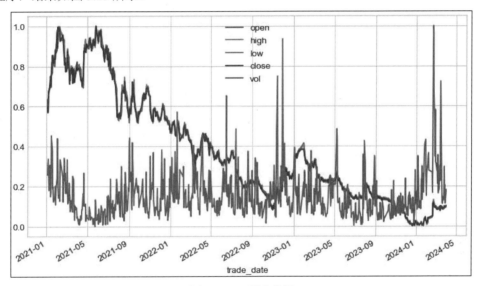

图 3.23　股票走势图

3.6.2 股票成交量时间序列图

下面，我们将绘制股票 2021—2024 年成交量的时间序列图。我们采用折线图进行展示，其中将股票交易日期作为横坐标，将每日的成交量作为纵坐标。通过该折线图，我们可以观察股票成交量随时间的变化情况。代码如下：

```
# 设置画布大小
plt.subplots(figsize=(9,4))
# 设置图表风格
# plt.style.use('fivethirtyeight')
# 解决中文乱码问题
plt.rcParams['font.sans-serif']=['SimHei']
# 取消科学记数法
plt.gca().get_yaxis().get_major_formatter().set_scientific(False)
```

```
# 成交量折线图
feature_data['vol'].plot(color='red')
# 设置图表标题和字体大小
plt.title('2021-2024 年股票成交量走势图', fontsize='15')
# 设置 x 轴和 y 轴标签
plt.ylabel('vol', fontsize='10')
plt.xlabel('trade_date', fontsize='10')
# 显示图表
plt.show()
```

运行程序，结果如图 3.24 所示。

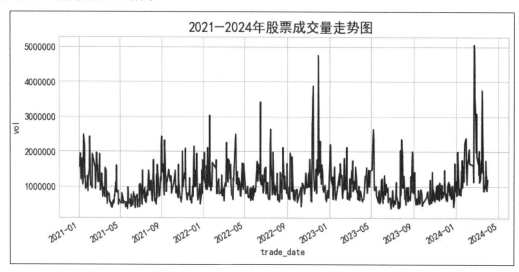

图 3.24　股票成交量时序图

3.6.3　股票收盘价与成交量分析

下面，我们绘制股票在 2021 年 1 月至 2024 年 4 月的日收盘价和日成交量的时间序列图，以便进行股票收盘价与成交量的分析。由于收盘价与成交量的数值差异非常大，因此我们采用双 y 轴折线图，其中将股票交易日期作为横坐标，将左侧 y 轴作为成交量，将右侧 y 轴作为收盘价。通过该折线图，我们可以观察股票收盘价与成交量随时间的变化情况。代码如下：

```
# 设置画布大小
plt.subplots(figsize=(9,4))
# 解决中文乱码问题
plt.rcParams['font.sans-serif']=['SimHei']
# 取消科学记数法
plt.gca().get_yaxis().get_major_formatter().set_scientific(False)
# 绘制第一个成交量折线图
feature_data['vol'].plot()
plt.ylabel('vol', fontsize='10')                    # y 轴标签
# 绘制第二个收盘价折线图
# secondary_y 设置第二个 y 轴
feature_data['close'].plot(secondary_y=True,color='orange')
# 设置图表标题和字体大小
plt.title('2021-2024 年股票收盘价与成交量分析', fontsize='15')
# 设置 x 轴和 y 轴标签
plt.ylabel('close', fontsize='10')
plt.xlabel('trade_date', fontsize='10')
plt.show()                                          # 显示图表
```

运行程序，结果如图 3.25 所示。

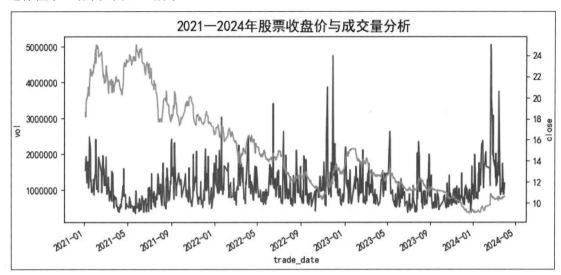

图 3.25　股票收盘价与成交量分析

3.6.4　股票涨跌情况分析

股票涨跌情况分析主要分析"收盘价"。收盘价的分析通常是基于股票收益率的，而股票收益率可以分为简单收益率和对数收益率两种形式。

☑　简单收益率：是指相邻两个价格之间的变化率。

☑　对数收益率：是指所有价格取对数后两两之间的差值。

下面，我们将通过对数收益率分析股票涨跌情况，并绘制相应的折线图，具体步骤如下。

（1）抽取指定日期范围的收盘价数据。

（2）使用 numpy 模块的 log()函数计算对数收益率。log()函数用于计算 x 的自然对数。

（3）绘制折线图，同时在图中添加水平分割线，以标记股票涨跌情况。

代码如下：

```
# 抽取指定日期范围的"收盘价"数据
mydate1=feature_data.loc['2024-01-01':'2024-04-01']
mydate_close=mydate1.close
# 对数收益率=当日收盘价取对数−昨日收盘价取对数
log_change=np.log(mydate_close)-np.log(mydate_close.shift(1))
plt.rcParams['axes.unicode_minus'] = False       # 用来正常显示负号
# 设置画布和画板
fig,ax=plt.subplots(figsize=(9,5))
ax.plot(log_change)                              # 绘制折线图
# 绘制水平分割线，标记股票收盘价相对于 y=0 的偏离程度
ax.axhline(y=0,color='red')
# 日期刻度定位为星期
plt.gca().xaxis.set_major_locator(mdates.WeekdayLocator())
# 自动旋转日期标记
plt.gcf().autofmt_xdate()
plt.show()                                       # 显示图表
```

运行程序，结果如图 3.26 所示。

从运行结果中得知：如果值在水平分割线上方，则表示今天相对于昨天股票涨了；如果值在水平分割线下方，则表示今天相对于昨天股票跌了。

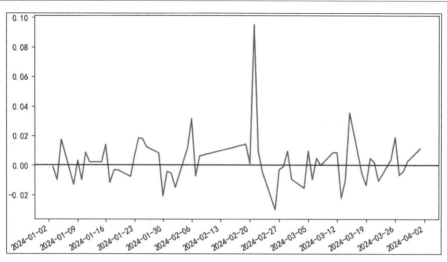

图 3.26　股票涨跌情况分析

3.6.5　股票 k 线走势图

相传 k 线图起源于日本德川幕府时代，当时的商人用此图来记录米市的行情和价格波动，后来 k 线图被引入股票市场。每天的四项指标数据（即"最高价""收盘价""开盘价"和"最低价"），用蜡烛形状的图表进行标记，不同的颜色代表涨跌情况，如图 3.27 所示。

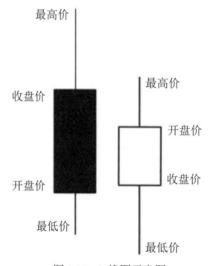

图 3.27　k 线图示意图

要实现股票 k 线走势图，我们主要使用 mplfinance 模块，具体步骤如下。

（1）抽取指定日期范围的特征数据。

（2）自定义颜色和图表样式。

（3）绘制股票 k 线走势图。

代码如下：

```
# 抽取指定日期范围的数据
mydate=feature_data['2024-01-01':'2024-04-01']
# 绘制股票 k 线走势图
# 自定义颜色
```

```
mc = mpf.make_marketcolors(
    up='red',                   # 上涨 k 线柱子的颜色为"红色"
    down='green',               # 下跌 k 线柱子的颜色为"绿色"
    edge='i',                   # k 线图柱子边缘的颜色（i 代表继承自 up 和 down 的颜色），下同
    wick='i'                    # 上下影线的颜色
)
# 调用 make_mpf_style()函数，自定义 k 线图样式
mystyle = mpf.make_mpf_style(base_mpl_style="ggplot", marketcolors=mc)
# 自定义样式 mystyle
# 添加移动平均线 mav（即 3、6、9 日的平均线）
mpf.plot(mydate,type='candle',style=mystyle,mav=(3,6,9))
plt.show()                      # 显示图表
```

运行程序，结果如图 3.28 所示。

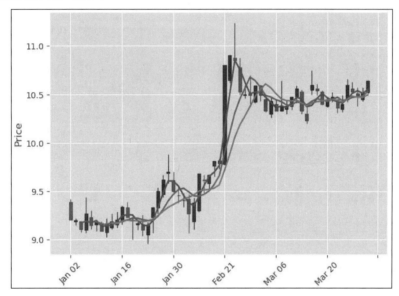

图 3.28　股票 k 线走势图

3.7　股票指标相关性分析

3.7.1　散点图矩阵分析

散点图矩阵分析主要使用 pandas 模块的 scatter_matrix()函数来完成，该函数能够将股票各项指标数据两两关联，绘制散点图矩阵，其中矩阵的对角线位置展示的是每个指标数据的直方图，代码如下：

```
# 抽取指定时间段内的时间序列数据
data1=data.loc['2023-01-01':'2023-12-31']
# 绘制散点图矩阵
pd.plotting.scatter_matrix(data,figsize=(11,8),s=40)
plt.show()                      # 显示图表
```

运行程序，结果如图 3.29 所示。

从运行结果中得知：在散点图矩阵中，对角线的上方是散点图矩阵；对角线是直方图，这些直方图描绘了指标数据的分布情况；对角线的下方也是散点图矩阵。另外，图 3.29 中明显地展示了开盘价（open）和最高价（high）、最低价（low）、收盘价（close）、昨日收盘价（pre_close）之间存在着非常明显的线

性关系。

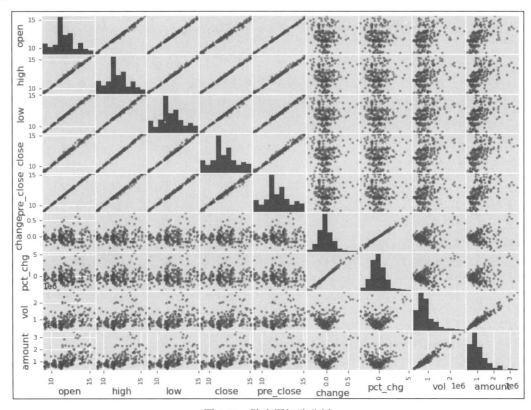

图 3.29　散点图矩阵分析

 说明

scatter_matrix()函数常用参数说明如下：
- ☑ frame: DataFrame 对象。
- ☑ alpha: 图像透明度，参数值为 0～1，默认值为 0.5。
- ☑ figsize: 以英寸为单位的图像大小，一般以元组(width, height)形式进行设置。
- ☑ ax: Matplotlib 的坐标轴对象。
- ☑ diagonal: 参数值为 hist 或 kde，默认值为 hist。其中，hist 表示直方图，kde 表示核密度图。
- ☑ marker: Matplotlib 的标记类型，如'.'、','、'o'等。
- ☑ density_kwds: 与 kde（核密度图）相关的字典参数。
- ☑ hist_kwds: 与 hist（直方图）相关的字典参数。
- ☑ range_padding: 浮点型，默认值为 0.05，表示图像距离坐标原点的留白。该值越大，留白就越大，图像距离坐标原点也就越远。
- ☑ c: 表示颜色。

3.7.2　相关系数分析

3.7.1 节的散点图矩阵分析揭示了两个变量之间的相互关系及其相关方向，但是未能明确地表明两个变量之间相关性的具体程度，也没有提供一个准确的度量。因此，这种情况下，我们可以使用相关系数来准确地衡量两个变量间的相关性。

相关系数是反映数据间相关关系密切程度的统计指标，相关系数的取值为-1～1。当相关系数为 1 时，表示数据之间存在完全正相关（线性相关）；当相关系数为-1 时，表示数据之间存在完全负相关；而当相关系数为 0 时，则表示数据之间不相关。相关系数越接近 0，表示相关关系越弱；反之，相关系数越接近 1 或-1，表示相关关系越强。接下来，我们将使用 numpy 模块的 corrcoef()函数来计算各指标数据间的相关系数，代码如下：

```python
# 相关系数分析
# 抽取指定时间段内的时间序列数据
data2=data.loc['2023-01-01':'2023-12-31']
cov=np.corrcoef(data2.T)              # 计算相关系数
print(cov)                            # 输出数据
```

运行程序，结果如图 3.30 所示。

```
[[ 1.          0.99703726  0.99777313  0.99414811  0.99876195 -0.00362562
   0.010446    0.30109766  0.51498943]
 [ 0.99703726  1.          0.99724928  0.99804346  0.99579529  0.05707811
   0.07071359  0.3381086   0.54921149]
 [ 0.99777313  0.99724928  1.          0.99715495  0.99721695  0.03665729
   0.05005577  0.28432933  0.50053817]
 [ 0.99414811  0.99804346  0.99715495  1.          0.99361608  0.09364973
   0.10661805  0.31959241  0.53265469]
 [ 0.99876195  0.99579529  0.99721695  0.99361608  1.         -0.01926674
  -0.00546976  0.29241534  0.50712337]
 [-0.00362562  0.05707811  0.03665729  0.09364973 -0.01926674  1.
   0.9931708   0.25176615  0.2451916 ]
 [ 0.010446    0.07071359  0.05005577  0.10661805 -0.00546976  0.9931708
   1.          0.2627929   0.25611076]
 [ 0.30109766  0.3381086   0.28432933  0.31959241  0.29241534  0.25176615
   0.2627929   1.          0.9673976 ]
 [ 0.51498943  0.54921149  0.50053817  0.53265469  0.50712337  0.2451916
   0.25611076  0.9673976   1.        ]]
```

图 3.30　使用 corrcoef()函数计算相关系数

上述结果可能不够直观，因此，我们接下来使用 DataFrame 对象提供的 corr()函数来计算相关系数，以便获得更清晰的结果，代码如下：

```python
# 抽取指定时间段内的时间序列数据
data3=data.loc['2023-01-01':'2023-12-31']
data3.corr()                          # 计算相关系数
```

运行程序，结果如图 3.31 所示。

	open	high	low	close	pre_close	change	pct_chg	vol	amount
open	1.000000	0.997037	0.997773	0.994148	0.998762	-0.003626	0.010446	0.301098	0.514989
high	0.997037	1.000000	0.997249	0.998043	0.995795	0.057078	0.070714	0.338109	0.549211
low	0.997773	0.997249	1.000000	0.997155	0.997217	0.036657	0.050056	0.284329	0.500538
close	0.994148	0.998043	0.997155	1.000000	0.993616	0.093650	0.106618	0.319592	0.532655
pre_close	0.998762	0.995795	0.997217	0.993616	1.000000	-0.019267	-0.005470	0.292415	0.507123
change	-0.003626	0.057078	0.036657	0.093650	-0.019267	1.000000	0.993171	0.251766	0.245192
pct_chg	0.010446	0.070714	0.050056	0.106618	-0.005470	0.993171	1.000000	0.262793	0.256111
vol	0.301098	0.338109	0.284329	0.319592	0.292415	0.251766	0.262793	1.000000	0.967398
amount	0.514989	0.549211	0.500538	0.532655	0.507123	0.245192	0.256111	0.967398	1.000000

图 3.31　使用 corr()函数计算相关系数

从运行结果中得知："开盘价（open）"与自身的相关系数是 1，而与"最高价（high）""最低价（low）"

"收盘价（close）"的相关系数分别是 0.997037、0.997773、0.994148；同样，"最高价（high）"与自身的相关系数是 1，而与"最低价（low）""收盘价（close）"的相关系数分别是 0.997249、0.998043。这些数据表明，这些指标之间存在显著的正相关性，且相关性很强。

相关系数的优点在于，它能够通过数字来对变量之间的关系进行度量，并且具有方向性。具体来说：当相关系数为 1 时，表示变量之间存在完全的正相关关系；当相关系数为-1 时，表示变量之间存在完全的负相关关系；而当相关系数越接近 0 时，表示变量之间的相关性越弱。然而，相关系数的缺点在于，它只能描述变量之间的关系，而不能直接用于数据预测。

上述运行结果显示的只是数字，这既不完美也不直观。下面，我们对相关系数矩阵进行可视化，用颜色来代表相关系数。这主要使用 matplotlib 模块的 matshow()函数来实现，代码如下：

```
# 绘制相关系数矩阵图
img=plt.matshow(cov)
# 绘制矩阵图并设置颜色条
plt.colorbar(img,ticks=[-1,0,1])
plt.show()        # 显示图表
```

运行程序，结果如图 3.32 所示。

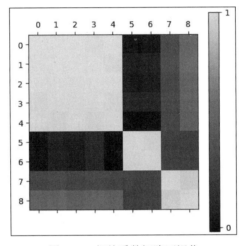

图 3.32　相关系数矩阵可视化

从运行结果中得知：0 和 1、2、3、4 的相关系数非常大，即开盘价（open）和最高价（high）、最低价（low）、收盘价（close）和昨日收盘价（pre_close）有很强的正相关性。

以上就是针对股票行情数据指标的相关性分析。那么，在进行相关性分析时，通过绘制相关系数矩阵图表，我们不仅可以分析多个指标，还可以观察数据指标之间的相关系数矩阵，从而迅速找到强相关的数据指标，这是一种非常不错的分析方法。

3.8　项目运行

通过前述步骤，我们已经设计并完成了"股票行情数据分析之旅"项目的开发。"股票行情数据分析之旅"项目目录包含 3 个文件，如图 3.33 所示。

下面我们运行项目文件，以检验我们的开发成果。我们首先应确保安装了 Anaconda3，然后在系统"搜索"文本框中输入 Jupyter Notebook，接着单击 Jupyter Notebook 以打开 Jupyter 主页。在列表中找到"股票行情数据分析之旅"文件夹，并单击进入该文件夹。在该文件夹中，单击 Untitled.ipynb 文件。在 Untitled.ipynb 文件中，单击工具栏中的"运行"按钮，如图 3.34 所示，按照单元顺序逐一运行即可。

图 3.33　项目目录

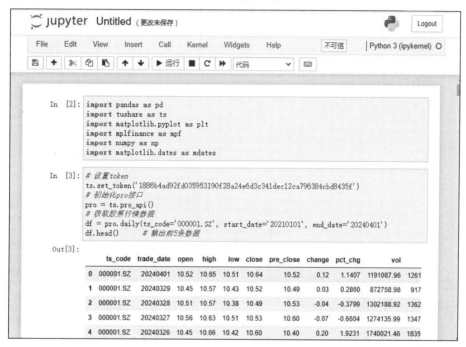

图 3.34　运行 Untitled.ipynb

说明

您也可以使用快捷键运行代码，具体如下：
- ☑　Shift+Enter：运行本单元，选中下个单元。
- ☑　Ctrl+Enter：运行本单元。
- ☑　Alt+Enter：运行本单元，在其下方插入新单元。

3.9　源码下载

源码下载

　　本章虽然详细地讲解了如何通过 tushare 模块、pandas 模块、matplotlib 模块、numpy 模块和 mplfinance 模块实现"股票行情数据分析之旅"的各个功能，但给出的代码都是代码片段，而非完整的源代码。为了方便读者学习，本书提供了用于下载完整源代码的二维码。

## 第 4 章

京东某商家的销售评价数据分析

——pandas + numpy + jieba + matplotlib + pyecharts + snownlp

项目微视频

任何电子商务产品都避免不了海量的用户评论及反馈，用户的评价可能会间接影响相应产品的销量以及产品的整体排名，如果能正确分析这些评论，就可以及时发现产品存在的问题并进行优化。本章将通过 jieba 模块、snownlp 模块并结合 pandas 模块、numpy 模块、matplotlib 模块和 pyecharts 模块，实现对京东某商家的销售评价数据进行分析。

本项目的核心功能及实现技术如下：

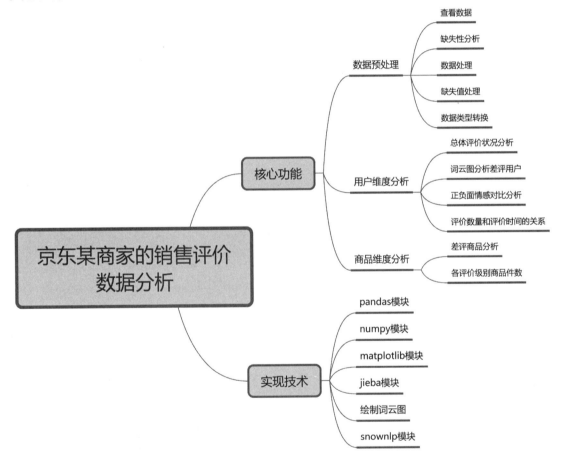

4.1 开发背景

在当前的市场环境下，无论是电商还是实体店的竞争都非常激烈。商家不仅要关注产品销量，还要重视用户对产品的评价。这样做有助于商家及时发现问题，改进产品质量，进而提升产品销量。Python 提供了专门用于文本数据分析的模块，如 jieba 模块和 snownlp 模块，这两个模块可以用来分析用户评价数据，挖掘出高频词汇，了解用户遇到的问题和不满意之处，并通过词云图进行直观展示。此外，jieba 模块和 snownlp 模块还可以对用户评价进行情感分析，通过概率判断评价的情感倾向是正面、负面还是中性。

本章将通过这两大模块并结合 pandas 模块、numpy 模块、matplotlib 模块和 pyecharts 模块实现对用户评价数据的分析，如总体评价状况分析、词云图分析差评用户、正负面情感对比分析、评价数量和评价时间的关系分析等。

4.2 系 统 设 计

4.2.1 开发环境

本项目的开发及运行环境如下：
- ☑ 操作系统：推荐 Windows 10、Windows 11 或更高版本。
- ☑ 编程语言：Python 3.12。
- ☑ 开发环境：Anaconda3、Jupyter Notebook。
- ☑ 第三方模块：pandas（2.1.4）、openpyxl（3.1.2）、numpy（1.26.3）、matplotlib（3.8.2）、jieba（0.42.1）、pyecharts（2.0.5）、snownlp（0.12.3）。

4.2.2 分析流程

在进行京东某商家的销售评价数据分析时：首先应加载数据；然后进行数据预处理，这包括查看数据、缺失性分析、数据处理、缺失值处理和数据类型转换；最后进行用户维度分析和商品维度分析。

本项目分析流程如图 4.1 所示。

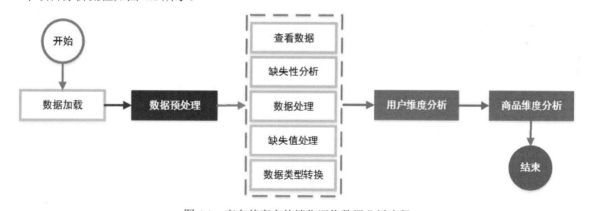

图 4.1 京东某商家的销售评价数据分析流程

4.2.3 功能结构

本项目的功能结构已经在章首页中给出。本项目实现的具体功能如下：
- ☑ 数据预处理：首先查看数据，然后进行缺失性分析、数据处理、缺失值处理和数据类型转换。
- ☑ 用户维度分析：包括总体评价状况分析、词云图分析差评用户、正负面情感对比分析、评价数量和评价时间的关系分析。

☑ 商品维度分析：包括差评商品分析、各评价级别商品件数分析。

4.3 技术准备

4.3.1 技术概览

京东某商家的销售评价数据分析主要使用 jieba 模块和 snownlp 模块，而基本的数据处理与数据可视化依然使用 pandas 模块、numpy 模块和 matplotlib 模块。此外，数据可视化还使用 pyecharts 模块。pandas 模块、numpy 模块、matplotlib 模块和 pyecharts 模块在这里就不进行详细的介绍了，它们在《Python 数据分析从入门到精通（第 2 版）》中有详细的讲解，对这些知识不太熟悉的读者可以参考该书对应的内容。

下面将详细地介绍 jieba 模块、绘制词云图和 snownlp 模块的应用，以确保读者可以顺利完成本项目并进行扩展。

4.3.2 详解 jieba 模块

jieba 模块是一款开源的中文分词工具，它能够将中文文本切分成词语、成语或单个文字，具体介绍如下：
☑ 支持 4 种分词模式，即精确模式、全模式、搜索引擎模式和 paddle 模式。
☑ 提供自定义词典功能，可以添加、删除词语。
☑ 支持关键词提取和词性标注。
☑ 提供 Tokenize 接口，可以获取每个词语的起始位置和词性。
☑ 支持并行分词，提高分词速度。

说明

paddle 模式是指使用飞桨（PaddlePaddle）深度学习框架加速分词的一种模式。相对于传统的分词算法，paddle 模式采用了深度学习模型，可以获得更高的分词准确度和更快的分词速度。

了解了 jieba 模块后，下面详细介绍 jieba 模块的安装及应用。

1. 安装 jieba 模块

jieba 模块属于第三方库，使用之前需要进行安装。由于本项目开发环境是 Anaconda3、Jupyter Notebook，因此需要在 Anaconda3 中安装 jieba 模块。具体操作是，单击系统"开始"菜单，选择 Anaconda3（64-bit）→Anaconda Prompt，打开 Anaconda Prompt 命令提示符窗口，然后使用 pip 命令安装 jieba 模块，命令如下：

```
pip install jieba
```

如果安装非常慢或者安装不成功，可以选择使用镜像安装。常用镜像网站如下：
☑ 清华大学：https://pypi.tuna.tsinghua.edu.cn/simple/。
☑ 华为镜像源：https://mirrors.huaweicloud.com/。
☑ 阿里云：http://mirrors.aliyun.com/pypi/simple/。
☑ 中国科学技术大学：http://pypi.mirrors.ustc.edu.cn/simple/。
☑ 浙江大学开源镜像站：http://mirrors.zju.edu.cn/。
☑ 腾讯开源镜像站：http://mirrors.cloud.tencent.com/pypi/simple。
☑ 豆瓣：http://pypi.douban.com/simple/。

☑ 网易开源镜像站：http://mirrors.163.com/。

☑ 搜狐开源镜像：http://mirrors.sohu.com/。

例如，使用国内清华镜像网站安装 jieba，安装命令如下：

```
pip install jieba -i https://pypi.tuna.tsinghua.edu.cn/simple
```

安装成功后，将提示安装成功的字样，如 "Successfully installed jieba-0.12.3"。

下面举一个简单的例子，调用 jieba 模块进行分词，方法非常简单：首先导入 jieba 模块，然后调用 cut() 方法，传入需要切分的内容，即可返回分词结果。

```
# 导入 jieba 模块
import jieba
# 定义字符串
mystr='竹外桃花三两枝，春江水暖鸭先知。蒌蒿满地芦芽短，正是河豚欲上时。'
# 分词
cut1 = jieba.cut(mystr, cut_all=True)
# 转换成列表输出
print(list(cut1))
```

运行程序，结果如下：

```
['竹','外','桃花','三两','三两枝','两枝','，','春江','江水','水暖','水暖鸭','先知','。','蒌','蒿','满地','芦','芽','短','，','正是','河豚','欲','上','时','。']
```

2. jieba 分词的 4 种模式

通过前面的介绍，我们已经了解了 jieba 分词的 4 种模式，即精确模式、全模式、搜索引擎模式和 paddle 模式。下面对这 4 种模式分别进行介绍，并给出相应的示例。

（1）精确模式。

精确模式就是将句子最精确地切分开，适合文本分析。例如，上述文本使用精确模式，主要代码如下：

```
cut2 = jieba.cut(mystr, cut_all=False)
print('精确模式：', list(cut2))
cut3 = jieba.cut(mystr, cut_all=False, HMM=False)
print('精确模式：', list(cut3))
```

运行程序，结果如下。

```
精确模式： ['竹外','桃花','三两枝','，','春江','水暖鸭','先知','。','蒌','蒿','满地','芦芽','短','，','正是','河豚','欲','上','时','。']
精确模式： ['竹','外','桃花','三两枝','，','春江','水暖鸭','先知','。','蒌','蒿','满地','芦','芽','短','，','正是','河豚','欲','上','时','。']
```

精确模式是最常用的分词模式，其分词结果不存在冗余数据。上述代码中，HMM 参数的默认值为 True，它会根据 HMM 模型（隐马尔可夫模型）自动识别新词。例如，在上述例子中：当 HMM 被设置为 True 时，运行结果中将 "竹外" 和 "芦芽" 切分成为新词；而当 HMM 被设置为 False 时，这些字则被切分成为单个文字。

（2）全模式。

全模式是将句子中所有可以成词的词语都切分出来，速度非常快，但是不能解决歧义。主要代码如下：

```
cut4 = jieba.cut(mystr, cut_all=True)
print('全模式：', list(cut4))
```

运行程序，结果如下：

```
全模式： ['竹','外','桃花','三两','三两枝','两枝','，','春江','江水','水暖','水暖鸭','先知','。','蒌','蒿','满地','芦','芽','短','，','正是','河豚','欲','上','时','。']
```

全模式从待切分的文本中的第一个字开始遍历，它将每一个字都视为可能的词语的起始字，并返回所有可能的词语组合。在这个过程中，词语和字可能会被重复利用，因此全模式可能会出现具有多种含义的切分结果。cut_all 参数的默认值为 False，表示不是全模式；当 cut_all 参数值被设置为 True 时，表示启用全模式。

（3）搜索引擎模式。

搜索引擎模式是在精确模式的基础上，对精确模式中的长词进行再次切分，然后按照全模式进一步分词，这样可以更全面地匹配搜索结果。主要代码如下：

```
cut5 = jieba.cut_for_search(mystr)
print('搜索引擎模式：', list(cut5))
```

运行程序，结果如下：

```
搜索引擎模式： ['竹外', '桃花', '三两', '两枝', '三两枝', '，', '，', '春江', '水暖', '水暖鸭', '先知', '。', '蒌', '蒿', '满地', '芦芽', '短', '，', '，', '正是', '河豚', '欲', '上', '时', '。']
```

（4）paddle 模式。

paddle 模式是指使用飞桨（PaddlePaddle）深度学习框架加速分词的一种模式。相对于传统的分词算法，paddle 模式采用了深度学习模型，可以获得更高的分词准确度和更快的分词速度，同时支持词性标注。主要代码如下：

```
cut6=jieba.cut(mystr, use_paddle=True) # paddle 模式
print('paddle 模式：', list(cut6))
```

运行程序，结果如下：

```
paddle 模式： ['竹外', '桃花', '三两枝', '，', '，', '春江', '水暖鸭', '先知', '。', '蒌', '蒿', '满地', '芦芽', '短', '，', '，', '正是', '河豚', '欲', '上', '时', '。']
```

以上 4 种模式主要使用了 jieba 模块的 cut()方法和 cut_for_search()方法。其中，cut()方法有 4 个参数：sentence 参数用于接收待分词的内容；cut_all 参数用于设置是否使用全模式；HMM 参数用于设置是否使用 HMM 模型识别新词；use_paddle 参数用于设置是否使用 panddle 模式。

cut_for_search()方法有两个参数，即 sentence 和 HMM，这两个参数的用法与 cut()方法的参数用法相同。cut()方法和 cut_for_search()方法的返回结果都是一个可迭代的生成器，你可以使用 for 循环来遍历分词后的每一个词语，或者通过转换为列表来获取所有分词结果。你如果希望直接获取列表形式的分词结果，可以使用 lcut()和 lcut_for_search()方法，这两种方法的参数用法与 cut()和 cut_for_search()方法的参数用法相同，但它们返回的是列表而不是生成器。

3．添加自定义词语

在使用 jieba 模块进行分词时，分词结果需要与 jieba 模块提供的词典库进行匹配，才能返回分词结果中。但是，并不是所有的词语都能在词典库找到，有些词语需要用户自定义。jieba 模块提供了 add_word()方法来添加自定义词语，该方法有 3 个参数，分别是添加的词语、词频和词性，其中词频和词性可以省略。

添加自定义词语后，自定义词语如果能匹配到，就会返回分词结果中。如果自定义词语在待分词语句中没有连续的匹配结果，分词结果中不会体现。

例如，添加自定义词语"竹外桃花"，主要代码如下：

```
jieba.add_word('竹外桃花')
# 分词
cut7 = jieba.lcut(mystr, cut_all=True)
# 输出
print(cut7)
```

运行程序，结果如下：

```
['竹外桃花', '桃花', '三两', '三两枝', '两枝', '，', '，', '春江', '江水', '水暖', '水暖鸭', '先知', '。', '蒌', '蒿', '满地', '芦', '芽', '短', '，', '，', '正是', '河豚', '欲', '上', '时', '。']
```

4．删除词语

无论是自定义词语还是本身的词语都可以进行删除，这主要使用 jieba 模块的 del_word()方法来实现，例如删除"正是""上"和"时"，主要代码如下：

```
jieba.del_word('正是')
jieba.del_word('上')
jieba.del_word('时')
# 分词
cut8 = jieba.lcut(mystr, cut_all=True)
# 输出
print(cut8)
```

运行程序，结果如下：

```
['竹外桃花','桃花','三两','三两枝','两枝',',',' ','春江','江水','水暖','水暖鸭','先知','。',' ','蒌','蒿','满地','芦','芽','短',',',' ','正','是','河豚','欲','上','时','。']
```

需要删除的词语一般是语气助词、逻辑连接词等，这些词对于文本分析来说意义不大，并且可能会造成不必要的干扰。这些词语一旦被删除后，就不会出现在结果中。然而，对于单个字，它们由于可以单独成词，因此即使被删除后，仍可能作为独立的词出现在分析结果中。

5．关键词提取

关键词提取主要使用 jieba 模块中的 analyse 子模块来完成。analyse 子模块基于 TextRank 算法和 TF-IDF 算法，提供了两种不同的方法，下面分别对这两种方法进行介绍。

（1）基于 TextRank 算法的关键词提取。

TextRank 算法是一种文本排序算法，是基于著名的网页排序算法 PageRank 改进而来。TextRank 算法不仅能进行关键词提取，还能用于自动文摘。

根据某个词所连接所有词汇的权重（权重是指某一因素或指标相对于某一事物的重要程度，这里指某个词在整段文字中的重要程度），TextRank 算法会重新计算该词汇的权重，并将重新计算的权重传递给其他词汇。这一过程不断重复，直到权重值达到稳定状态，不再发生变化。最终，根据权重值的大小，TextRank 算法会取其中排列靠前的词汇作为关键词。

基于 TextRank 算法的关键词提取主要使用 analyse 子模块的 textrank()方法实现，该方法有 4 个参数：sentence 参数表示待提取的文本；topK 参数表示最大权重关键词的个数，默认值为 20；withWeight 参数表示是否返回权重，如果返回权重格式为(word, weight)的列表，默认值为 False；allowPOS 参数默认值为'ns'、'n'、'vn'和'v'，即默认筛选这 4 种词性的词，也可以自己设置。

例如，提取 mystr 变量中文本的关键词，主要代码如下：

```
key_word = analyse.textrank(mystr, topK=5)
print('关键词: ', list(key_word))
key_word = analyse.textrank(mystr, topK=5,withWeight=True)
print('关键词及权重: ', list(key_word))
```

运行程序，结果如下：

```
关键词:  ['满地', '芦芽', '先知']
关键词及权重:  [('满地', 1.0), ('芦芽', 0.5047545483540439), ('先知', 0.49968078822404843)]
```

（2）基于 TF-IDF 算法的关键词提取。

TF-IDF 算法是一种用于信息检索和文本挖掘的常用加权技术。其中，TF 表示词语在文档中出现的频率，IDF 表示词语在整个文档集合中的稀有程度。TF-IDF 算法实际上是 TF 和 IDF 的乘积，用以评估字词对于一个文件集或一个语料库中的其中一份文件的重要程度。

基于 TF-IDF 算法的关键词提取主要使用 analyse 子模块的 extract_tags()方法实现，该方法同样有 4 个参数，这 4 个参数的用法与 textrank()方法的参数用法类似，不同的是，allowPOS 参数为筛选指定词性的词，默认值为空，即不筛选。

例如，提取 mystr 变量中文本的关键词，主要代码如下：

```
key_word = analyse.textrank(mystr, topK=5)
print('关键词：', list(key_word))
key_word = analyse.textrank(mystr, topK=5,allowPOS=['ns', 'n', 'vn', 'v', 'a', 'm', 'c'])
print('指定词性的关键词：', list(key_word))
```

运行程序，结果如下：

```
关键词：  ['满地', '芦芽', '先知']
指定词性的关键词：  ['满地', '先知', '芦芽', '三两枝']
```

6. 词性标注

词性标注主要使用 jieba 模块中的 posseg 子模块来实现，该模块用于对分词后的每个词进行词性标注，使用的是与 ICTCLAS 标记法兼容的标记法。

说明

ICTCLAS 标记法是一种中文分词和词性标注的方法，它可以将一段中文文本按照词汇的语义进行切分，并为每个词汇添加相应的词性标记。

例如，标记 mystr 变量中文本的词性，主要代码如下：

```
from jieba import posseg                    # 导入 posseg 子模块
word_class = posseg.lcut(mystr)             # 分词后标记每个词的词性
print(word_class)                           # 输出
```

运行程序，结果如下：

```
[pair('竹外桃花', 'x'), pair('三两枝', 'm'), pair('，', 'x'), pair('春江', 'nr'), pair('水暖鸭', 'nz'), pair('先知', 'n'), pair('。', 'x'), pair('蒌', 'x'),
pair('蒿', 'nr'), pair('满地', 'n'), pair('芦芽', 'n'), pair('短', 'b'), pair('，', 'x'), pair('正', 'd'), pair('是', 'v'), pair('河豚', 'n'), pair('欲', 'd'),
pair('上时', 't'), pair('。', 'x')]
```

相关词性标签及其说明如表 4.1 所示。

表 4.1　词性标签及其说明

标　签	说　明	标　签	说　明	标　签	说　明	标　签	说　明
n	普通名词	f	方位名词	s	处所名词	t	时间
nr	人名	ns	地名	nt	机构名	nw	作品名
nz	其他专名	v	普通动词	vd	动副词	vn	动名词
a	形容词	ad	副形词	an	名形词	d	副词
m	数量词	q	量词	r	代词	p	介词
c	连词	u	助词	xc	其他虚词	w	标点符号
PER	人名	LOC	地名	ORG	机构名	TME	时间

4.3.3　绘制词云图

首先，让我们了解什么是词云图。词云图，又称文字云，是一种将文本数据进行可视化的图表类型。它通过词语的使用频率确定词语字体的大小，并以此形成各种形状的图形，从而从视觉角度展示文本数据的关键词、热门话题等。

词云图一般应用于文本数据的分析与可视化、情感分析、产品关键词分析、舆情分析、新闻热点分析等。

了解了词云图之后，接下来介绍如何绘制词云图。在本项目中，绘制词云图主要使用 pyecharts 模块的 WordCloud 子模块的 add()方法。下面介绍 add()方法的几个主要参数：

- ☑ series_name：系列名称。该参数用于提示文本和图例标签。
- ☑ data_pair：数据项，格式为[(word1,count1), (word2, count2)]。可使用 zip()函数将可迭代对象打包成元组，然后转换为列表。
- ☑ shape：字符型，词云图的轮廓。其值为 circle、cardioid、diamond、triangle-forward、triangle、pentagon 或 star。
- ☑ mask_image：自定义图片（支持的图片格式为 jpg、jpeg、png 和 ico。）。该参数支持 base64（一种基于 64 个可打印字符来表示二进制数据的方法）和本地文件路径（相对或者绝对路径都可以）。
- ☑ word_gap：单词间隔。
- ☑ word_size_range：单词字体大小范围。
- ☑ rotate_step：旋转单词角度。
- ☑ pos_left：距离左侧的距离。
- ☑ pos_top：距离顶部的距离。
- ☑ pos_right：距离右侧的距离。
- ☑ pos_bottom：距离底部的距离。
- ☑ width：词云图的宽度。
- ☑ height：词云图的高度。

绘制词云图时，首先需要使用 jieba 模块中的 TextRank 算法从文本中提取关键词。

例如，绘制词云图分析用户的评论内容，实现步骤如下。

（1）安装 pyecharts 模块。pyecharts 模块属于第三方模块，在使用之前应进行安装。由于本项目开发环境是 Anaconda3、Jupyter Notebook，因此需要在 Anaconda3 中安装 pyecharts 模块。单击系统"开始"菜单，选择 Anaconda3（64-bit）→Anaconda Prompt，打开 Anaconda Prompt 命令提示符窗口，使用 pip 命令来安装 pyecharts 模块，命令如下：

```
pip install pyecharts
```

（2）导入相关模块，代码如下：

```
from pyecharts.charts import WordCloud
from jieba import analyse
```

（3）使用 jieba 模块的 TextRank 算法从文本中提取关键词及其权重，并将它们添加到列表中，代码如下：

```
# 导入 jieba 模块的 TextRank 算法
from jieba import analyse
# 读取文本文件
text = open('demo.txt','r',encoding='gbk').read()
# 定义列表和元组
list1=[]
tup1=()
for keyword, weight in textrank(text,topK=20, withWeight=True):
    print('%s %s' % (keyword, weight))
    tup1=(keyword,weight)                          # 关键词及其权重
    list1.append(tup1)                             # 添加到列表中
```

（4）使用 pyecharts 模块的 WordCloud 子模块的 add()方法绘制词云图，代码如下：

```
mywordcloud=WordCloud()                            # 创建 WordCloud()对象
```

```
mywordcloud.add(",list1,word_size_range=[20,100])          # 绘制词云图
mywordcloud.render_notebook()                              # 在 Jupyter Notebook 中显示词云图
```

运行程序，结果如图 4.2 所示。

图 4.2　绘制词云图

4.3.4　snownlp 模块的应用

snownlp 模块是一个用 Python 语言编写的自然语言处理工具包，它可以实现中文分词、关键词提取、词性标注、情感分析、文本分类、文本相似度计算等。snownlp 模块是基于概率统计的模型，对中文语料有较好的支持，特别适合处理非结构化的中文文本数据。该模块通过概率判断文本的情感倾向，即正面、负面或中性。

下面详细介绍 snownlp 模块的安装及功能。

1．安装 snownlp 模块

snownlp 模块属于第三方库，在使用之前应进行安装。由于本项目开发环境是 Anaconda3、Jupyter Notebook，因此需要在 Anaconda3 中安装 snownlp 模块。单击系统 "开始" 菜单，选择 Anaconda3（64-bit）→Anaconda Prompt，打开 Anaconda Prompt 命令提示符窗口，使用 pip 命令安装 snownlp 模块，命令如下：

```
pip install snownlp
```

2．snownlp 模块的功能

（1）中文分词。

snownlp 模块的分词功能类似 jieba 分词，主要使用 words 属性来实现。该属性能够将一段连续的中文文本切分成词语序列。例如下面的代码：

```
from snownlp import SnowNLP          # 导入 SnowNLP 子模块
mystr = '吉林省明日科技有限公司'      # 定义文本
s = SnowNLP(mystr)                    # 加载文本
print('分词: ',s.words)               # 分词并输出
```

运行程序，结果如下：

```
分词: ['吉林省','明','日','科技','有限公司']
```

（2）关键词提取。

提取文本中的关键词可以帮助用户快速了解文本的重点内容，这主要使用 SnowNLP 模块的 keywords

属性来实现。例如下面的代码：

```
from snownlp import SnowNLP                # 导入 SnowNLP 子模块
mystr = '吉林省明日科技有限公司'              # 定义文本
s = SnowNLP(mystr)                        # 加载文本
keywords=s.keywords(5)                    # 提取前 5 个关键词
print('关键词: ',keywords)                  # 输出
```

运行程序，结果如下：

```
关键词: ['有限公司','明','日','科技','吉林省']
```

（3）词性标注。

SnowNLP 子模块也可以实现词性标注，主要使用 tags 属性。例如下面的代码：

```
from snownlp import SnowNLP                # 导入 SnowNLP 子模块
mystr = '吉林省明日科技有限公司'              # 定义文本
s = SnowNLP(mystr)                        # 加载文本
for i in s.tags:                          # 遍历文本标注词性并输出
    print(i)
```

运行程序，结果如下：

```
('吉林省', 'ns')
('明', 'Ag')
('日', 'Ng')
('科技', 'n')
('有限公司', 'n')
```

（4）情感分析。

SnowNLP 子模块的情感分析功能应用非常广泛，它可以实现对各种 APP、微信订阅号、微博、购物网站等很多平台的用户发表的一些个人看法、意见、态度、评价、立场等内容进行分析，从而获得大量的有价值的信息。

SnowNLP 子模块实现情感分析主要使用 sentiments 属性来实现。该属性通过概率判断文本的情感倾向，即正面、负面或中性。分析结果是一个 0~1 的数字，其中数字越大，表示文本的情感越偏向于正面，数字越小，表示文本的情感越偏向于负面。

例如，对一部电影的评论进行情感分析，代码如下：

```
# 导入 SnowNLP 子模块
from snownlp import SnowNLP
 # 将要分析的文本赋值给变量 mystr1
mystr1 = '这部电影简直是太好看了，演技太棒了'
# 创建 SnowNLP 对象并加载文本
s = SnowNLP(mystr1)
 # 使用 sentiments 属性计算情感得分，并将结果赋值给 val 变量
val = s.sentiments
print(val)
 # 根据情感得分的正负来判断文本的情感倾向，并输出结果
if val > 0.5:
    print('正面情感')
else:
    print('负面情感')
```

运行程序，结果如下：

```
0.971356163975964
正面情感
```

以上是 snownlp 模块的常用功能，更多功能可查阅相关资料。

4.4　前　期　准　备

4.4.1　安装第三方模块

项目中涉及了比较重要的模块，即 pyecharts 模块，该模块是一个用于生成 Echarts 图表的类库。Echarts 是百度开源的一个数据可视化 JavaScript 库。用 Echarts 生成的图具有非常出色的可视化效果，而 pyecharts 模块则是专门为了与 Python 衔接，以便在 Python 中直接使用可视化数据分析图表。使用 pyecharts 模块可以生成独立的网页格式的图表，还可以在 flask、django 中直接使用，非常方便。

安装 pyecharts 模块。由于本项目开发环境是 Anaconda3、Jupyter Notebook，因此需要在 Anaconda3 中安装 pyecharts 模块。单击系统"开始"菜单，选择 Anaconda3（64-bit）→Anaconda Prompt，打开 Anaconda Prompt 命令提示符窗口，使用 pip 命令安装 pyecharts 模块，命令如下：

```
pip install pyecharts==2.0.5
```

pyecharts 模块目前有 3 个版本，即 V0.X、V1.X、V2.X。这些版本之间在功能和兼容性上存在较大的差别异。本项目安装的是 2.0.5 版本，建议您也安装与笔者相同的版本，以免造成不必要的麻烦。您如果已经安装了 pyecharts 模块，可以使用如下方法来查看当前安装的 pyecharts 模块的版本。代码如下：

```
import pyecharts
print(pyecharts.__version__)
```

运行程序，结果如下：

```
2.0.5
```

如果您安装的版本与笔者不同，建议您卸载当前版本，然后重新安装 pyecharts-2.0.5。

4.4.2　新建 Jupyter Notebook 文件

下面介绍如何新建 Jupyter Notebook 文件夹和新建 Jupyter Notebook 文件，具体步骤如下。

（1）在系统"搜索"文本框中输入 Jupyter Notebook，运行 Jupyter Notebook。

（2）新建一个 Jupyter Notebook 文件夹，单击右上角的 New 按钮，选择 Folder，如图 4.3 所示，此时会在当前页面列表中默认创建一个名称类似 Untiled Folder 的文件夹。接下来重命名该文件夹，选中该文件夹前面的复选框，然后单击 Rename 按钮，如图 4.4 所示。打开"重命名路径"对话框，在"请输入一个新的路径"文本框中输入"京东某商家的销售评价数据分析"，如图 4.5 所示，然后单击"重命名"按钮。

图 4.3　新建 Jupyter Notebook 文件夹

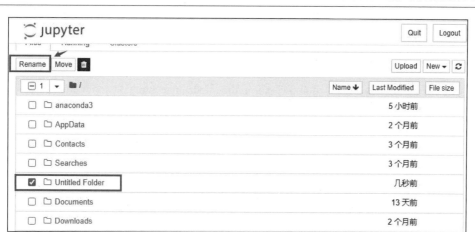

图 4.4　选中 Untiled Folder 复选框

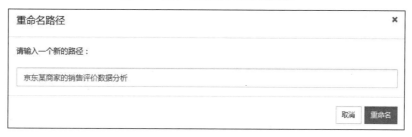

图 4.5　重命名 Untiled Folder 文件夹

（3）新建 Jupyter Notebook 文件。单击"京东某商家的销售评价数据分析"文件夹，进入该文件夹，单击右上角的 New 按钮，我们由于创建的是 Python 文件，因此选择 Python 3（ipykernel），如图 4.6 所示。

图 4.6　新建 Jupyter Notebook 文件

文件创建完成后，系统会打开如图 4.7 所示的窗口。通过该窗口，我们就可以编写代码了。至此，新建 Jupyter Notebook 文件的工作就完成了。接下来，我们介绍编写代码的过程。

图 4.7　代码编辑窗口

4.4.3 导入必要的库

本项目主要使用 pandas、openpyxl、numpy、matplotlib、jieba、pyecharts 和 snownlp 等模块，下面在 Jupyter Notebook 中导入项目所需要模块，代码如下：

```python
import pandas as pd
import openpyxl
import numpy as np
import matplotlib.pyplot as plt
from jieba import analyse
from pyecharts import options as opts
from pyecharts.charts import WordCloud,Bar,Line
from snownlp import SnowNLP
```

4.4.4 数据加载

下面使用 pandas 模块的 read_excel()函数加载数据，并输出前 5 条数据，代码如下：

```python
# 读取 Excel 文件
df=pd.read_excel('JDXS.xlsx')
# 输出前 5 条数据
df.head()
```

运行程序，结果如图 4.8 所示。

	订单编号	商品编号	商品名称	评价级别	评价内容	评价时间
0	2.097497e+11	12353915.0	零基础学Python	好评	此用户未填写评价内容	2023-06-30 23:27:26
1	2.097497e+11	12859710.0	Python实效编程百例·综合卷	好评	此用户未填写评价内容	2023-06-30 23:27:26
2	2.097497e+11	12647829.0	Python项目开发实战入门	好评	此用户未填写评价内容	2023-06-30 23:27:23
3	1.708360e+11	12185501.0	零基础学Java	好评	可以的	2023-06-30 23:07:37
4	1.681569e+11	12902248.0	Python编程超级魔卡	好评	办公用品	2023-06-30 22:37:38

图 4.8　数据加载

4.5　数据预处理

4.5.1 查看数据

在进行数据统计分析前，首先要清晰地了解数据，查看数据中是否有缺失值、列数据类型是否正常。下面使用 info()方法查看数据的数据类型、非空值情况以及内存使用量等，代码如下：

```python
# 查看摘要信息
df.info()
```

运行程序，结果如图 4.9 所示。

从运行结果中得知：数据有 153 行 6 列。其中，评价内容不为空的记录数为 150，其他字段不为空的记录数为 137，这说明数据中存在缺失值。另外，"订单编号"和"商品编号"为浮点型。

```
<class 'pandas.core.frame.DataFrame'>
RangeIndex: 153 entries, 0 to 152
Data columns (total 6 columns):
 #   Column  Non-Null Count  Dtype
---  ------  --------------  -----
 0   订单编号  137 non-null    float64
 1   商品编号  137 non-null    float64
 2   商品名称  137 non-null    object
 3   评价级别  137 non-null    object
 4   评价内容  150 non-null    object
 5   评价时间  137 non-null    datetime64[ns]
dtypes: datetime64[ns](1), float64(2), object(3)
memory usage: 7.3+ KB
```

图 4.9　查看数据

4.5.2　缺失性分析

下面使用 DataFrame 对象的 isna() 方法并结合 any() 函数查看数据整体的缺失情况，代码如下：

```
# 输出包含任何缺失值的行
df[df.isna().any(axis=1)]
```

运行程序，结果如图 4.10 所示。

	订单编号	商品编号	商品名称	评价级别	评价内容	评价时间
7	NaN	NaN	NaN	NaN	图片(1)	NaT
11	NaN	NaN	NaN	NaN	图片(1)	NaT
13	NaN	NaN	NaN	NaN	图片(1)	NaT
17	NaN	NaN	NaN	NaN	图片(1)	NaT
20	1.490129e+11	12185501.0	零基础学Java	好评	NaN	2021-06-30 17:28:06
25	NaN	NaN	NaN	NaN	图片(2)	NaT
32	NaN	NaN	NaN	NaN	图片(1)	NaT
41	NaN	NaN	NaN	NaN	图片(1)	NaT
69	NaN	NaN	NaN	NaN	图片(3)	NaT
82	NaN	NaN	NaN	NaN	图片(2)	NaT
94	NaN	NaN	NaN	NaN	图片(4)	NaT
106	NaN	NaN	NaN	NaN	图片(1) 视频(1)	NaT
108	NaN	NaN	NaN	NaN	图片(1) 视频(1)	NaT
110	NaN	NaN	NaN	NaN	图片(1) 视频(1)	NaT
114	NaN	NaN	NaN	NaN	图片(1)	NaT
123	1.486341e+11	12737107.0	Python网络爬虫从入门到实践	差评	NaN	2021-06-07 21:35:07
125	NaN	NaN	NaN	NaN	图片(1)	NaT
127	NaN	NaN	NaN	NaN	图片(1)	NaT
145	1.432542e+11	12512461.0	Python项目开发案例集锦	中评	NaN	2021-06-10 15:21:39

图 4.10　缺失性分析

从运行结果中得知：缺失数据是由于"评价内容"导致的。结合 JDXS.xlsx 文件中的原始数据，发现"评价内容"带图片的订单数据存在合并单元格的问题，而"评价内容"带图片的其他字段数据缺失。另外，有些用户没有写评价内容，这也导致了"评价内容"字段的数据缺失。

4.5.3 数据处理

通过缺失性分析发现，大部分缺失数据是由于合并单元格导致的。为了验证这一点，打开 JDXS.xlsx 文件，查看其中的合并单元格数据，如图 4.11 所示。

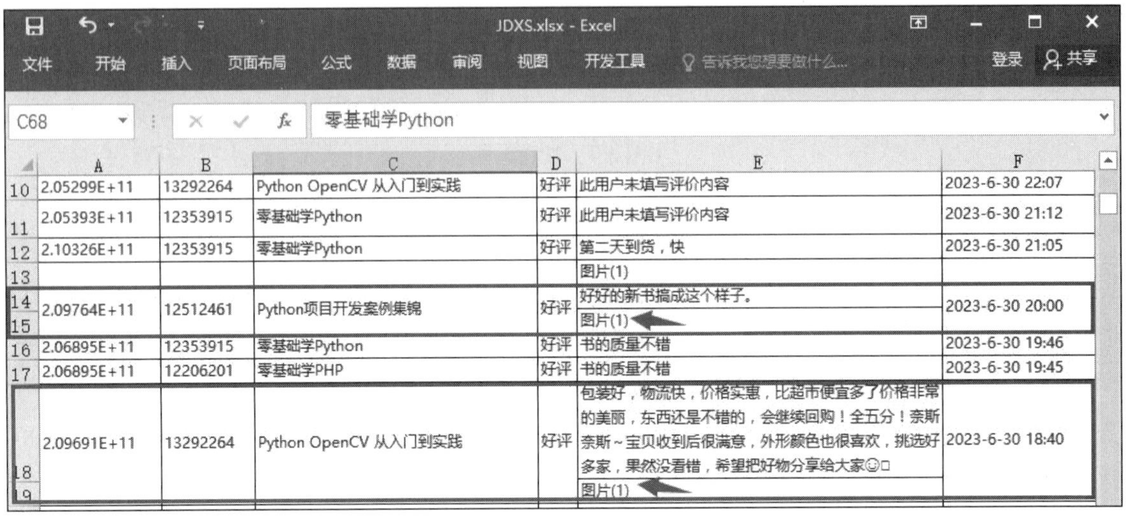

	A	B	C	D	E	F
10	2.05299E+11	13292264	Python OpenCV 从入门到实践	好评	此用户未填写评价内容	2023-6-30 22:07
11	2.05393E+11	12353915	零基础学Python	好评	此用户未填写评价内容	2023-6-30 21:12
12	2.10326E+11	12353915	零基础学Python	好评	第二天到货，快	2023-6-30 21:05
13					图片(1)	
14	2.09764E+11	12512461	Python项目开发案例集锦	好评	好好的新书搞成这个样子。	2023-6-30 20:00
15					图片(1)	
16	2.06895E+11	12353915	零基础学Python	好评	书的质量不错	2023-6-30 19:46
17	2.06895E+11	12206201	零基础学PHP	好评	书的质量不错	2023-6-30 19:45
18	2.09691E+11	13292264	Python OpenCV 从入门到实践	好评	包装好，物流快，价格实惠，比超市便宜多了价格非常的美丽，东西还是不错的，会继续回购！全五分！亲斯奈斯~宝贝收到后很满意，外形颜色也很喜欢，挑选好多家，果然没看错，希望把好物分享给大家😊□	2023-6-30 18:40
19					图片(1)	

图 4.11 原始数据中的合并单元格

下面使用 openpyxl 模块提供的函数拆分合并单元格并对其进行填充，实现过程如下。

（1）使用 openpyxl 模块的 load_workbook()函数读取需要处理的 Excel 文件和相关的工作表。

（2）获取该工作表中的所有合并单元格。

（3）使用 for 循环遍历每个合并单元格的区域。

（4）对该区域内的单元格进行拆分。

（5）对拆分后的空单元格进行填充。

（6）保存文件并关闭。

代码如下：

```
# 拆分合并单元格并对其进行填充
book = openpyxl.load_workbook('JDXS.xlsx')
sheet = book['Sheet1']
# 获取工作表中的所有合并单元格
list_ranges = sheet.merged_cells.ranges.copy()
# 使用 for 循环遍历每个合并单元格的区域
for range in list_ranges:
    cell_start = range.start_cell
    # 拆分单元格
    sheet.unmerge_cells(range_string = range.coord)
    # 遍历该区域内的所有拆分后的单元格以进行填充
    for row_index, col_index in range.cells:
        cell = sheet.cell(row = row_index, column = col_index)
        cell.value = cell_start.value

book.save('JDXS1.xlsx')              # 保存工作簿
book.close()                         # 关闭工作簿
```

运行程序，打开 JDXS1.xlsx 文件，可以发现合并单元格已被成功拆分并进行了填充，如图 4.12 所示。

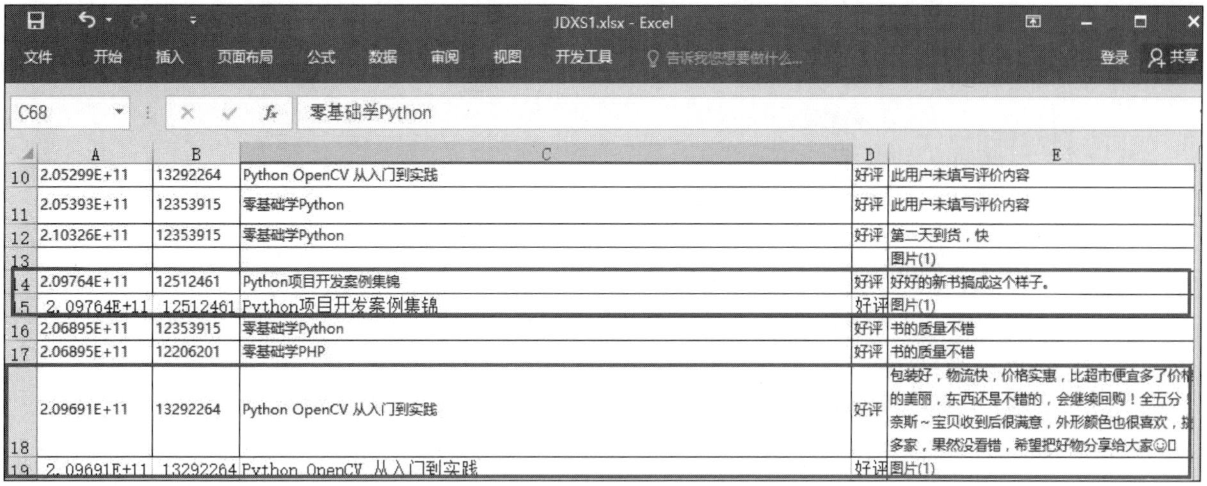

图 4.12 拆分并填充后的数据

4.5.4 缺失值处理

下面重新加载拆分后的数据，再次检测数据缺失情况并进行处理。首先重新加载数据，读取拆分后的 Excel 文件 JDXS1.xlsx，然后检测并输出包含任何缺失值的行，代码如下：

```
# 读取 Excel 文件
data=pd.read_excel('JDXS1.xlsx')
# 检测并输出包含任何缺失值的行
data[data.isna().any(axis=1)]
```

运行程序，结果如图 4.13 所示。

	订单编号	商品编号	商品名称	评价级别	评价内容	评价时间
7	NaN	NaN	NaN	NaN	图片(1)	NaT
11	NaN	NaN	NaN	NaN	图片(1)	NaT
20	1.490129e+11	12185501.0	零基础学Java	好评	NaN	2023-06-30 17:28:06
123	1.486341e+11	12737107.0	Python网络爬虫从入门到实践	差评	NaN	2023-06-07 21:35:07
145	1.432542e+11	12512461.0	Python项目开发案例集锦	中评	NaN	2023-06-10 15:21:39

图 4.13 检测并输出包含任何缺失值的行

从运行结果中得知：第 7 行和第 11 行数据缺失比较严重。接下来，我们删除这两行数据，同时将"评价内容"为空的数据填充为"无"，代码如下：

```
# 根据索引删除指定行
data.drop([7,11], inplace=True)
# 将"评价内容"为空的数据填充为"无"
data['评价内容'] = data['评价内容'].fillna('无')
```

4.5.5 数据类型转换

在数据分析过程中，我们经常会遇到数据类型与实际数据不相符的问题。不正确的数据类型可能导致程序出现错误，或者是数据分析结果不正确。因此，当拿到数据的时候，首先需要确定拿到的是正确类型的数据。从图 4.9 中可以看出，"订单编号"和"商品编号"被错误地标记为 float64（浮点型）。接下来，我们将"订单编号"和"商品编号"转换为整型，主要使用 astype() 方法，代码如下：

```
# 将 "订单编号" 和 "商品编号" 转换为整型
data['订单编号']=data['订单编号'].astype(np.int64)
data['商品编号']=data['商品编号'].astype(np.int32)
data.head()                    # 输出前 5 条数据
```

运行程序，结果如图 4.14 所示。

	订单编号	商品编号	商品名称	评价级别	评价内容	评价时间
0	209749660633	12353915	零基础学Python	好评	此用户未填写评价内容	2023-06-30 23:27:26
1	209749660633	12859710	Python实效编程百例 综合卷	好评	此用户未填写评价内容	2023-06-30 23:27:26
2	209749660633	12647829	Python项目开发实战入门	好评	此用户未填写评价内容	2023-06-30 23:27:23
3	170835951514	12185501	零基础学Java	好评	可以的	2023-06-30 23:07:37
4	168156906462	12902248	Python编程超级魔卡	好评	办公用品	2023-06-30 22:37:38

图 4.14　转换后的数据（前 5 条）

从运行结果中得知："订单编号"和"商品编号"已被转换为整型。至此，数据预处理工作就完成了。接下来，我们实现数据分析与可视化。

4.6　用户维度分析

4.6.1　总体评价状况分析

总体评价状况分析主要分析所有商品的评价情况，包括"好评""中评"和"差评"所占百分比，并通过饼形图进行展示。首先使用 DataFrame 对象的 groupby() 函数按照"评价级别"进行分组统计，然后使用 matplotlib 模块的 pie() 函数绘制饼形图，代码如下：

```
# 按照评价级别进行分组统计
data_total=data.groupby('评价级别').agg({'评价级别':'count'})
# 获取评价级别及其记录数
labels=data_total.index
x=data_total['评价级别']
# 解决中文乱码问题
plt.rcParams['font.sans-serif']=['SimHei']
# 定义饼形图颜色列表
colors=['lightgreen','lightcoral','lightskyblue']
plt.pie(x,                       # 每一块饼图的比例
        labels=labels,           # 每一块饼图外侧显示的说明文字
        colors=colors,           # 每一块饼图的颜色
        autopct='%1.1f%%')       # 设置百分比的格式，保留一位小数
plt.show()                       # 显示图表
```

运行程序，结果如图 4.15 所示。

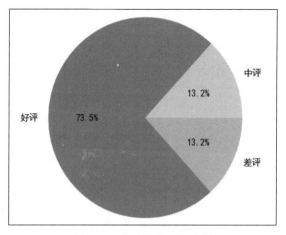

图 4.15　总体评价状况分析

4.6.2　词云图分析差评用户

通过提取差评用户的评价内容中的高频词，我们可以分析这类用户遇到了什么问题，哪些地方不满意，然后通过词云图进行展示，实现过程如下。

首先抽取差评用户的评价内容，那么在抽取差评用户的评价内容前，我们应删除"评价内容"为空的行，因为空数据无法用于提取高频词，然后使用 jieba 模块的 analyse 子模块的 textrank()函数从差评用户的评价内容中提取高频词，并计算每个词的权重，代码如下：

```python
# 删除"评价内容"有缺失值的行
data=data.dropna(axis=0,subset = ["评价内容"])
# 抽取负面评价内容
data_bad=data[data.loc[:,'评价级别']=='差评']
data_bad_content=data_bad.loc[:,'评价内容']
# 读取停用词文件
stopwords = [line.strip() for line in open(
    'stopwords.txt').readlines()]
# 定义列表和元组
list1=[]
list2 = []
tup1=()
# 将负面评价内容添加到列表中
for i in data_bad_content:
    list1.append(i)
# 将列表转换为字符串
str1 = ''.join(list1)
# 基于 TextRank 算法从文本中提取高频词
textrank = analyse.textrank
for keyword, weight in textrank(str1,topK=100,withWeight=True):
    if keyword in stopwords:
        # 如果高频词为停用词，则跳出本次循环
        continue
    else:
        # 否则输出高频词和权重
        print('%s %s' % (keyword, weight))
        tup1 = (keyword, weight) # 权重
        list2.append(tup1)        # 添加到列表中
```

运行程序，部分数据截图如图 4.16 所示。

从运行结果中得知：差评用户最关心的问题是快递和内容。接下来，我们对上述结果进行可视化，主

要使用 pyecharts 模块的 WordCloud 子模块来绘制词云图，代码如下：

```
mywordcloud = WordCloud()                              # 初始化 WordCloud 子模块
# 绘制词云图
mywordcloud.add('', list2, word_size_range=[15, 50], shape='circle')
mywordcloud.render('render.html')                      # 生成 html 网页文件
mywordcloud.render_notebook()                          # 在 Jupyter Notebook 中显示词云图
```

运行程序，结果如图 4.17 所示。

```
快递 0.7938909031183965
内容 0.7923835228553171
体验 0.6918266276370547
好看 0.6880856061687953
回复 0.6858996994596668
理解 0.6705298994621746
技术 0.6308322338094905
视频 0.6192293995147912
版本 0.6150200257669397
资源 0.6098880856296551
客服 0.594867957684646
书本 0.5561415534405606
错误 0.5180418200037282
基础 0.4981593359248938
答疑 0.4727226350522934
入门 0.472589349203589
时间 0.4705559192389308
```

图 4.16 高频词和权重   图 4.17 词云图分析差评用户

4.6.3 正负面情感对比分析

无论是好评、中评还是差评的用户，他们的评价内容中都有可能夹杂着正面、中性或负面的情绪。接下来，我们使用 snownlp 模块的 SnowNLP 子模块对用户评价内容进行智能化的整体情感分析，以便快速了解商品在用户心中的差异，实现过程如下。

（1）首先抽取所有评价内容数据，然后使用 SnowNLP 子模块的 sentiments()函数，并结合 for 循环来遍历每条评价内容，以计算每条评价的情绪值。

（2）根据计算出的情绪值，我们将评价内容分为"正面""中性"和"负面"3 个类别，并进行相应的标记。

（3）保存情绪值和情绪类别，并将其导出为 Excel 文件。

（4）通过堆叠柱形图展示正负面情感。

代码如下：

```
s1=data['评价内容'].copy()            # 抽取所有评价内容数据
values=[SnowNLP(i).sentiments for i in s1]    # 遍历每条评价内容以计算情绪值
# 输出情绪得分，其中大于或等于 0.6 的评分为正面，大于或等于 0.4 且小于 0.6 的评分为中性，小于 0.4 的评分为负面
# 初始化变量
mytype=[]
good=0
neutral=0
bad=0
# 根据情绪值进行分类
for i in values:
    if (i>=0.6):
        mytype.append("正面")
        good=good+1
    elif (0.6>i>= 0.4):
        mytype.append("中性")
        neutral=neutral+1
```

```
        else:
            mytype.append("负面")
            bad=bad+1
# 保存情绪值和情绪类别
data['情绪值']=values
data['情绪类别']=mytype
data.to_excel('result.xlsx')
# 读取 Excel 文件
data2=pd.read_excel('result.xlsx',usecols=['情绪值','情绪类别'])
data2_group=data2.groupby('情绪类别').count()        # 按情绪类别进行分组统计
# 柱形图数据
x=data2_group.index
height=data2_group.values
# 解决中文乱码问题
plt.rcParams['font.sans-serif']=['SimHei']
# 绘制堆叠柱形图
bars=data2_group.T.plot(kind='bar',                  # 图表类型
                stacked=True,                        # 是否填充为面积图
                colormap='Set3',                     # 颜色图名称为 "Set3"
                figsize=(5,3))                       # 画布大小
plt.legend(ncol=3,loc="upper left",bbox_to_anchor=(0.1,1.2),facecolor='white')  # 设置图例
bars.set_facecolor('white')                          # 设置柱形图背景颜色
plt.show()                                           # 显示图表
```

运行程序，结果如图 4.18 所示。

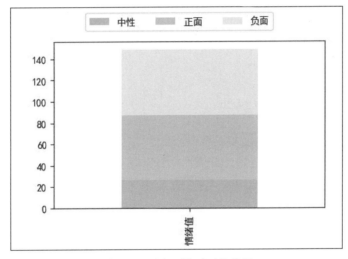

图 4.18　正负面情感对比分析

从运行结果中得知：有些产品存在一些负面评价，且分值较低，这些评价需要特别关注。我们需要找出这些产品让客户不满意的原因，以便进一步提升产品质量和服务，做好客户营销工作。

4.6.4　评价数量和评价时间的关系分析

评价数量和评价时间的关系分析主要分析各时段用户的评价数量和差评数量。这一分析通过柱状图展示各时段的用户评价数量，以及通过折线图展示各时段的用户差评数量。这一分析主要使用 pyecharts 模块来实现，具体步骤如下：

（1）复制数据并格式化"评价时间"为小时。

（2）进行数据统计，分别按小时统计评价数和差评数。

（3）绘制柱状图展示各时段的用户评价数量。

（4）绘制折线图展示各时段的用户差评数量。

代码如下：

```
# 复制数据
data3=data.copy()
# 格式化"评价时间"为小时
data3['小时']=data3['评价时间'].dt.strftime('%H')
# 按小时统计评价数
data3_h=data3.groupby('小时')['评价内容'].count()
# 按小时统计差评数
data3_bad=data3[data3['评价级别']=='差评'].groupby('小时')['评价内容'].count()
# 绘制柱状图并设置主题
bar = Bar()
# 为柱状图添加 x 轴和 y 轴数据
bar.add_xaxis(list(data3_h.index))
bar.add_yaxis('评价数',list(data3_h.values.astype(str)),color="#675bba")
bar.extend_axis(yaxis=opts.AxisOpts())              # 扩展 y 轴
bar.set_global_opts(
        # 标题居中
        title_opts=opts.TitleOpts(title="各时段用户评价数量",pos_left="center"),
        # 显示图例
        legend_opts=opts.LegendOpts(is_show=True,pos_left=100))
# 绘制折线图
line =Line()
line.add_xaxis(xaxis_data=list(data3_bad.index))    # x 轴数据
line.add_yaxis(
        series_name="差评数",                        # 系列名称
        y_axis=list(data3_bad.values.astype(str)),  # 右侧 y 轴
        color='red',
        yaxis_index=1)
# 显示图表
bar.overlap(line).render_notebook()
```

运行程序，结果如图 4.19 所示。

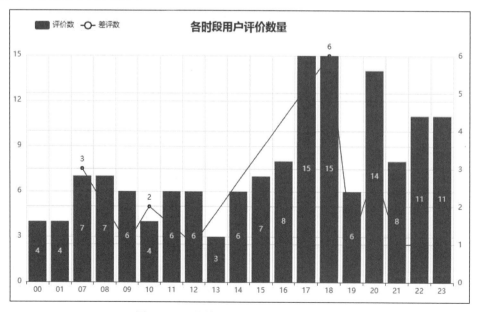

图 4.19　评价数量和评价时间的关系分析

从运行结果中得知：用户评价时间主要集中在晚间时段，其中两个高峰期分别为下午 17 时到 18 时、

晚上 20 时和 22 时到 23 时。在这段时间里，评价最多的时间段为 17 时到 18 时而差评最多的时间段为下午 18 时。

4.7　商品维度分析

4.7.1　差评商品分析

差评商品分析主要统计商品差评的数量并进行降序排序，然后通过柱形图进行展示。这一分析主要使用 DataFrame 对象的 plot() 函数，代码如下：

```
# 首先将差评数据筛选出来
data4=data[data.loc[:,'评价级别']=='差评'].copy()
# 统计差评数量并对其进行排序
data4_bad=data4.groupby('商品名称')['评价级别'].count().sort_values(ascending=False)
# 解决中文乱码问题
plt.rcParams['font.sans-serif']=['SimHei']
# 绘制柱形图并设置画布大小
data4_bad.plot(kind='bar',figsize=(10,5))
# 设置 x 轴标签字体的大小并将其旋转 45 度
plt.xticks(size =8,rotation =20)
# tight_layout 布局，可以使得图形元素进行一定程度的自适应
plt.tight_layout()
plt.show()  # 显示图表
```

运行程序，结果如图 4.20 所示。

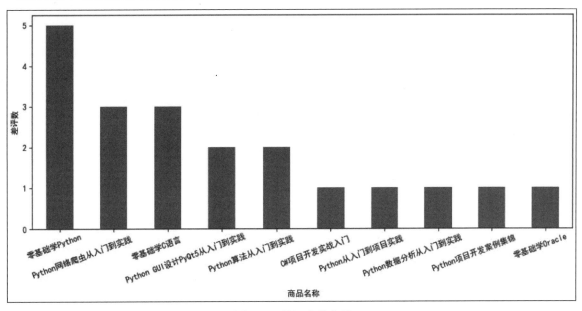

图 4.20　差评商品分析

4.7.2　各评价级别商品件数分析

各评价级别商品件数分析主要统计各评价级别商品的件数，然后通过气泡图进行展示。这一分析主要

使用 matplotlib 模块的 scatter()函数来实现，代码如下：

```
# 复制数据
data5=data.copy()
# 按评价级别分组统计
data5_groupby=data5.groupby('评价级别')['商品名称'].count().sort_values(ascending=False)
print(data5_groupby)
# x、y、s 参数的数据
x=data5_groupby.index
y=data5_groupby.values
s=data5_groupby.values+100
# 颜色为 y 轴数据
colors=y*20
# 解决中文乱码问题
plt.rcParams['font.sans-serif']=['SimHei']
# 绘制气泡图
plt.scatter(x,y,s,c=colors,edgecolors='black',alpha=0.5)
```

运行程序，结果如图 4.21 所示。

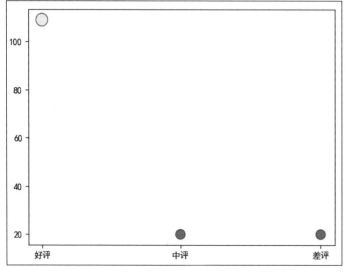

图 4.21　各评价级别商品件数分析

从运行结果中得知：好评商品件数超过中评和差评商品件数，说明平台的商品质量还不错。

4.8　项 目 运 行

通过前述步骤，我们已经设计并完成了"京东某商家的销售评价数据分析"项目的开发。"京东某商家的销售评价数据分析"项目目录包含 10 个文件，如图 4.22 所示。

接下来，我们运行项目文件，以检验我们的开发成果。我们首先应确保安装了 Anaconda3，然后在系统"搜索"文本框中输入 Jupyter Notebook，单击 Jupyter Notebook 以打开 Jupyter 主页，在列表中找到"京东某商家的销售评价数据分析"文件夹，单击进入该文件夹。在该文件夹中，单击 Untitled.ipynb 文件。在该文件中，单击工具栏中的"运行"按钮，如图 4.23 所示，按照单元顺序逐一运行即可。

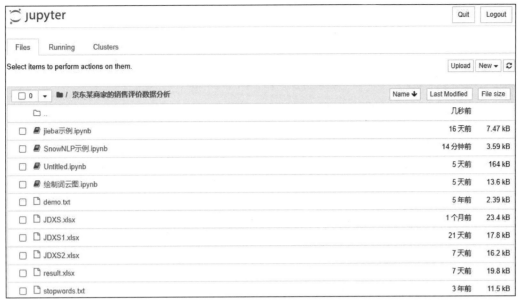

图 4.22　项目目录

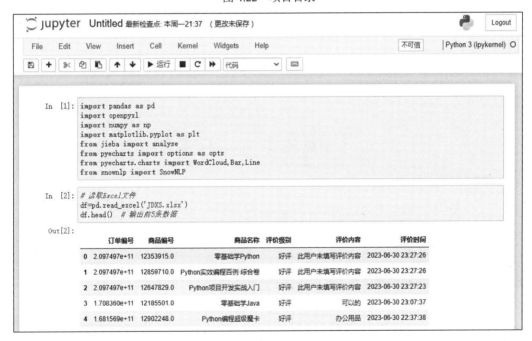

图 4.23　运行 Untitled.ipynb

4.9　源　码　下　载

源码下载

　　本章虽然详细地讲解了如何通过 pandas 模块、numpy 模块、jieba 模块、matplotlib 模块、pyecharts 模块和 snownlp 模块实现"京东某商家的销售评价数据分析"的各个功能，但给出的代码都是代码片段，而非完整的源代码。为了方便读者学习，本书提供了用于下载完整源代码的二维码。

第 5 章
商城注册用户数据探索分析

——MySQL + sqlalchemy + pandas + matplotlib

项目微视频

　　商城注册用户数据探索分析，是指获取网上商城用户的注册情况，进而对用户注册数据进行统计、分析，以揭示产品推广对新注册用户的影响，从而识别目前营销策略中可能存在的问题，为进一步修正或重新制定营销策略提供有效的依据。

　　商城注册用户数据探索分析可以让企业更加详细、清楚地了解用户的行为习惯和活跃程度，从而找出产品推广中存在的问题。这有助于企业制定更加精准、有效的营销策略，提升业务转化率，进而增加企业收益。

　　本项目的核心功能及实现技术如下：

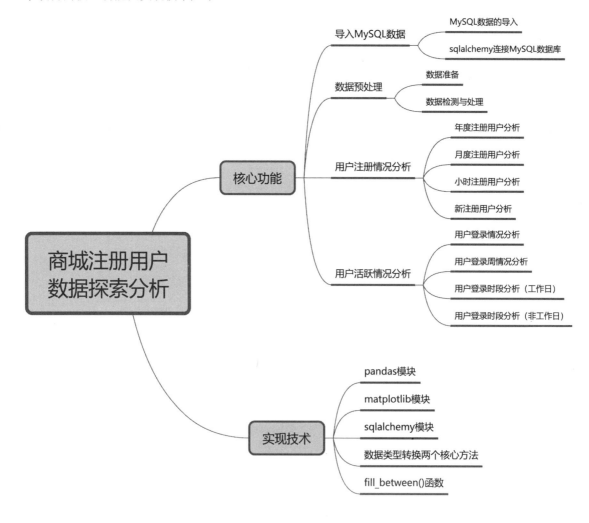

5.1 开发背景

商城注册用户数据探索分析是对商城的注册用户数据进行统计和分析，旨在发现当前营销策略中可能存在的问题。由于平台使用了 MySQL 数据库，因此在进行数据统计与分析前，首要任务是通过 Python 连接 MySQL 数据库，并获取 MySQL 数据库中的数据。

本章将主要通过 sqlalchemy 模块并结合 pandas 模块和 matplotlib 模块实现对商城注册用户数据的探索分析，包括用户注册情况分析和用户活跃情况分析。

5.2 系统设计

5.2.1 开发环境

本项目的开发及运行环境如下：
- ☑ 操作系统：推荐 Windows 10、Windows 11 或更高版本。
- ☑ 编程语言：Python 3.12。
- ☑ 开发环境：PyCharm。
- ☑ 第三方模块：pandas（2.1.4）、openpyxl（3.1.2）、matplotlib（3.8.2）、sqlalchemy（2.0.30）。

5.2.2 分析流程

在进行商城注册用户数据探索分析时：首先需要导入 MySQL 数据；然后进行数据预处理，这包括 sqlalchemy 连接 MySQL 数据库、查看数据、数据处理，以及将数据导出为 Excel 文件；最后进行用户注册情况分析和用户活跃情况分析。

本项目分析流程如图 5.1 所示。

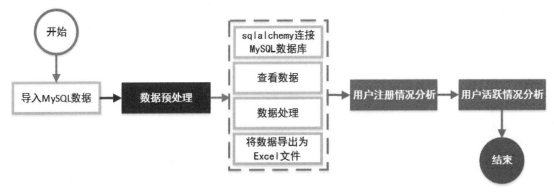

图 5.1 商城注册用户数据探索分析流程

5.2.3 功能结构

本项目的功能结构已经在章首页中给出。本项目实现的具体功能如下：

☑ 导入 MySQL 数据：将 MySQL 数据库文件导入 MySQL 中。

☑ 数据预处理：首先使用 sqlalchemy 模块连接 MySQL 数据库；然后使用 pandas 模块的 read_sql() 函数读取 MySQL 数据库中的数据；接着查看数据，进行缺失性分析、列重命名、数据类型转换，并从时间戳中提取日期、月份、日、小时和星期几；最后将处理后的数据导出为 Excel 文件。

☑ 用户注册情况分析：包括年度注册用户分析、月度注册用户分析、小时注册用户分析、新注册用户分析。

☑ 用户活跃情况分析：包括用户登录情况分析、用户登录周情况分析、用户登录时段分析（工作日）、用户登录时段分析（非工作日）。

5.3 技 术 准 备

5.3.1 技术概览

商城注册用户数据探索分析主要使用 sqlalchemy 模块，而数据处理与数据可视化分别使用 pandas 模块和 matplotlib 模块。对于一些细节处理，如数据类型转换使用 to_numeric() 方法，"用户登录周情况分析"中绘制带填充区域的折线图使用 fill_between() 函数。pandas 模块和 matplotlib 模块在这里就不进行详细的介绍了，它们在《Python 数据分析从入门到精通（第 2 版）》中有详细的讲解，对这些知识不太熟悉的读者，可以参考该书中的对应章节进行深入学习。

下面将详细介绍 sqlalchemy 模块、数据类型转换的两个核心方法，以及 fill_between() 函数的应用，旨在帮助读者顺利完成本项目并具备进一步扩展的能力。

5.3.2 详解 sqlalchemy 模块

Python 连接 MySQL 数据库主要使用 sqlalchemy 模块，下面详细介绍 sqlalchemy 模块。

sqlalchemy 是 Python 编程语言下的一款开源软件，它提供了 SQL 工具包及对象关系映射（ORM）工具，并且使用 MIT 许可证发行。sqlalchemy 提供高效和高性能的数据库访问，兼容多种数据库，如 MySQL、SQLite、Postgres、Oracle、MS-SQL、SQLServer 和 Firebird，实现了完整的企业级持久模型。

sqlalchemy 模块的核心部分提供了一组工具，这些工具可以用来执行 SQL 操作，包括创建和执行 SQL 语句、连接池管理、事务管理等。开发者可以使用核心部分来执行一些高级的数据库操作，如自定义 SQL 语句、连接数据库、操作数据库等。接下来，让我们一起来学习 sqlalchemy 模块的基本应用。

sqlalchemy 模块的基本使用步骤如图 5.2 所示。

图 5.2　sqlalchemy 模块的基本使用步骤

1. 安装 sqlalchemy

sqlalchemy 模块属于第三方库，在使用它之前，需要进行安装。由于本项目的开发环境是 PyCharm，因此需要在 PyCharm 开发环境中安装 sqlalchemy 模块，或者在命令提示符窗口中使用 pip 命令进行安装，命令如下：

```
pip install sqlalchemy
```

一旦 sqlalchemy 模块安装成功，你就可以在 Python 中使用它了。

2. 创建引擎（create_engine()函数）

create_engine()函数是 sqlalchemy 模块的核心函数之一，用于创建数据库引擎。其语法格式如下：

```
create_engine(database_url,**kwargs)
```

其中：database_url 参数是连接数据库所需的 URL，它包含了数据库的类型、地址、端口、用户名和密码等；**kwargs 参数是可选的关键字参数，用于指定一些额外的配置选项。另外，对于不同类型的数据库，连接数据库所需的 URL 格式会有所不同。常见数据库的 URL 格式如下：

- ☑ MySQL 数据库：mysql+pymysql://username:password@host:port/database 或者 mysql://username: password@host:port/database。
- ☑ Oracle 数据库：oracle://username:password@host:port/database。
- ☑ SQL Server 数据库：mssql+pymssql://scott:tiger@host:port/database。
- ☑ SQLite 数据库：sqlite:///database.db 或 sqlite:///path/to/database.db。
- ☑ PostgreSQL 数据库：postgresql://username:password@host:port/database。

在 URL 中，username 和 password 分别是数据库的用户名和密码，host 和 port 分别是数据库服务器的地址和端口，database 是要连接的具体数据库的名称。

create_engine()函数除了 database_url 参数，还提供了一些额外的配置参数，以满足更加复杂的需求。以下是一些常用的配置参数及说明：

- ☑ echo：用于指定是否打印 SQL 语句的执行日志，默认值为 False。
- ☑ pool_size：用于指定连接池的大小，默认值为 5。
- ☑ max_overflow：用于指定连接池超过阈值后可以创建的额外连接数，默认值为 10。
- ☑ pool_recycle：用于指定连接的回收时间（秒），默认值为-1（不回收）。
- ☑ encoding：用于指定字符集，例如 utf8。

上述配置参数可以通过**kwargs 参数传递给 create_engine()函数。下面通过具体的示例来演示 create_engine()函数的用法。

（1）连接 MySQL 数据库。

首先导入 sqlalchemy 模块，然后创建引擎，代码如下：

```
# 导入 sqlalchemy 模块
import sqlalchemy
# 创建引擎
engine = sqlalchemy.create_engine('mysql+pymysql://username:password@host:port/database')
```

下面具体介绍上述代码中 create_engine()函数的各个参数。

- ☑ mysql+pymysql：用于指定 MySQL 数据库类型，该参数值为 mysql+pymysql 或 mysql，它们分别代表不同的数据库驱动程序。其中：mysql+pymysql 是一个纯 Python 实现的 MySQL 客户端库，它兼容 Python 数据库 API 规范 2.0，可以在 Python 中直接使用，是常用的数据库驱动程序；而 mysql 对性能要求比较高，可以选择使用 mysql 配合 MySQLdb 或者 mysqlclient，如果不指定具体的数据库驱动程序，则使用默认的 MySQL 客户端库，通常为 MySQLdb 或者 mysqlclient。
- ☑ username：数据库用户名。
- ☑ password：数据库密码。
- ☑ host：数据库主机名或 IP 地址。
- ☑ port：数据库端口号，默认值为 MySQL 的端口号，如 3306。
- ☑ database：要连接的数据库名称。

例如，连接 MySQL 数据库 test，用户名是 root，密码是 root，主机名是 localhost，端口号是 3306，数据库名称是 test，代码如下：

```
engine = sqlalchemy.create_engine('mysql://root:root@localhost:3306/test')
```

（2）连接 SQLite 数据库。

同样使用 create_engine()函数连接 SQLite 数据库。例如，连接 SQLite 数据库 test.db，代码如下：

```
engine = sqlalchemy.create_engine('sqlite:///path/to/test.db')
```

3．创建模型类

模型类是 sqlalchemy 中的另一个核心组件，它用于表示数据库表的结构。模型类与数据库表一一对应，每个模型类对应一个表。模型类特别适合对数据库及表进行复杂查询和操作，尤其是在使用 ORM（对象关系映射）进行数据库操作时。下面，我们了解创建模型类的过程。

（1）使用 declarative_base()函数创建基类，然后继承该基类创建模型类。

（2）创建模型类表示数据库表的结构，每个模型类对应一个表。

（3）在模型类中使用 Column 装饰器定义字段名、数据类型、字段长度等。

（4）使用基类的 metadata 对象的 bind()方法绑定引擎，然后使用 create_all()方法创建数据库和表。

4．创建会话（sessionmaker()函数）

创建会话就是创建一个 Session 类，该类用于执行 ORM（对象关系映射）操作，以便在代码中执行各种数据库操作，包括添加数据、查询数据等。创建会话主要使用 sessionmaker()函数来完成，例如下面的代码：

```
# 创建会话
Session = sessionmaker(bind=engine)          # 将会话绑定到引擎上
s = Session()
```

5．操作数据库

操作数据库包括添加数据、修改数据、查询数据等。例如，添加一组数据主要使用 add_all()方法来完成，代码如下：

```
# 添加数据
users = [User(name='甲',age=38), User(name='乙',age=23), User(name='丙',age=45)]
s.add_all(users)
```

6．提交数据

在执行添加、修改或删除数据的操作后，需要将这些更改提交到数据库中，这主要使用 commit()方法来完成，例如下面的代码：

```
s.commit()
```

7．关闭会话

使用 sqlalchemy 模块在完成对数据库的操作后，需要关闭会话，这主要使用 close()方法来实现，例如下面的代码：

```
s.close()
```

下面使用 sqlalchemy 模块创建 SQLite 数据库 mydatabase.db，同时创建表 user（该表包含字段 id、name 和 age），然后实现添加数据、查询数据以及读取数据，完整代码如下：

```
# 导入相关模块
from sqlalchemy import create_engine, Column, Integer, String
from sqlalchemy.orm import declarative_base
```

```
from sqlalchemy.orm import sessionmaker

# 创建 SQLite 数据库引擎
engine = create_engine('sqlite:///mydatabase.db')
# 创建基类
Base = declarative_base()
class User(Base):                                    # 创建模型类
    __tablename__ = 'user'                           # 表名
    # 字段名、数据类型、字段长度
    id = Column('id',Integer, primary_key=True)
    name = Column('name',String(255))                # 指定 name 字段的长度为 255
    age = Column('age',Integer,default=10)
Base.metadata.bind = engine                          # 绑定引擎
Base.metadata.create_all(engine)                     # 创建数据库和表
# 创建会话
Session = sessionmaker(bind=engine)                  # 将会话绑定到引擎上
s = Session()
# 添加数据
users = [User(name='甲',age=38), User(name='乙',age=23), User(name='丙',age=45)]
s.add_all(users)
s.commit()                                           # 提交数据
# 查询数据
rs=s.query(User).all()
# 读取数据
for r in rs:
    print(r.id,r.name,r.age)
s.close()                                            # 关闭会话
```

运行程序，结果如图 5.3 所示。

以上就是 sqlalchemy 模块的基本应用，最后我们总结 sqlalchemy 模块的主要子模块及其重要的方法，具体如下：

（1）Engine 子模块。

☑ create_engine()：创建一个指向数据库的引擎对象。

☑ execute()：执行一个 SQL 查询或命令。

☑ connect()：返回一个连接对象，用于执行查询或命令。

1	甲	38
2	乙	23
3	丙	45
4	丁	25
5	戊	40
6	己	32

图 5.3 数据表 user

（2）Session 子模块。

☑ sessionmaker()：创建一个会话，用于生成会话对象。

☑ bind()：使用给定的引擎或连接对象初始化一个会话。

☑ add()：向会话中添加一个新对象。

☑ query()：返回一个查询对象，用于检索数据库中的对象。

☑ commit()：将会话中的所有更改提交到数据库中。

☑ rollback()：回滚会话中的所有更改。

☑ close()：关闭会话，释放所有资源。

（3）Table 子模块。

☑ Table()：创建一个表对象，该对象代表数据库中的一个表。

☑ insert()：返回一个插入语句对象，可用于向表中插入新行。

☑ update()：返回一个更新语句对象，可用于更新表中的行。

☑ delete()：返回一个删除语句对象，可用于从表中删除行。

（4）MetaData 子模块和 Column 子模块。

☑ MetaData()：创建一个元数据对象，该对象用于存储表定义和其他元数据。

☑ Column()：创建列对象，这些对象代表表中的列。

（5）查询方法。

☑ all()：检索与查询条件匹配的结果。

☑ one()：检索与查询条件匹配的第一个结果。

☑ filter()：向查询中添加一个过滤条件。

☑ order_by()：向查询中添加一个排序条件。

☑ count()：返回与查询匹配的结果数。

☑ offset()：设置结果偏移量。

☑ limit()：设置结果限制。

了解了上述子模块及其方法后，就可以轻松使用 sqlalchemy 操作数据库了。

5.3.3　数据类型转换两个核心方法

在数据预处理过程中，经常需要进行数据类型转换。接下来，我们介绍两个核心的数据类型转换方法。

（1）DataFrame 对象的 astype()方法。

astype()方法用于实现强制数据类型转换，支持多种数据类型之间的相互转换。例如下面的代码：

```
df.astype('int64')
```

但是，当进行数值型数据转换时，如果数据中包含不规范的字符，如"-"，使用 astype()方法可能会引发错误。在这种情况下，建议使用 to_numeric()方法进行转换。

（2）Pandas 模块的 to_numeric()方法。

to_numeric()方法仅限于将某列转换为数值型。该方法的优势在于可以通过 error 参数来设置遇到错误时的解决方案，该参数的设置值如下：

☑ ignore：当遇到无法转换的值时，忽略该值，不进行数值转换。

☑ coerce：若遇到无法转换的值，则将其转换为 NaN（表示缺失值）。

☑ raise：在转换过程中，一旦遇到无法转换的值，就抛出错误。

例如，将"数量"转换为数值型，代码如下：

```
df['数量']=pd.to_numeric(df['数量'])
```

以上两种方法各有优势，至于选择使用哪一种方法可以根据实际需求而定。

5.3.4　fill_between()函数的应用

matplotlib 模块的 fill_between()函数用于填充两条水平曲线之间的区域。该函数的语法格式如下：

```
matplotlib.pyplot.fill_between(x, y1, y2=0, where=None, interpolate=False, step=None, alpha=None, **kwargs)
```

参数说明：

☑ x：数组（长度 n），定义曲线的节点的 x 坐标。

☑ y1：数组（长度 n）或标量，定义第一条曲线的节点的 y 坐标。

☑ y2：数组（长度 n）或标量，可选参数，默认值为 0，定义第二条曲线的节点的 y 坐标。

☑ where：指定填充的条件，布尔型数组（长度 n）或其他条件表达式。只有满足条件的区域才会被填充，可选参数，默认值为 None（无）。

☑ interpolate：布尔值，默认值为 False，如果值为 True，则将在两个曲线之间进行插值填充。

☑ step：可选参数，参数值为 pre、post 或 mid。如果指定，则应在曲线之间进行阶梯状填充，参数值说明如下：

> ➤ pre：*y* 值从每个 *x* 位置持续向左移动，即区间(*x*[*i*-1],*x*[*i*]]的值为 *y*[*i*]。
>
> ➤ post：*y* 值从每个 *x* 位置持续向右移动，即区间[*x*[*i*],*x*[*i*+1])的值为 *y*[*i*]。
>
> ➤ mid：阶梯状填充在 *x* 位置的中间。

☑ alpha：填充颜色的透明度。

☑ **kwargs：其他关键字参数，用于设置填充区域的样式，如颜色、线型等。

例如，绘制一个折线图并进行填充，代码如下：

```
import matplotlib.pyplot as plt                          # 导入 matplotlib 模块
# x、y 轴的数据
x=[1,2,3,4,5]
y=[10,70,30,90,50]
plt.plot(x,y)                                            # 绘制折线图
plt.fill_between(x,y,alpha=0.2)                          # 填充折线图
plt.show()                                               # 显示图表
```

运行程序，结果如图 5.4 所示。

例如，绘制曲线图并填充指定区域，代码如下：

```
import matplotlib.pyplot as plt                          # 导入 matplotlib 模块
import numpy as np                                       # 导入 numpy 模块
# x 轴和 y 轴的数据
x = np.linspace(0, 5, 50)
y1 = np.sin(x)
y2 = np.cos(x)
# 绘制曲线图
plt.plot(x, y1)
plt.plot(x, y2)
# 填充指定区域
plt.fill_between(x, y1, y2, where=(y1<y2), color='green', alpha=0.2, interpolate=True)
plt.show()                                               # 显示图表
```

运行程序，结果如图 5.5 所示。

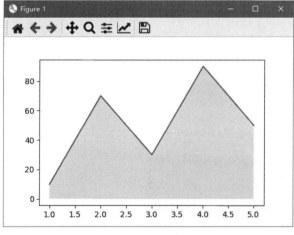

图 5.4　填充后的折线图

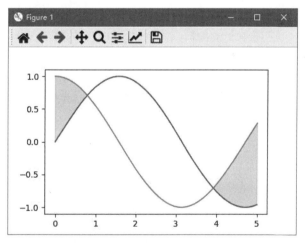

图 5.5　绘制曲线图并填充指定区域

5.4　导入 MySQL 数据

本项目数据主要来源于 MySQL 数据库。接下来，我们将导入 MySQL 数据，实现过程如下。

（1）安装 MySQL 软件，并设置密码（本项目密码为 root，也可以是其他密码），请务必记住该密码，因为连接 MySQL 数据库时会用到，其他设置采用默认设置即可。

（2）创建数据库。运行 MySQL，首先输入密码，进入 mysql 命令提示符，如图 5.6 所示，然后使用 CREATE DATABASE 命令创建数据库。例如，创建数据库 test，命令如下：

```
CREATE DATABASE test;
```

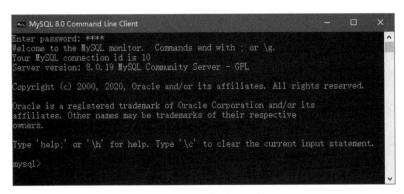

图 5.6　mysql 命令提示符

（3）导入 SQL 文件（user.sql）。在 mysql 命令提示符下通过 use 命令进入对应的数据库。例如，进入数据库 test，命令如下：

```
use test;
```

如果看到 Database changed，则说明已经进入数据库。接下来，使用 source 命令指定 SQL 文件，然后导入该文件。例如，导入 user.sql，命令如下：

```
source D:/user.sql
```

说明

　由于数据非常多，导入数据的时间会很长，需耐心等待。

下面预览导入的数据，使用 SQL 查询语句（select 语句）查询表中前 5 条数据，命令如下：

```
select * from user limit 5;
```

运行结果如图 5.7 所示。

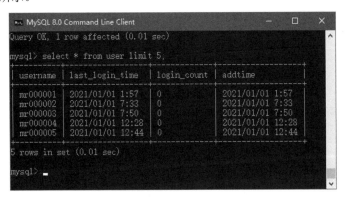

图 5.7　导入成功后的 MySQL 数据

至此，导入 MySQL 数据的任务就完成了。

5.5 数据预处理

5.5.1 数据准备

本项目需要分析的是 MySQL 数据库中近 3 年的商城注册用户数据，即 2021 年 1 月 1 日至 2023 年 12 月 31 日，这些数据主要包括 username（用户名）、last_login_time（最后登录时间）、login_count（登录次数）和 addtime（注册日期）。

5.5.2 sqlalchemy 连接 MySQL 数据库

在以往的 pandas 版本中，我们习惯使用 pymysql 模块来连接 MySQL 数据库。然而，随着 pandas 的版本更新，使用该模块会出现如下警告信息：

> UserWarning: pandas only supports SQLAlchemy connectable (engine/connection) or database string URI or sqlite3 DBAPI2 connection. Other DBAPI2 objects are not tested. Please consider using SQLAlchemy.

该警告的意思是：Pandas 仅支持 SQLAlchemy 可连接的（引擎/连接）或数据库字符串 URI 或 sqlite3 DBAPI2 连接，其他 DBAPI2 对象未经过测试，请考虑使用 SQLAlchemy。

那么，接下来我们就使用 SQLAlchemy 模块连接 MySQL 数据库，实现过程如下（源码位置：资源包\Code\05\view_data.py）。

（1）运行 PyCharm，在项目目录下新建一个 Python 文件，并将其命名为 view_data.py。

（2）导入相关模块，代码如下：

```
import pandas as pd                    # 导入 pandas 模块
import sqlalchemy                      # 导入 sqlalchemy 模块
```

（3）连接 MySQL 数据库，然后读取 MySQL 数据库中的数据并输出前 5 条数据，代码如下：

```
# 指定服务器、端口、用户名、密码和数据库
MYSQL_HOST = 'localhost'
MYSQL_PORT = '3306'
MYSQL_USER = 'root'
MYSQL_PASSWORD = 'root'
MYSQL_DB = 'test'
# 创建引擎
engine = sqlalchemy.create_engine('mysql+pymysql://%s:%s@%s:%s/%s?charset=utf8'
                    %(MYSQL_USER, MYSQL_PASSWORD, MYSQL_HOST, MYSQL_PORT, MYSQL_DB))
# SELECT 查询语句查询 user 表中的数据
sql = 'SELECT * FROM user'
# 解决数据输出时列名不对齐的问题
pd.set_option('display.unicode.east_asian_width', True)
# 读取 MySQL 数据库中的数据
df = pd.read_sql(sql, engine)
print(df.head())
```

运行程序，结果如图 5.8 所示。

需要注意的是，运行上述代码将会出现如下警告信息：

> Warning: (3719, "'utf8' is currently an alias for the character set UTF8MB3, but will be an alias for UTF8MB4 in a future release. Please consider using UTF8MB4 in order to be unambiguous.")

该警告的意思是：'utf8'目前是字符集 UTF8MB3 的别名，但在将来的版本中，它将变为 UTF8MB4 的别

名。为了避免混淆，请考虑使用 UTF8MB4。

	username	last_login_time	login_count	addtime
0	mr000001	2021/01/01 1:57	0	2021/01/01 1:57
1	mr000002	2021/01/01 7:33	0	2021/01/01 7:33
2	mr000003	2021/01/01 7:50	0	2021/01/01 7:50
3	mr000004	2021/01/01 12:28	0	2021/01/01 12:28
4	mr000005	2021/01/01 12:44	0	2021/01/01 12:44

图 5.8　输出前 5 条数据

接下来，我们修改创建引擎的代码以解决警告信息，代码如下：

```
engine = sqlalchemy.create_engine('mysql+pymysql://%s:%s@%s:%s/%s?charset=UTF8MB4'
                    %(MYSQL_USER, MYSQL_PASSWORD, MYSQL_HOST, MYSQL_PORT, MYSQL_DB))
```

再次运行程序，警告信息不再出现。

5.5.3　数据检测与处理

由于商城注册用户数据量非常之大，我们将使用 DataFrame 对象提供的方法对数据进行检测，实现过程如下（源码位置：资源包\Code\05\view_data.py）。

（1）数据检测。首先使用 info()方法查看每个字段的情况，如类型、是否为空等，然后使用 describe()方法查看数据描述性统计信息，最后统计每列的空值情况，代码如下：

```
df.info()                                    # 查看数据
print(df.describe())                         # 查看数据描述性统计信息
print(df.isnull().sum())
```

运行程序，结果如图 5.9 所示。

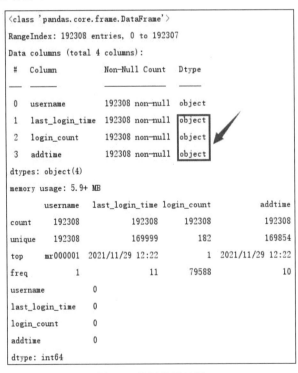

图 5.9　数据检测结果

从运行结果中得知：用户注册数据共有 192308 行 4 列，数据表现良好，不存在空数据，但是 login_count、last_login_time 和 addtime 字段的数据类型不正确。

（2）数据处理。首先对列名称进行重命名，然后对数据类型进行转换，最后从时间戳 addtime（注册日期）中提取日期、月份、日、小时和星期几，以便后续可以进行与时间相关的分析，代码如下：

```
# 列重命名
df.rename(columns = {'username':'用户名','last_login_time':'最后登录时间','login_count':'登录次数','addtime':'注册日期'},inplace=True)
# 转换为数值型
df['登录次数']=pd.to_numeric(df['登录次数'])
# 转换为日期型
df['最后登录时间']=pd.to_datetime(df['最后登录时间'])
df['注册日期']=pd.to_datetime(df['注册日期'])
print(df.head())
# 从时间戳中提取日期、月份、日、小时和星期几
df['日期'],df['日'],df['星期几'],df['小时 1']=df['最后登录时间'].dt.date,df['最后登录时间'].dt.day,df['最后登录时间'].dt.dayofweek,df['最后登录时间'].dt.hour
df['月'],df['小时']=df['注册日期'].dt.month,df['注册日期'].dt.hour
print(df.head())
```

运行程序，结果如图 5.10 所示。

	用户名	最后登录时间	登录次数	注册日期
0	mr000001	2021/01/01 1:57	0	2021-01-01 01:57:00
1	mr000002	2021/01/01 7:33	0	2021-01-01 07:33:00
2	mr000003	2021/01/01 7:50	0	2021-01-01 07:50:00
3	mr000004	2021/01/01 12:28	0	2021-01-01 12:28:00
4	mr000005	2021/01/01 12:44	0	2021-01-01 12:44:00

	用户名	最后登录时间	登录次数	...	日	小时	星期几
0	mr000001	2021/01/01 1:57	0	...	1	1	Friday
1	mr000002	2021/01/01 7:33	0	...	1	7	Friday
2	mr000003	2021/01/01 7:50	0	...	1	7	Friday
3	mr000004	2021/01/01 12:28	0	...	1	12	Friday
4	mr000005	2021/01/01 12:44	0	...	1	12	Friday

图 5.10　处理后的数据（输出前 5 条数据）

（3）导出为 Excel 文件，方便日后使用，代码如下：

```
df.to_excel('user.xlsx',index=False)
```

5.6　用户注册情况分析

5.6.1　年度注册用户分析

年度注册用户分析主要分析近 3 年注册用户的增长情况。我们通过多折线图来展示 2021—2023 年的注册用户增长趋势，如图 5.11 所示。

从运行结果中得知：2021 年注册用户增长比较平稳，而 2022 年和 2023 年的注册用户增长约是 2021 年的 6 倍。值得注意的是，2022 年和 2023 年数据每次的最高点都在同一个月，这表明存在一定的趋势变化。

为了实现年度注册用户分析，我们首先使用 pandas 模块的 read_excel()函数读取 Excel 文件中的数据，接着抽取各年数据，并使用 resample()方法将每一年的注册用户按月进行统计，然后绘制多折线图，实现过程如下（源码位置：资源包\Code\05\year_data.py）。

（1）在项目目录下新建一个 Python 文件，并将其命名为 year_data.py。

（2）导入相关模块，代码如下：

```python
import pandas as pd                      # 导入 pandas 模块
import matplotlib.pyplot as plt          # 导入 matplotlib 模块
```

（3）读取 Excel 文件以抽取各年数据，然后使用 resample()方法按月统计每一年的注册用户数量，代码如下：

```python
# 读取 Excel 文件
df=pd.read_excel('user.xlsx')
df = df.set_index('注册日期')                # 将"注册日期"设置为索引
# 按月统计每一年的注册用户
index=['1 月','2 月','3 月','4 月','5 月','6 月','7 月','8 月','9 月','10 月','11 月','12 月']
df_2021=df.loc['2021']
df_2021=df_2021.resample('M').size().to_period('M')
df_2021.index=index
df_2022=df.loc['2022']
df_2022=df_2022.resample('M').size().to_period('M')
df_2022.index=index
df_2023=df.loc['2023']
df_2023=df_2023.resample('M').size().to_period('M')
df_2023.index=index
dfs=pd.concat([df_2021,df_2022,df_2023],axis=1)   # 数据合并
dfs.columns=['2021 年','2022 年','2023 年']           # 设置列索引
dfs.to_excel(excel_writer='result2.xlsx',index=False)  # 导出 Excel 文件
```

运行程序，结果如图 5.12 所示。

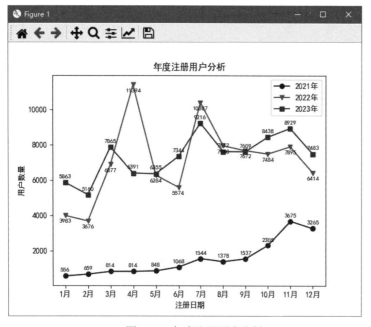

图 5.11　年度注册用户分析

	2021年	2022年	2023年
1月	556	3983	5863
2月	659	3676	5160
3月	814	6877	7865
4月	814	11394	6391
5月	848	6284	6355
6月	1068	5574	7344
7月	1544	10387	9216
8月	1378	7940	7612
9月	1537	7672	7609
10月	2305	7484	8438
11月	3675	7895	8929
12月	3265	6414	7483

图 5.12　按月统计每一年的注册用户数量

（4）绘制多折线图来对比分析近 3 年注册用户增长情况，代码如下：

```python
# 绘制多折线图
```

```
plt.rcParams['font.sans-serif']=['SimHei']                          # 解决中文乱码问题
plt.title('年度注册用户分析')                                        # 图表标题
# x 轴和 y 轴的数据
x=index;y1=dfs['2021 年'];y2=dfs['2022 年'];y3=dfs['2023 年']
# 绘制多折线图
plt.plot(x,y1,label='2021 年',color='b',marker='o')
plt.plot(x,y2,label='2022 年',color='g',marker='v')
plt.plot(x,y3,label='2023 年',color='r',marker='s')
# 添加文本标签
for a,b1,b2,b3 in zip(x,y1,y2,y3):
    plt.text(a,b1+200,b1,ha = 'center',va = 'bottom',fontsize=8)
    plt.text(a,b2-200,b2,ha='center', va='top', fontsize=8)
    plt.text(a,b3+200,b3,ha='center', va='bottom', fontsize=8)
plt.xlabel('注册日期')                                               # x 轴标签
plt.ylabel('用户数量')                                               # y 轴标签
plt.legend()                                                        # 图例
plt.show()                                                          # 显示图表
```

5.6.2　月度注册用户分析

月度注册用户分析主要实现按月份分析用户的注册数量，并通过折线图与表格相结合的方式进行展示，如图 5.13 所示。

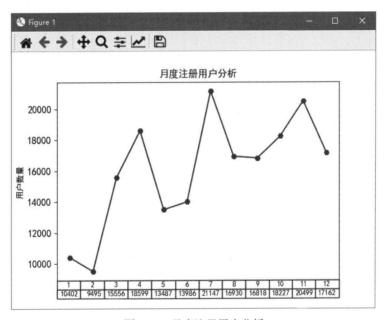

图 5.13　月度注册用户分析

从运行结果中得知：7 月份注册用户数量最多，其次是 11 月份。

要实现月度注册用户分析，首先需要使用 pandas 模块的 read_excel()函数读取 Excel 文件中的数据，接着抽取指定数据并使用 groupby()方法按月统计注册用户数量，然后使用 DataFrame 对象的 plot.line()函数绘制折线图并显示表格，实现过程如下（源码位置：资源包\Code\05\month_data.py）。

（1）在项目目录下新建一个 Python 文件，并将其命名为 month_data.py。

（2）导入相关模块，代码如下：

```
import pandas as pd                                                 # 导入 pandas 模块
import matplotlib.pyplot as plt                                     # 导入 matplotlib 模块
```

（3）读取 Excel 文件中的数据，然后抽取指定数据并使用 groupby()方法按月统计注册用户数量，代码如下：

```
# 读取 Excel 文件
df=pd.read_excel('user.xlsx')
# 解决数据输出时列名不对齐的问题
pd.set_option('display.unicode.east_asian_width', True)
# 抽取数据
df=df[['月','用户名']]
# 按月统计注册用户数量
df1=df.groupby(['月']).size()
print(df1)
```

运行程序，结果如图 5.14 所示。

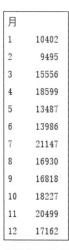

月	
1	10402
2	9495
3	15556
4	18599
5	13487
6	13986
7	21147
8	16930
9	16818
10	18227
11	20499
12	17162

图 5.14　按月统计注册用户数量

（4）使用 DataFrame 对象的 plot.line()函数绘制折线图并显示表格，代码如下：

```
# 隐藏 x 轴
axes1 = plt.axes()
axes1.get_xaxis().set_visible(False)
plt.rcParams['font.sans-serif']=['SimHei']                    # 解决中文乱码问题
# 绘制折线图
df1.plot.line(marker='H',color='r',table=True,fontsize=12,title='月度注册用户分析')
plt.ylabel('用户数量')                                         # y 轴标签
plt.show()                                                    # 显示图表
```

 说明

在上述代码中，axes1.get_xaxis().set_visible()函数用于设置 x 轴是否可见，若使其不可见，应将该函数的参数设置为 False。同样地，axes1.get_yaxis().set_visible()函数用于设置 y 轴是否可见，若使其不可见，应将该函数的参数设置为 False。这里需要注意两点：一是应首先创建坐标轴对象，即 axes1 = plt.axes()；二是 plt.axes()函数需要在绘制图表之前进行设置。

5.6.3　小时注册用户分析

小时注册用户分析主要实现按小时对注册用户数量进行统计分析，并通过柱形图来展示这一分析结果，如图 5.15 所示。

从运行结果中得知：3 点至 5 点的时间段注册用户最少，20 点至 22 点的时间段注册用户最多。

要实现小时注册用户分析，首先需要使用 pandas 模块的 read_excel()函数读取 Excel 文件中的数据，接着需要抽取指定数据并使用 groupby()方法按小时统计注册用户数量，然后使用 DataFrame 对象的 plot.bar()函数绘制柱形图。实现过程如下（源码位置：资源包\Code\05\hour_data.py）。

（1）在项目目录下新建一个 Python 文件，并将其命名为 hour_data.py。

（2）导入相关模块，代码如下：

```
import pandas as pd                      # 导入 pandas 模块
import matplotlib.pyplot as plt          # 导入 matplotlib 模块
```

（3）读取 Excel 文件中的数据，然后抽取指定数据，并使用 groupby()方法按小时统计注册用户数量，代码如下：

```
# 读取 Excel 文件
df=pd.read_excel('user.xlsx')
# 解决数据输出时列名不对齐的问题
pd.set_option('display.unicode.east_asian_width', True)
# 抽取数据
df=df[['小时','用户名']]
# 按小时统计注册用户数量
df1=df.groupby('小时').size()
print(df1.head())
```

运行程序，结果如图 5.16 所示。

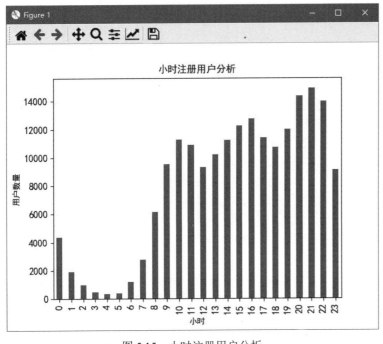

图 5.15　小时注册用户分析

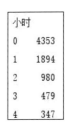

图 5.16　按小时统计注册用户数量

（前 5 条数据）

（4）绘制柱形图，代码如下：

```
plt.rcParams['font.sans-serif']=['SimHei']        # 解决中文乱码问题
# 绘制柱形图
df.plot.bar(fontsize=12,title='小时注册用户分析')
plt.ylabel('用户数量')                              # y 轴标签
plt.show()                                         # 显示图表
```

5.6.4 新注册用户分析

通过年度注册用户分析情况，我们可以观察新注册用户的时间分布，近三年新用户的注册量最高峰值出现在 2022 年 4 月。下面，我们以 2022 年 4 月 1 日至 4 月 30 日数据为例，对新注册用户进行分析，并通过折线图来展示分析结果，如图 5.17 所示。

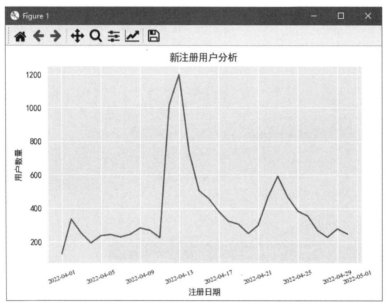

图 5.17　新注册用户分析

我们首先观察新用户注册的时间分布，可以发现在此期间内，新用户的注册量有 3 次小高峰，并且在 4 月 13 日迎来最高峰。在此之后，新用户注册量逐渐下降。经过研究，我们发现这一期间推出了新品，同时开放了新品并纳入了开学季活动，这促使新用户人数达到了新的高峰。

要实现新注册用户分析，首先需要使用 pandas 模块的 read_excel()函数读取 Excel 文件，接着将注册日期设置为索引，抽取 2022 年 4 月 1 日至 2022 年 4 月 30 日的数据，并使用 resample()方法按天统计新注册用户，然后使用 matplotlib 模块的 plot()函数绘制折线图，实现过程如下（源码位置：资源包\Code\05\nuser_data.py）。

（1）在项目目录下新建一个 Python 文件，并将其命名为 nuser_data.py。

（2）导入相关模块，代码如下：

```
import pandas as pd                          # 导入 pandas 模块
import seaborn as sns                        # 导入 seaborn 模块
import matplotlib.pyplot as plt              # 导入 matplotlib 模块
```

（3）首先使用 pandas 模块的 read_excel()函数读取 Excel 文件，然后将注册日期设置为索引，抽取 2022 年 4 月 1 日至 2022 年 4 月 30 日的数据，最后使用 resample()方法按天统计新注册用户，代码如下：

```
# 读取 Excel 文件
df=pd.read_excel('user.xlsx')
data = df.set_index('注册日期')                          # 将日期设置为索引
data=data.loc['2022-04-01':'2022-04-30']                # 提取指定日期数据
# 按天统计新注册用户
df=data.resample('D').size().to_period('D')
print(df.head())                                        # 输出前 5 条数据
df.to_excel('result1.xlsx',index=False)                 # 导出 Excel 文件
```

运行程序，结果如图 5.18 所示。

注册日期	
2022-04-01	128
2022-04-02	336
2022-04-03	252
2022-04-04	193
2022-04-05	236

图 5.18　按天统计新注册用户（前 5 条数据）

（4）绘制折线图，代码如下：

```
# x、y 轴数据
x=pd.date_range(start='20220401', periods=30)          # 生成日期
y=df
sns.set_style('darkgrid')                              # 灰色网格
plt.rcParams['font.sans-serif']=['SimHei']             # 解决中文乱码问题
plt.title('新注册用户时间分布图')                          # 图表标题
plt.xticks(fontproperties = 'Times New Roman', size = 8,rotation=20)   # x 轴字体大小
plt.plot(x,y)                                          # 绘制折线图
plt.xlabel('注册日期')                                   # x 轴标签
plt.ylabel('用户数量')                                   # y 轴标签
plt.tight_layout()                                     # 图形元素自适应
plt.show()                                             # 显示图表
```

5.7　用户活跃情况分析

5.7.1　用户登录情况分析

用户登录情况分析主要分析用户登录次数随日期的变化情况，并通过折线图来展示这一分析结果，如图 5.19 所示。

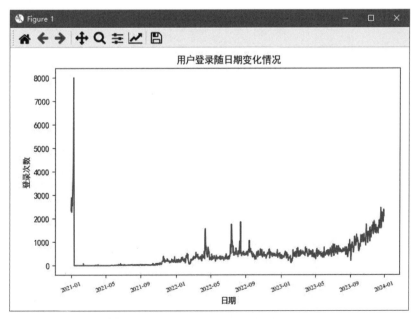

图 5.19　用户登录随日期变化情况

从运行结果中得知：用户在 2021 年 1 月登录次数骤增，这是因为线上商城刚刚开通并处于测试阶段，用户在此期间登录比较频繁，从而导致登录次数增多。

要实现用户登录情况分析，首先需要使用 pandas 模块的 read_excel()函数读取 Excel 文件，接着抽取指定数据，并使用 groupby()方法按日期统计登录次数，然后使用 matplotlib 模块的 plot()函数绘制折线图，实现过程如下（源码位置：资源包\Code\05\login_all_data.py）。

（1）在项目目录下新建一个 Python 文件，并将其命名为 login_all_data.py。

（2）导入相关模块，代码如下：

```
import pandas as pd                          # 导入 pandas 模块
import matplotlib.pyplot as plt              # 导入 matplotlib 模块
```

（3）首先使用 pandas 模块的 read_excel()函数读取 Excel 文件，然后抽取指定数据并使用 groupby()方法按日期统计登录次数，代码如下：

```
# 读取 Excel 文件
df=pd.read_excel('user.xlsx')
# 解决数据输出时列名不对齐的问题
pd.set_option('display.unicode.east_asian_width', True)
# 抽取数据
df=df[['日期','登录次数']]
# 按日期统计登录次数
df1=df.groupby('日期').sum()
print(df1.head())
```

运行程序，结果如图 5.20 所示。

日期	登录次数
2021-01-01	2357
2021-01-02	2899
2021-01-03	2282
2021-01-04	2673
2021-01-05	2548

图 5.20　按日期统计登录次数（前 5 条数据）

（4）绘制折线图，代码如下：

```
# x、y 轴数据
x=df1.index
y=df1.values
plt.rcParams['font.sans-serif']=['SimHei']                              # 解决中文乱码问题
plt.title('用户登录随日期变化情况')                                      # 图表标题
plt.xticks(fontproperties = 'Times New Roman', size = 8,rotation=20)    # x 轴字体大小
plt.plot(x,y)                                                           # 绘制折线图
plt.xlabel('日期')                                                      # x 轴标签
plt.ylabel('登录次数')                                                  # y 轴标签
plt.tight_layout()                                                     # 图形元素自适应
plt.show()                                                             # 显示图表
```

5.7.2　用户登录周情况分析

用户登录周情况分析主要分析用户登录次数在一周内的变化情况并通过填充折线图进行展示，如图 5.21 所示。

从运行结果中得知：用户在周末的登录次数达到最高，显示出较好的用户活跃度；随后登录次数逐日

降低，到周四最低，然后在周五有所回升。

说明

在图 5.21 中，x 轴为星期，其中 0 表示星期一，以此类推，3 表示星期四。

要实现用户登录周情况分析，首先需要使用 pandas 模块的 read_excel()函数读取 Excel 文件，接着抽取指定数据，并使用 groupby()方法按星期统计登录次数，然后使用 matplotlib 模块的 plot()函数和 fill_between()函数绘制填充折线图，实现过程如下（源码位置：资源包\Code\05\login_week_data.py）。

（1）在项目目录下新建一个 Python 文件，并将其命名为 login_week_data.py。

（2）导入相关模块，代码如下：

```python
import pandas as pd                # 导入 pandas 模块
import matplotlib.pyplot as plt    # 导入 matplotlib 模块
```

（3）首先使用 pandas 模块的 read_excel()函数读取 Excel 文件，然后抽取指定数据并使用 groupby()方法按星期几统计登录次数，代码如下：

```python
# 读取 Excel 文件
df=pd.read_excel('user.xlsx')
# 解决数据输出时列名不对齐的问题
pd.set_option('display.unicode.east_asian_width', True)
# 抽取数据
df=df[['星期几','登录次数']]
## 按星期几统计登录次数
df1=df.groupby('星期几').sum().reset_index()
print(df1)
```

运行程序，结果如图 5.22 所示。

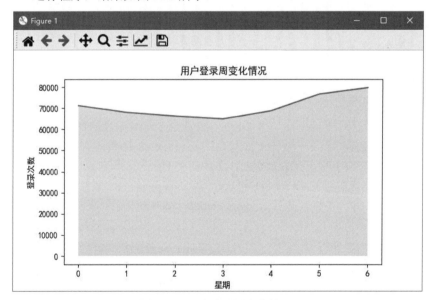

	星期几	登录次数
0	0	71251
1	1	67990
2	2	66251
3	3	64963
4	4	68838
5	5	76757
6	6	79760

图 5.21　用户登录周变化情况　　　　　　图 5.22　按星期统计用户登录次数

（4）绘制填充折线图，代码如下：

```python
# 绘制折线图
# x 轴和 y 轴的数据
# 星期几（星期一=0，星期日=6）
x=df1['星期几']
```

```
y=df1['登录次数']
fig = plt.figure(figsize=(7,4)) # 设置画布大小
plt.rcParams['font.sans-serif']=['SimHei']                          # 解决中文乱码问题
plt.title('用户登录周变化情况')                                       # 图表标题
plt.xlabel('星期')                                                    # x 轴标签
plt.ylabel('登录次数')                                                # y 轴标签
plt.plot(x,y,'-',color='RoyalBlue')                                  # 绘制折线图
plt.fill_between(x,y,facecolor='RoyalBlue',alpha=0.2)                # 填充折线图
plt.show()                                                           # 显示图表
```

5.7.3　用户登录时段分析（工作日）

用户登录时段分析（工作日）主要分析工作日各时段用户的登录次数，并通过柱形图进行展示，如图 5.23 所示。

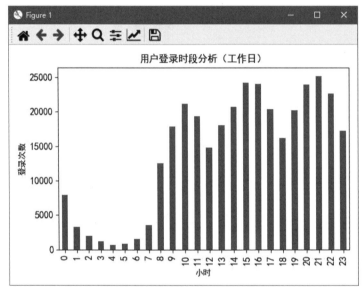

图 5.23　用户登录时段分析（工作日）

从运行结果中得知：用户在 10 点～11 点、15 点～16 点和 20 点～22 点这 3 个时间段的登录次数较多。

要实现用户登录时段分析（工作日），首先需要使用 pandas 模块的 read_excel()函数读取 Excel 文件，接着筛选工作日数据，并使用 groupby()方法按小时统计登录次数，然后使用 DataFrame 对象的 plot.bar()函数绘制柱形图，实现过程如下（源码位置：资源包\Code\05\login_workday_data.py）。

（1）在项目目录下新建一个 Python 文件，并将其命名为 login_workday_data.py。

（2）导入相关模块，代码如下：

```
import pandas as pd                                                  # 导入 pandas 模块
import matplotlib.pyplot as plt                                      # 导入 matplotlib 模块
```

（3）首先使用 pandas 模块的 read_excel()函数读取 Excel 文件，然后筛选工作日数据并使用 groupby()方法按小时统计登录次数，代码如下：

```
# 解决数据输出时列名不对齐的问题
pd.set_option('display.unicode.east_asian_width', True)
# 读取 Excel 文件
df=pd.read_excel('user.xlsx')
# 筛选工作日数据（星期一=0, 星期日=6）
df=df.loc[df['星期几']<5,['小时 1','登录次数']]
```

```
# 按小时分组统计求和
df1=df.groupby('小时 1').sum()
print(df1.head())                               # 输出前 5 条数据
```

运行程序，结果如图 5.24 所示。

	登录次数
小时1	
0	7869
1	3240
2	1957
3	1164
4	696

图 5.24　按小时统计登录次数（前 5 条数据）

（4）用 DataFrame 对象的 plot.bar()函数绘制柱形图，代码如下：

```
plt.rcParams['font.sans-serif']=['SimHei']                # 解决中文乱码问题
# 绘制柱形图
df1.plot.bar(fontsize=12,title='用户登录时段分析（工作日）',color='RoyalBlue',figsize=(6,4))
plt.xlabel('小时')                                         #x 轴标签
plt.ylabel('登录次数')                                     #y 轴标签
plt.legend().remove()                                      # 删除图例
plt.tight_layout()                                         # 图形元素自适应
plt.show()                                                 # 显示图表
```

5.7.4　用户登录时段分析（非工作日）

用户登录时段分析（非工作日）主要分析非工作日各时段用户的登录次数，并通过柱形图进行展示，如图 5.25 所示。

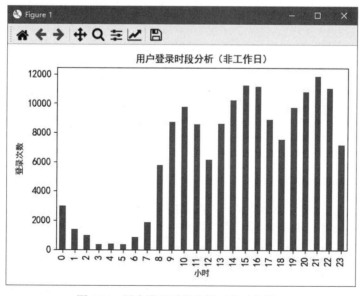

图 5.25　用户登录时段分析（非工作日）

从运行结果中得知：无论是工作日还是非工作日，用户的活跃时段主要集中在点 9 点～11 点、15 点～16 点和 20 点～22 点这 3 个时间段。因此，在这几个时段提供优质的客户服务，是实施营销策略的最佳时机。

117

要实现用户登录时段分析（非工作日），首先需要使用 pandas 模块的 read_excel()函数读取 Excel 文件，接着筛选非工作日数据，并使用 groupby()方法按小时统计登录次数，然后使用 DataFrame 对象的 plot.bar()函数绘制柱形图，实现过程如下（源码位置：资源包\Code\05\login_weekend_data.py）。

（1）在项目目录下新建一个 Python 文件，并将其命名为 login_weekend_data.py。

（2）导入相关模块，代码如下：

```
import pandas as pd                          # 导入 pandas 模块
import matplotlib.pyplot as plt              # 导入 matplotlib 模块
```

（3）首先使用 pandas 模块的 read_excel()函数读取 Excel 文件，然后筛选非工作日数据并使用 groupby()方法按小时统计登录次数，代码如下：

```
# 解决数据输出时列名不对齐的问题
pd.set_option('display.unicode.east_asian_width', True)
# 读取 Excel 文件
df=pd.read_excel('user.xlsx')
# 筛选非工作日数据（星期一=0，星期日=6）
df=df.loc[df['星期几']>=5,['小时 1','登录次数']]
# 按小时分组统计求和
df1=df.groupby('小时 1').sum()
print(df1.head())                            # 输出前 5 条数据
```

运行程序，结果如图 5.26 所示。

小时1	登录次数
0	2971
1	1391
2	974
3	337
4	377

图 5.26　按小时统计登录次数（前 5 条数据）

（4）使用 DataFrame 对象的 plot.bar()函数绘制柱形图，代码如下：

```
plt.rcParams['font.sans-serif']=['SimHei']              # 解决中文乱码问题
# 绘制柱形图
df1.plot.bar(fontsize=12,title='用户登录时段分析（非工作日）',color='RoyalBlue',figsize=(6,4))
plt.xlabel('小时')                                       # x 轴标签
plt.ylabel('登录次数')                                    # y 轴标签
plt.legend().remove()                                    # 删除图例
plt.tight_layout()                                       # 图形元素自适应
plt.show()                                               # 显示图表
```

5.8　项 目 运 行

通过前述步骤，我们已经设计并完成了"商城注册用户数据探索分析"项目的开发。"商城注册用户数据探索分析"项目目录包含 11 个 Python 脚本文件和一个 MySQL 数据库文件，如图 5.27 所示。

我们首先按照 5.4 节导入 MySQL 数据，然后按照开发过程运行脚本文件，以检验我们的开发成果。例如，要运行 view_data.py 文件，首先双击该文件，此时右侧"代码窗口"会显示全部代码，然后在"代码窗口"中右击，在弹出的快捷菜单中选择 Run 'view_data'命令（见图 5.28），即可运行程序。

其他脚本文件按照图 5.27 给出的顺序进行执行，这里就不再赘述了。

图 5.27　项目目录

图 5.28　运行 view_data.py

5.9　源 码 下 载

本章虽然详细地讲解了如何通过 sqlalchemy 模块、pandas 模块、matplotlib 模块实现 "商城注册用户数据探索分析" 的各个功能，但给出的代码都是代码片段，而非完整的源代码。为了方便读者学习，本书提供了用于下载完整源代码的二维码。

源码下载

## 第6章

自媒体账号内容数据分析

——pandas + matplotlib + plotly

随着时代的发展，越来越多的人开始拥有自己的自媒体账号，发布和分享他们喜欢的文章和短视频等。那么如何运营好自媒体账号呢？首先要关注后台数据，透过数据深度了解发布内容的受欢迎程度，进而改善内容质量，吸引更多的粉丝进行观看、点赞、收藏和分享等。本章将通过 pandas 模块、matplotlib 模块和 plotly 模块实现自媒体账号内容数据分析。

本项目的核心功能及实现技术如下：

项目微视频

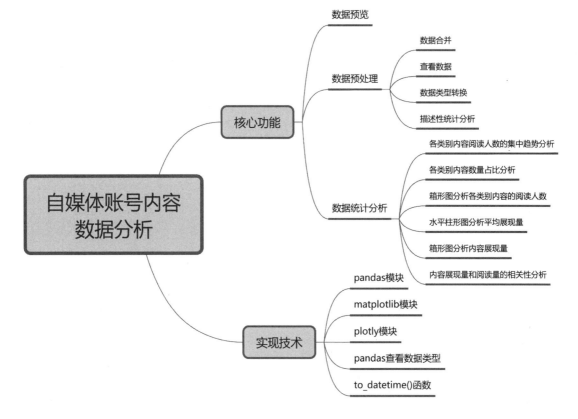

6.1 开 发 背 景

自媒体内容数据分析是运营自媒体重要的部分。它通过收集、整理、分析和解读自媒体账号的各项数据，以帮助运营者更好地了解内容的受欢迎程度、用户行为等，从而提高运营效率和提升商业价值。

本章将通过 pandas 模块、matplotlib 模块和 plotly 模块实现对自媒体账号（如微信公众号和 CSDN 社区）内容数据的分析，以供读者参考学习。我们首先收集和整理相关数据，然后实现各类别内容阅读人数的几种趋势分析、各类别内容数量占比分析、利用箱形图分析各类别内容的阅读人数、采用水平柱形图分析平均展现量等。

6.2 系 统 设 计

6.2.1 开发环境

本项目的开发及运行环境如下：
- ☑ 操作系统：推荐 Windows 10、Windows 11 或更高版本。
- ☑ 编程语言：Python 3.12。
- ☑ 开发环境：Anaconda3、Jupyter Notebook。
- ☑ 第三方模块：pandas（2.1.4）、openpyxl（3.1.2）、xlrd（2.0.1）、matplotlib（3.8.2）、plotly（5.9.0）。

6.2.2 分析流程

自媒体账号内容数据分析的流程如下：首先准备数据，这包括在相关平台下载所需数据并进行初步的整理，之后将数据文件复制到项目所在的文件夹中；接着在程序中加载这些数据以进行预览；然后进行数据预处理，这包括数据合并、查看数据、数据类型转换以及进行描述性统计分析；最后进行数据统计分析。

本项目分析流程如图 6.1 所示。

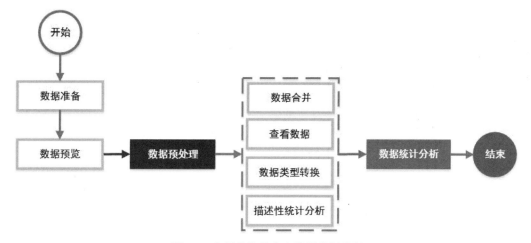

图 6.1 自媒体账号内容数据分析流程

6.2.3 功能结构

本项目的功能结构已经在章首页中给出。本项目实现的具体功能如下：
- ☑ 数据预览：大致预览数据，发现其中的问题。
- ☑ 数据预处理：首先将数据进行合并，然后实现查看数据、数据类型转换和描述性统计分析。
- ☑ 数据统计分析：包括各类别内容阅读人数的集中趋势分析、各类别内容数量占比分析、利用箱形图分析各类别内容的阅读人数、利用水平柱形图分析平均展现量、利用箱形图分析内容展现量、内容展现量和阅读量的相关性分析。

6.3 技术准备

6.3.1 技术概览

自媒体账号内容数据分析主要依赖于 pandas、matplotlib 和 plotly 这 3 个模块来实现。关于这些模块的详细信息，这里不再赘述。读者若对它们不太熟悉，可以查阅《Python 数据分析从入门到精通（第 2 版）》一书，该书对这些模块有详尽的介绍。

此外，在数据预处理过程中，我们使用 pandas 模块的 dtype 属性查看数据类型，并使用 to_datetime()函数查看转换时间序列数据。尽管这两个知识点很简单，但是在特殊情况下无法达到预期效果时，我们还需要进行深度学习和挖掘相关知识点。因此，下面将详细介绍 pandas 模块查看数据类型的几种方法，并对 to_datetime()函数的语法进行详细解释，同时提供具体的应用示例。这样，读者不仅可以顺利完成本项目，还能够学习到额外的知识点，并在此基础上进行扩展。

6.3.2 pandas 查看数据类型

在数据预处理过程中，我们经常需要查看数据的数据类型从而判断数据类型的正确性，以确保后续数据统计分析工作能够顺利的进行。

首先，我们来了解 pandas 所支持的数据类型，这些数据类型包括 float、int、bool、datetime64[ns]、datetime64[ns, tz]、timedelta[ns]、category 和 object。在 pandas 中，默认的数据类型是 int64 和 float64。如果一列数据中包含多种数据类型，那么该列的数据类型会被自动识别为 object。同样，包含字符串的列也会被视为 object 类型。此外，即使是不同类型的数字，如 int32 和 float32，在 pandas 中，也会被识别为 object 类型。

接下来，我们将介绍如何使用 pandas 查看数据类型。这可以通过两种方法实现：第一种方法是通过 DataFrame 对象的 dtypes 属性查看所有列的数据类型；第二种方法是通过 Series 对象的 dtype 属性查看指定列的数据类型。

1. dtypes 属性

例如，查看所有列的数据类型，代码如下：

```
# 导入 pandas 模块
import pandas as pd
# 创建数据
df = pd.DataFrame({
    '姓名': ['甲','乙','丙','丁'],
    '数学': [110,105,99,123.5],
    '语文': [105,88,115,128],
    '英语':[109,120,130,135]})
# 输出所有列的数据类型
print(df.dtypes)
```

运行程序，结果如下：

```
姓名        object
数学        float64
语文         int64
英语         int64
```

2. dtype 属性

查看单个列的数据类型，例如"数学"列，代码如下：

```
print(df['数学'].dtype)
```

如果数据量非常大，则可以结合 for 循环语句，代码如下：

```
cols = df.columns                          # 获取列名称
for col in cols:                           # 遍历列获取该列的数据类型
    print(col+' : '+ str(df[col].dtype))
```

另外，在数据预处理过程中，有时可能需要删除具有指定数据类型的列。例如，查看字符串类型的列，然后选择删除它们，代码如下：

```
for col in cols:
    # 判断是否为字符串类型
    if str(df[col].dtype) == 'object':
        # 删除字符串类型的列
        df.drop(columns=col,inplace=True)
print(df)
```

6.3.3 详解 to_datetime()函数转换时间序列数据

pandas 模块的 to_datetime()函数用于将一个标量、数组、Series 对象或者 DataFrame 对象和字典类型的数据转换为 pandas 中 datetime 类型的日期时间类型数据。语法格式如下：

```
pandas.to_datetime(arg, errors='raise', dayfirst=False, yearfirst=False, utc=False, format=None, exact=_NoDefault.no_default,
    unit=None,origin='unix', cache=True)
```

参数说明：

☑ arg：指定要转换为 datetime 的对象，支持的类型包括整型、浮点型、字符串、日期格式、列表、元组、数组、Series 对象、DataFrame 对象等。如果输入的是 DataFrame 对象，则 DataFrame 至少需要包含"年""月""日"字段，才能被转换为 datetime 类型。

☑ errors：参数值为 raise、coerce 或 ignore，默认值为 raise。

　　➢ raise：无效解析，将引发异常。

　　➢ coerce：无效解析，将结果设置为 NaT。

　　➢ ignore：无效解析，将返回输入的原始值。

☑ dayfirst：布尔型，默认值为 False。如果参数值为 True，则首先解析日期，例如"13/6/2024"被解析为"2024-06-13"

☑ yearfirst：布尔值，默认值为 False。如果参数值为 True，则将日期解析为第一年，例如"13/6/24"被解析为"2013-06-24"

☑ utc：控制与时区相关的解析、本地化和转换，布尔型，默认值为 False。如果参数值为 False，输入的日期不会被强制为 UTC 时区；如果参数值为 True，则返回时区感知的 UTC 本地化时间戳、序列或 DatetimeIndex。例如"2024-06-13"被解析为"2024-06-13 00:00:00+00:00"

☑ format：字符串型，默认值为 None，表示格式化日期时间的字符串（如"%Y-%m-%d"），格式化字符串如表 6.1 所示，也可以通过如下参数进行设置。

　　➢ ISO8601：解析任何 ISO8601 时间的字符串，注意不一定是完全相同的格式。

　　➢ mixed：单独推断每个元素的格式，一般和 dayfirst 参数一起使用。

表 6.1 格式化字符串

格式化字符串	说　　明	格式化字符串	说　　明
%y	两位数的年份（00～99）	%S	秒（00～59）
%Y	四位数的年份（0000～9999）	%w	星期（0～6），0 表示星期一
%m	月份（01～12）	%U	每年的第几周，周日为每周的第一天
%d	月内中的一天（0～31）	%W	每年的第几周，周一为每周的第一天
%H	24 小时制小时数（0～23）	%F	%Y-%m-%d 的简写形式
%I	12 小时制小时数（01～12）	%D	%m%d%y 的简写形式
%M	分钟（00～59）		

☑ exact：控制格式的使用方式，布尔型，默认值为 None。如果参数值被设置为 True，则需要精确的格式进行匹配；如果参数值被设置为 False，则允许格式与目标字符串中的任何位置进行匹配。

☑ unit：字符串型，默认值为 ns，表示时间单位，参数值为 D、s、ms、us 或 ns。调整该参数可以让函数来识别传入时间的值。

☑ origin：用于定义参考日期，数值将被解析为自该参考日期以来的单位数，默认值为 unix。如果参数值为 unix，则开始日期为"1970-01-01"；如果参数值为 julian，参数 unit 的值必须为"D"，则开始日期以"Julian Calendar"开始，公元前 4713 年 1 月 1 日中午开始的一天被指定为第 0 天。

☑ cache：布尔型，默认值为 True。这个参数决定是否使用唯一的已转换日期缓存来应用日期时间转换。在分析重复的日期字符串时，特别是具有时区偏移的日期字符串时，这可以显著加快解析速度。当至少有 50 个值时，才会启用缓存。如果存在越界值，那么这些值可能导致缓存不可用，进而可能会减慢解析速度。

以上是 to_datetime() 函数的详细解释，下面通过具体的示例介绍 to_datetime() 函数的应用。

（1）组合日期。

使用 DataFrame 对象分别创建年、月和日，然后使用 to_datetime() 函数将它们组合成日期，代码如下：

```python
import pandas as pd
df = pd.DataFrame({'year': [2023, 2024],
                   'month': [2, 3],
                   'day': [4, 5]})
pd.to_datetime(df)
```

运行程序，结果如下：

```
0    2023-02-04
1    2024-03-05
```

（2）将数值型日期转换为日期。

当 pandas 模块读取 Excel 文件时，有时日期会出现异常而变成一串数字，此时可以通过设置 to_datetime() 函数的 unit 参数来解决，代码如下：

```python
print(pd.to_datetime(19981,unit='D'))
print(pd.to_datetime(1708195805, unit='s'))
print(pd.to_datetime(1708195805433502912, unit='ns'))
```

运行程序，结果如下：

```
2024-09-15 00:00:00
2024-02-17 18:50:05
2024-02-17 18:50:05.433502912
```

（3）格式化日期时间。

例如，格式化指定的时间日期，代码如下：

```
print(pd.to_datetime('2024/6/18',format='%Y/%m/%d'))
print(pd.to_datetime('24/6/18',format='%y/%m/%d'))
print(pd.to_datetime('20240618',format='mixed'))
print(pd.to_datetime('2024-10-12', format="%Y-%d-%m"))
print(pd.to_datetime('2024-6-18 4:5:1', format="%Y-%m-%d %H:%M:%S"))
# 格式化时间为纳秒
print(pd.to_datetime('2024-06-18 12:00:00.0000000011',format='%Y-%m-%d %H:%M:%S.%f'))
```

运行程序，结果如下：

```
2024-06-18 00:00:00
2024-06-18 00:00:00
2024-06-18 00:00:00
2024-12-10 00:00:00
2024-06-18 04:05:01
2024-06-18 12:00:00.000000001
```

（4）借助 errors 参数处理错误。

例如，如果在 2 月份不小心输入了 30 日，可以借助 errors 参数来处理错误，代码如下：

```
df = pd.DataFrame({'date': ['2024-02-01', '2024-02-04', '2024-02-30']})
print(pd.to_datetime(df['date'],errors='coerce'))
print(pd.to_datetime(df['date'],errors='ignore'))
```

运行程序，结果如图 6.2 所示。

```
0    2024-02-01
1    2024-02-04
2           NaT
Name: date, dtype: datetime64[ns]
0    2024-02-01
1    2024-02-04
2    2024-02-30
Name: date, dtype: object
```

图 6.2　借助 errors 参数处理错误

另外，在使用 to_datetime()函数将字符串类型或 object 类型的数据强制转换为日期类型时，通过设置 errors 参数可以跳过错误。

6.4　前　期　准　备

6.4.1　安装第三方模块

项目中涉及了比较重要的模块，即 plotly 模块。plotly 是基于 JavaScript 的 Python 第三方库，它为很多编程语言提供了接口，因此交互式、美观、使用方便就成为了 plotly 最大的优势。另外，plotly 是一个单独的绘图库，与 matplotlib、seaborn 绘图库并没有什么关系，它有自己独特的绘图语法、绘图参数和绘图原理，与 Python 中 matplotlib、numpy 和 pandas 等库可以做到无缝连接。

安装 plotly 模块，由于本项目开发环境是 Anaconda3、Jupyter Notebook，因此需要在 Anaconda3 中安装 plotly 模块。单击系统"开始"菜单，选择 Anaconda3（64-bit）→Anaconda Prompt，打开 Anaconda Prompt 命令提示符窗口，使用 pip 命令安装 plotly 模块，命令如下：

```
pip install plotly
```

6.4.2 新建 Jupyter Notebook 文件

下面介绍如何创建新的 Jupyter Notebook 文件夹以及如何在其中新建 Jupyter Notebook 文件，具体步骤如下。

（1）在系统"搜索"文本框中输入 Jupyter Notebook，运行 Jupyter Notebook。

（2）新建一个 Jupyter Notebook 文件夹，单击右上角的 New 按钮，选择 Folder，如图 6.3 所示，此时会在当前页面列表中默认创建一个名称类似 Untitled Folder 的文件夹。接下来对该文件夹进行重命名，选中该文件夹前的复选框，然后单击 Rename 按钮，如图 6.4 所示。打开"重命名路径"对话框，在"请输入一个新的路径"文本框中输入"自媒体账号内容数据分析"，如图 6.5 所示，然后单击"重命名"按钮。

图 6.3　新建 Jupyter Notebook 文件夹

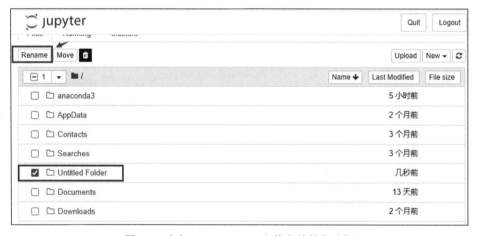

图 6.4　选中 Untiled Folder 文件夹前的复选框

图 6.5　重命名 Untiled Folder 文件夹

（3）新建 Jupyter Notebook 文件。单击"自媒体账号内容数据分析"文件夹，进入该文件夹，单击右上角的 New 按钮，由于我们创建的是 Python 文件，因此选择 Python 3（ipykernel），如图 6.6 所示。

图 6.6　新建 Jupyter Notebook 文件

文件创建完成后，系统会打开如图 6.7 所示的窗口。在该窗口中，你可以开始编写代码。至此，新建 Jupyter Notebook 文件的工作就完成了。接下来，我们介绍编写代码的过程。

图 6.7　代码编辑窗口

6.4.3　导入必要的库

本项目主要使用 pandas、matplotlib、plotly 模块以及 plotly 模块的子模块和函数，下面在 Jupyter Notebook 中分别导入这些模块和函数，代码如下：

```
import pandas as pd                              # 导入 pandas 模块
import matplotlib.pyplot as plt                  # 导入 matplotlib 模块
import plotly                                     # 导入 plotly 模块
import plotly.graph_objects as go                # 导入 graph_objects 子模块
from plotly.offline import init_notebook_mode, iplot   # 导入 offline 子模块的函数
```

6.4.4　数据准备

本项目数据主要来源于微信公众号平台和 CSDN 社区。首先，在平台上下载数据，然后将下载的不同类别的数据分别存放在不同的 Excel 工作表中，文件名分别为 wx.xls 和 CSDN.xls，如图 6.8 和图 6.9 所示。整理完后，将这两个文件复制到项目所在的文件夹中。

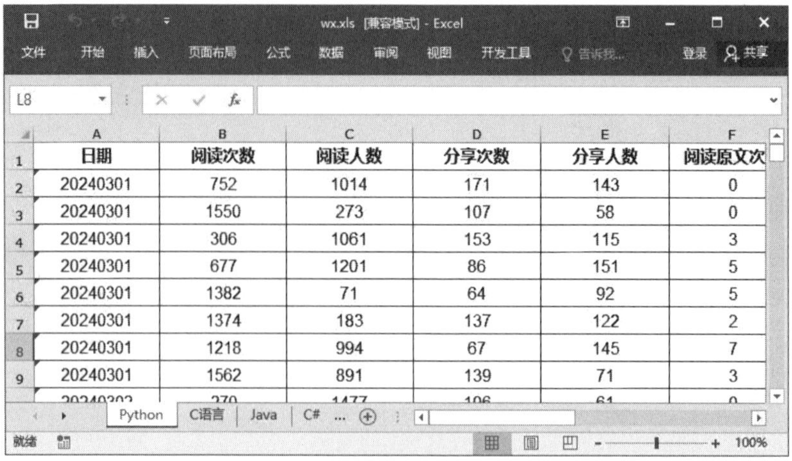

图 6.8　微信公众号平台数据

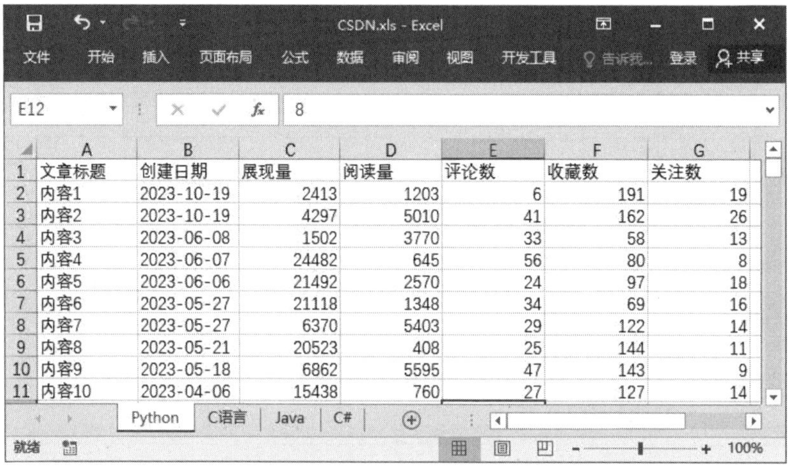

图 6.9　CSDN 社区数据

6.4.5　数据预览

下面以微信公众号平台数据为例，使用 pandas 模块的 read_excel()函数读取 Excel 文件，输出前 5 条数据以大致预览数据，代码如下：

```
# 读取 Excel 文件
df=pd.read_excel('wx.xlsx')
# 输出前 5 条数据
df.head()
```

运行程序，出现如图 6.10 所示的错误提示。

```
ImportError: Missing optional dependency 'xlrd'. Install xlrd >= 2.0.1 for xls Excel support Use pip or conda
to install xlrd.
```

图 6.10　错误提示

经过分析得知：由于从微信公众号平台下载的数据文件为.xls，版本比较旧，因此使用 pandas 模块读取该文件时出现了上述错误。解决方法是安装 xlrd 模块，并且该模块的版本应大于或等于 2.0.1。下面安装 xlrd 模块，由于本项目开发环境是 Anaconda3、Jupyter Notebook，因此需要在 Anaconda3 中安装 xlrd 模块。单击系统"开始"菜单，选择 Anaconda3（64-bit）→Anaconda Prompt，打开 Anaconda Prompt 命令提示符窗口，使用 pip 命令安装 xlrd 模块，命令如下：

```
pip install xlrd==2.0.1
```

再次运行程序，结果如图 6.11 所示。

	日期	阅读次数	阅读人数	分享次数	分享人数	阅读原文次数	阅读原文人数	收藏次数	收藏人数	群发篇数	渠道
0	20240301	752	1014	171	143	0	7	28	104	0	推荐
1	20240301	1550	273	107	58	0	9	116	149	0	摇一摇
2	20240301	306	1061	153	115	3	9	162	87	6	全部
3	20240301	677	1201	86	151	5	8	174	55	0	其他
4	20240301	1382	71	64	92	5	0	29	64	0	朋友圈

图 6.11　数据预览

6.5　数据预处理

6.5.1　数据合并

由于不同类别的数据被分别存放在不同的 Excel 工作表中，为了方便日后进行数据统计分析，我们需要将这些数据合并起来。我们首先读取指定工作表中的数据，并为这些数据添加相应的类别，然后使用 concat() 函数将这些数据合并起来，代码如下：

```
# 读取指定工作表中的数据并添加类别
df1 = pd.read_excel('wx.xls', sheet_name='Python')
df1['类别']='Python'
df2 = pd.read_excel('wx.xls', sheet_name='C 语言')
df2['类别']='C 语言'
df3 = pd.read_excel('wx.xls', sheet_name='Java')
df3['类别']='Java'
df4 = pd.read_excel('wx.xls', sheet_name='C#')
df4['类别']='C#'
# 将所有 DataFrame 合并成一个 DataFrame
df = pd.concat([df1,df2,df3,df4],ignore_index=True)
print(df.head(5))
# 将结果导出到 Excel 文件中
df.to_excel('wx1.xlsx',index=False)
```

运行程序，结果如图 6.12 所示。

```
     日期    阅读次数  阅读人数  分享次数  分享人数  阅读原文次数  阅读原文人数  收藏次数  收藏人数  群发篇数   渠道  \
0  20240301   752   1014   171   143      0         7      28    104      0    推荐
1  20240301  1550    273   107    58      0         9     116    149      0   搜一搜
2  20240301   306   1061   153   115      3         9     162     87      6    全部
3  20240301   677   1201    86   151      5         8     174     55      0    其他
4  20240301  1382     71    64    92      5         0      29     64      0   朋友圈

      类别
0  Python
1  Python
2  Python
3  Python
4  Python
```

图 6.12　合并后的数据（前 5 条数据）

6.5.2　查看数据

经过上述步骤，数据基本整理完成了，但是数据细节情况并不了解，接下来，我们需要重新加载数据，然后使用 info() 方法查看数据的数据类型、每一列中非空值的数量以及内存使用量等，代码如下：

```
# 读取 Excel 文件
data= pd.read_excel('wx1.xlsx')
# 查看摘要信息
data.info()
```

运行程序，结果如图 6.13 所示。

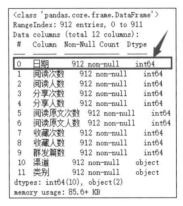

图 6.13　查看数据

从运行结果中得知：数据共有 912 行 12 列，数据没有缺失现象，但是很明显"日期"的数据类型被错误地设置为整型。

6.5.3　数据类型转换

下面使用 pandas 模块的 to_datetime() 函数将"日期"转换为日期型，然后使用 DataFrame 对象的 dtype 属性查看转换后的"日期"的数据类型是否为日期型并输出前 5 条数据，代码如下：

```
# 转换"日期"的数据类型为日期型
data['日期']=pd.to_datetime(data['日期'])
# 查看列的数据类型
print(data['日期'].dtype)
# 输出前 5 条数据
data.head()
```

运行程序，结果如图 6.14 所示。

| datetime64[ns] | | | | | | | | | | | |
	日期	阅读次数	阅读人数	分享次数	分享人数	阅读原文次数	阅读原文人数	收藏次数	收藏人数	群发篇数	渠道	类别
0	1970-01-01 00:00:00.020240301	752	1014	171	143	0	7	28	104	0	推荐	Python
1	1970-01-01 00:00:00.020240301	1550	273	107	58	0	9	116	149	0	搜一搜	Python
2	1970-01-01 00:00:00.020240301	306	1061	153	115	3	9	162	87	6	全部	Python
3	1970-01-01 00:00:00.020240301	677	1201	86	151	5	8	174	55	0	其他	Python
4	1970-01-01 00:00:00.020240301	1382	71	64	92	5	0	29	64	0	朋友圈	Python

图 6.14　转换后的数据 1

从运行结果中得知：虽然"日期"的数据类型被转换为了日期型，但是转换后的日期数据并不正确。经过反复测试，我们找到了一个有效的方法来解决这个问题：首先，将"日期"的数据类型转换为字符串类型，然后使用 to_datetime()函数将其转换为日期型。需要注意的是，这里应设置 format 参数值为 mixed，即分别推断每个元素的格式。修改后的代码如下：

```
# 转换"日期"的数据类型为字符串类型
data['日期']=data['日期'].astype(str)
# 将字符串类型的日期数据转换为日期型
# format='mixed'，将分别推断每个元素的格式
data['日期']=pd.to_datetime(data['日期'],format='mixed')
data.head()
```

再次运行程序，结果如图 6.15 所示。

	日期	阅读次数	阅读人数	分享次数	分享人数	阅读原文次数	阅读原文人数	收藏次数	收藏人数	群发篇数	渠道	类别
0	2024-03-01	752	1014	171	143	0	7	28	104	0	推荐	Python
1	2024-03-01	1550	273	107	58	0	9	116	149	0	摇一摇	Python
2	2024-03-01	306	1061	153	115	3	9	162	87	6	全部	Python
3	2024-03-01	677	1201	86	151	5	8	174	55	0	其他	Python
4	2024-03-01	1382	71	64	92	5	0	29	64	0	朋友圈	Python

图 6.15　转换后的数据 2

6.5.4　描述性统计分析

DataFrame 对象的 describe()方法可以给出数值型数据的描述性统计信息，可以帮助我们获得每个数值列的最小值、最大值、平均值、标准偏差等，代码如下：

```
data.describe()
```

运行程序，结果如图 6.16 所示。

	日期	阅读次数	阅读人数	分享次数	分享人数	阅读原文次数	阅读原文人数	收藏次数	收藏人数	群发篇数
count	912	912.000000	912.000000	912.000000	912.000000	912.000000	912.000000	912.000000	912.000000	912.000000
mean	2024-03-15 00:31:34.736841984	586.167763	411.960526	60.644737	43.725877	3.470395	3.460526	50.514254	50.441886	0.448465
min	2024-03-01 00:00:00	1.000000	1.000000	0.000000	0.000000	0.000000	0.000000	0.000000	0.000000	0.000000
25%	2024-03-08 00:00:00	128.750000	75.750000	7.000000	7.000000	0.000000	0.000000	5.000000	4.000000	0.000000
50%	2024-03-15 00:00:00	489.000000	345.000000	53.500000	36.500000	3.000000	3.000000	43.000000	39.000000	0.000000
75%	2024-03-22 06:00:00	903.750000	631.500000	100.250000	69.000000	6.000000	6.000000	85.000000	78.000000	0.000000
max	2024-03-30 00:00:00	1994.000000	1498.000000	199.000000	159.000000	9.000000	9.000000	178.000000	199.000000	8.000000
std	NaN	511.620631	369.085306	54.175822	40.135247	3.194603	3.139385	46.487204	49.853275	1.396867

图 6.16　描述性统计分析（数值型）

从运行结果中得知：综合各类别阅读人数平均值为 412、中位数（即 50%分位数）为 345，标准差为 369，最小值为 1，最大值为 1498。

describe()方法不仅可以统计数值型数据，还可以统计非数值型数据，只需要将 include 参数值设置为 object 即可，代码如下：

```
data.describe(include='object')
```

运行程序，结果如图 6.17 所示。

从运行结果中得知：非数值型数据包括"渠道"和"类别"，具体如下：

☑ count：记录数为 912 和 912。

☑ unique：唯一值记录数，即去掉重复值之后的个数，分别为 9 和 4。

☑ top：出现最多的离散值为"全部"和"Python"。

☑ freq：top（即"全部"和"Python"）出现的次数。

不仅如此，describe()方法还可以对单列进行分析。例如，对"阅读人数"进行描述性统计分析，代码如下：

```
data['阅读人数'].describe()
```

运行程序，结果如图 6.18 所示。

	渠道	类别
count	912	912
unique	9	4
top	全部	Python
freq	120	228

```
count     912.000000
mean      411.960526
std       369.085306
min         1.000000
25%        75.750000
50%       345.000000
75%       631.500000
max      1498.000000
Name: 阅读人数, dtype: float64
```

图 6.17　描述性统计分析（非数值型）　　图 6.18　阅读人数描述性统计分析

说明

describe()方法包含 3 个参数，具体如下：

☑ percentiles：用于指定所需的百分位数，默认值为[.25,.5,.75]，分别表示输出 25%、50%和 75% 的百分位数。用户也可以指定为其他的百分位数。

☑ include：用于指定要统计的数据类型，参数值为'all'、'number'或'object'，默认值为 None。如果设置为'all'，则会统计所有数据类型；如果设置为'number'，则只会统计数值型数据；如果设置为'object'，则只会统计非数值型数据。

☑ exclude：与 include 参数相反，用于指定要排除的数据类型。

另外，describe()方法输出的描述性统计信息经常与数据可视化工具结合使用，以便更直观地了解数据的分布情况。例如，我们可以抽取"阅读次数""阅读人数"和"收藏人数"这 3 个指标，首先使用 describe() 方法获取包括 30%、60%和 90%百分位数的描述性统计结果，然后使用 matplotlib 模块中的 boxplot()函数绘制箱形图来展示这些数据的分布情况，代码如下：

```
# 抽取数据
data=data[['阅读次数','阅读人数','收藏人数']]
# 使用 describe()方法统计 30%、60%和 90%的百分位数
data1 = data.describe(percentiles=[.30, .60, .90])
# 解决中文乱码问题
plt.rcParams['font.sans-serif']=['SimHei']
# 绘制箱形图
data1.boxplot()
# 显示图表
plt.show()
```

运行程序，结果如图 6.19 所示。

以上是使用 describe()方法输出描述性统计信息的全过程。在实际数据分析工作中，describe()方法输出的统计指标对于正确解读数据至关重要，读者应熟练掌握这些指标。例如，标准差可以告诉我们数据的离

散程度，中位数可以告诉我们数据的集中趋势，且不会受到异常值和极端值的影响。

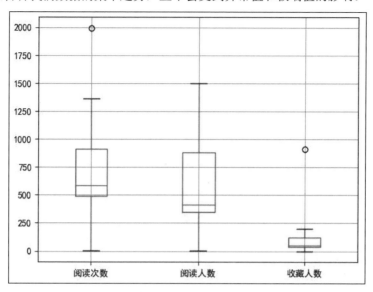

图6.19 箱形图查看数据的分布情况

6.6 数据统计分析

6.6.1 各类别内容阅读人数的集中趋势分析

各类别内容阅读人数的集中趋势分析主要分析不同类别内容的平均阅读人数，并通过水平柱形图进行展示，实现过程如下。

（1）使用 pandas 模块的 read_excel()函数读取 Excel 文件。

（2）使用 DataFrame 对象的 groupby()方法按类别对平均阅读人数进行统计，并按照升序对结果进行排序。

（3）使用 graph_objects 子模块的 Bar()函数绘制水平柱形图。

代码如下：

```
# 读取 Excel 文件
data2=pd.read_excel('wx1.xlsx')
data2_group=data2.groupby('类别')['阅读人数'].mean().round(0).sort_values(ascending=True)
print(data2_group)
# 初始化离线模式，仅在 Jupyter 中需要
init_notebook_mode(connected=True)
# 创建水平柱形图
trace = go.Bar(x=data2_group.values,y=data2_group.index,orientation='h',width=0.4,
                text=data2_group.values,              # 标记文本
                textposition='outside',               # 标记文本的位置
                # 标记文本的字体颜色和大小
                textfont=dict(size=12))
# 设置图层
layout = go.Layout(height=500,width=800,title='各类别内容平均阅读人数', xaxis=dict(title='阅读人数'),
                legend=dict(x=1, y=0.5),yaxis=dict(title='各类别内容'),font=dict(size=11, color='black'),
                plot_bgcolor='white')
# 合并图轨和图层
fig = go.Figure(trace,layout)
```

```
# 显示图表
iplot(fig)
```

运行程序，结果如图 6.20 所示。

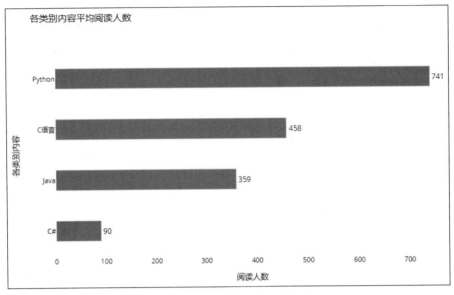

图 6.20　各类别内容平均阅读人数

从运行结果中得知：Python 的平均阅读人数最多，达到 741 人；接下来依次是 C 语言和 Java，它们的平均阅读人数为 300~500 人；C#的阅读人数最少，平均阅读人数不足 100 人。

6.6.2　各类别内容数量占比分析

不同类别的内容会吸引不同兴趣的粉丝关注。下面通过饼形图来分析各类别内容发布数量的占比情况，实现过程如下。

（1）使用 pandas 模块的 read_excel()函数读取 Excel 文件。

（2）使用 DataFrame 对象的 groupby()方法对内容进行分类，并统计每个类别的群发篇数，然后进行降序排序。

（3）使用 graph_objects 子模块的 Pie()函数绘制饼形图。

代码如下：

```
# 读取 Excel 文件
data3=pd.read_excel('wx1.xlsx')
data3_group=data3.groupby('类别')['群发篇数'].sum().round(0).sort_values(ascending=False)
print(data3_group)

# 初始化离线模式，仅在 Jupyter 中需要
init_notebook_mode(connected=True)
# 创建饼形图
trace=go.Pie(values=data3_group.values,labels=data3_group.index)
# 设置图层
layout = go.Layout(height=500,width=500,title='各类别内容数量占比情况',legend=dict(x=1, y=0.5)
                  ,font=dict(size=11, color='black'))
# 合并图轨和图层
fig = go.Figure(trace,layout)
# 显示图表
iplot(fig)
```

运行程序，结果如图 6.21 和图 6.22 所示。

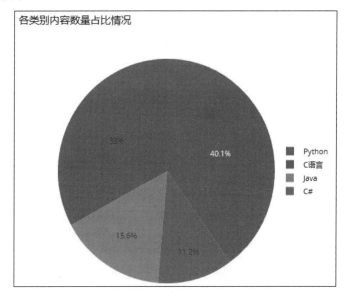

各类别内容数量占比情况

类别	
Python	164
C语言	135
Java	64
C#	46
Name: 群发篇数, dtype: int64	

图 6.21　各类别内容数量　　　　　　　　图 6.22　各类别内容占比分析

从运行结果中得知：Python 发布的内容数量最多，其次是 C 语言，而 Java 和 C#发布的内容数量则相对较少。

6.6.3　箱形图分析各类别内容的阅读人数

下面通过箱形图来分析各类别内容的阅读人数，以观察异常值和集中趋势，实现过程如下。

（1）使用 pandas 模块的 read_excel()函数读取 Excel 文件中的"类别"和"阅读人数"数据。

（2）使用 graph_objects 子模块的 Box()函数绘制箱形图。

代码如下：

```
# 读取 Excel 文件
data4=pd.read_excel('wx1.xlsx',usecols=['类别','阅读人数'])
# 初始化离线模式，仅在 Jupyter 中需要
init_notebook_mode(connected=True)
# 创建箱形图
trace=go.Box(x=data4['类别'],y=data4['阅读人数'])
# 设置图层
layout = go.Layout(height=500,width=800,title='各类别内容阅读人数箱形图',font=dict(size=11, color='black'),
                   plot_bgcolor='white')
# 合并图轨和图层
fig = go.Figure(trace,layout)
# 显示图表
fig.show()
```

运行程序，结果如图 6.23 所示。

从运行结果中得知：Python 阅读人数的平均数和中位数均为最高，其次是 C 语言，而 Java 和 C#的阅读人数相对较低。另外，C#的数据中存在一些异常值，且其平均数高于上四分位数，这表明 C#的数据可能受到极端值较大的影响。

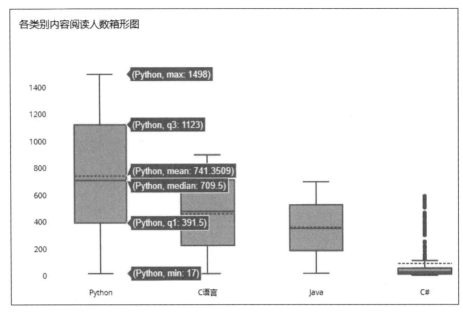

图 6.23　各类别内容阅读人数箱形图

6.6.4　水平柱形图分析平均展现量

水平柱形图分析平均展现量主要分析 CSDN 社区各类别内容的平均展现量，实现过程如下。

（1）在"自媒体账号内容数据分析"项目文件夹中新建一个 Python 3 文件。

（2）导入相关模块。

（3）使用 pandas 模块的 read_excel() 函数读取 Excel 文件。

（4）使用 DataFrame 对象的 groupby() 方法按类别统计平均展现量。

（5）使用 graph_objects 子模块的 Bar() 函数绘制水平柱形图。

代码如下：

```python
import pandas as pd                                 # 导入 pandas 模块
# 导入 plotly 模块及相关子模块
import plotly
import plotly.graph_objects as go
from plotly.offline import init_notebook_mode, iplot

# 读取 Excel 文件
df1=pd.read_excel('CSDN.xlsx')
# 按类别统计平均展现量
df1_group=df1.groupby('类别')['展现量'].mean().round(0).sort_values(ascending=True)
print(df1_group)
# 初始化离线模式，仅在 Jupyter 中需要
init_notebook_mode(connected=True)
# 创建水平柱形图
trace = go.Bar(x=df1_group.values,y=df1_group.index,orientation='h',width=0.4,
               text=df1_group.values,                # 标记文本
               textposition='outside',               # 标记文本的位置
               # 标记文本的字体颜色和大小
               textfont=dict(size=12))
# 设置图层
layout = go.Layout(height=500,width=900,title='各类别内容平均展现量', xaxis=dict(title='展现量'),
               legend=dict(x=1, y=0.5),yaxis=dict(title='各类别内容'),font=dict(size=11, color='black'),
               plot_bgcolor='white')
```

```
# 合并图轨和图层
fig = go.Figure(trace,layout)
# 显示图表
iplot(fig)
```

运行程序，结果如图 6.24 所示。

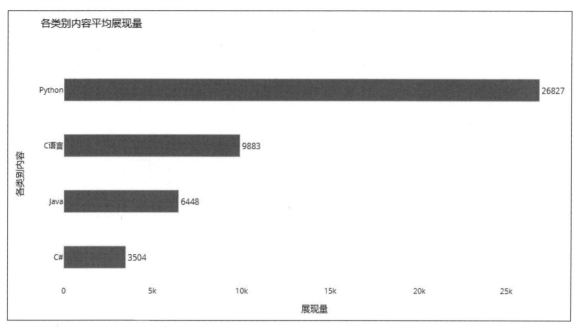

图 6.24　各类别内容平均展现量

从运行结果中得知：Python 的平均展现量最高，而 C#的平均展示现量最低。

6.6.5　箱形图分析内容展现量

下面通过箱形图来分析 CSDN 社区各类别内容的展现量，以观察数据的异常值和集中趋势。这一分析过程主要使用 plotly 模块中的 express 子模块的 box()函数来实现，实现过程如下。

（1）导入 express 子模块。

（2）使用 pandas 模块的 read_excel()函数读取 Excel 文件中的"类别"和"展现量"数据。

（3）使用 express 子模块的 box()函数绘制箱形图。

代码如下：

```
# 导入 express 子模块
import plotly.express as px
# 读取 Excel 文件
df2=pd.read_excel('CSDN.xlsx',usecols=['类别','展现量'])
# 绘制箱形图
fig=px.box(df2,x='类别',y='展现量',color='类别',title="各类别内容展现量箱形图",
          height=500,width=800)
# 显示图表
fig.show()
```

运行程序，结果如图 6.25 所示。

从运行结果中得知：Python 类别的展现量显著高于其他类别，且其四分位距（IQR）较大，这表明数据的变异性较大，数据分布更为分散。

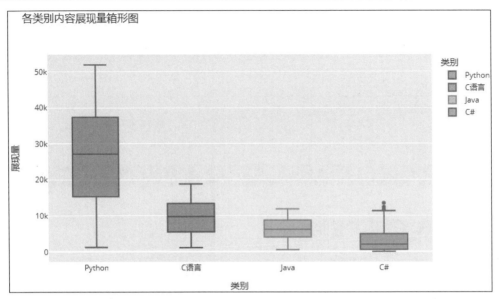

图 6.25 各类别内容展现量箱形图

说明

四分位距（IQR）是描述性统计学的一种方法，是数据分析中非常重要的工具，尤其在探索数据分布特征时。在实际应用中，通过四分位距（IQR），我们可以了解数据的一致性和稳定性，结合箱形图等可视化工具，可以更加直观地理解四分位距（IQR）所表达的数据分布情况。

同时，四分位距（IQR）也是描述数据变异性的一种重要方法，它通过计算上四分位数（Q3）与下四分位数（Q1）的差距来衡量数据的分散程度。四分位距（IQR）值越大，表明数据分布的范围较宽，即数据点之间的差距较大，反映出较高的变异性；四分位距（IQR）值越小，表明数据点更集中，变异性较小。

在 Python 中，你可以使用 numpy 模块计算四分位距（IQR），首先使用 percentile()函数计算四分位数，然后求得四分位距（IQR）。另外，你也可以使用 scipy.stats.iqr()函数计算四分位距（IQR），它是一个更为快捷的方法。

6.6.6　内容展现量和阅读量的相关性分析

内容展现量和阅读量的相关性分析主要通过 DataFrame 对象的 corr()函数和散点图来完成，实现过程如下。

（1）使用 pandas 模块的 read_excel()函数读取 Excel 文件。

（2）抽取类别为 Python 的展现量和阅读量数据。

（3）使用 DataFrame 对象的 corr()函数计算展现量和阅读量的相关系数。

（4）使用 express 子模块的 scatter()函数绘制散点图。

代码如下：

```
# 读取 Excel 文件
df3=pd.read_excel('CSDN.xlsx')
df3=df3.loc[df3['类别']=='Python',['展现量','阅读量']]
print(df3.corr())
# 绘制散点图
fig=px.scatter(df3,x='展现量',y='阅读量')
# 显示图表
fig.show()
```

运行程序，结果如图 6.26 所示。

从运行结果中得知：展现量和阅读量的相关系数高达 0.99，这表明它们之间存在强正相关关系，即展现量越高，阅读量也越高。图 6.27 是两者的相关性散点图，从该图中可以看出展现量和阅读量之间呈线性关系，如果后续对项目进行扩展，我们可以通过展现量来预测阅读量。

	展现量	阅读量
展现量	1.00000	0.99081
阅读量	0.99081	1.00000

图 6.26　展现量和阅读量的相关系数

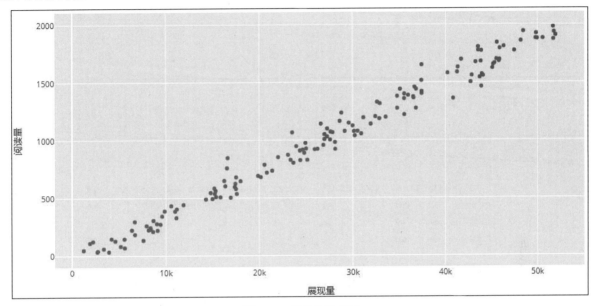

图 6.27　相关性散点图

6.7　项目运行

通过前述步骤，我们已经设计并完成了"自媒体账号内容数据分析"项目的开发。"自媒体账号内容数据分析"项目目录包括 8 个文件，如图 6.28 所示。

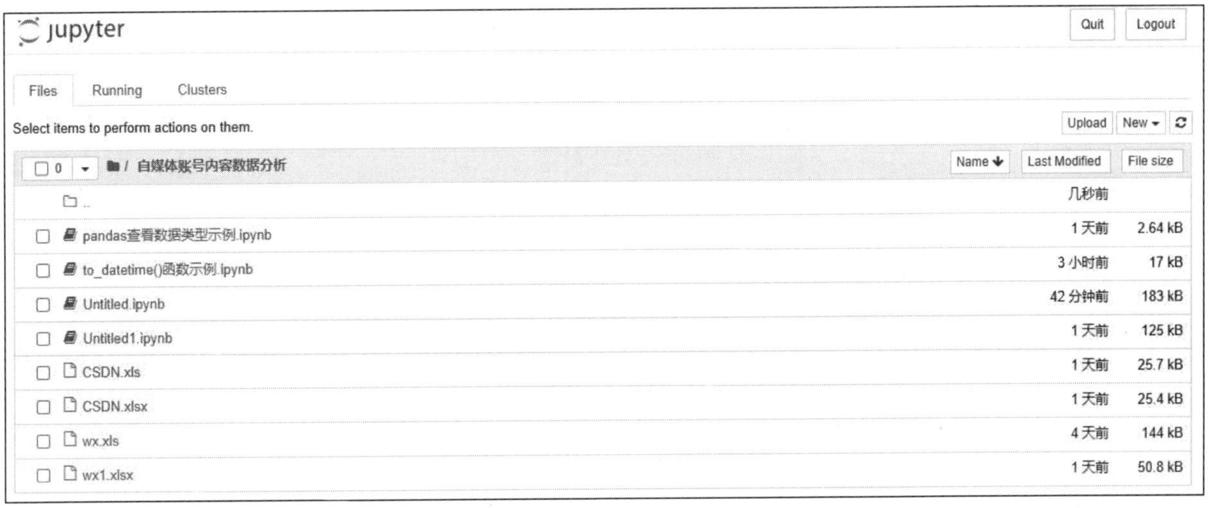

图 6.28　项目目录

接下来，我们运行项目文件，以检验我们的开发成果。我们首先应确保安装了 Anaconda3，然后在系统"搜索"文本框中输入 Jupyter Notebook，并单击 Jupyter Notebook 以打开 Jupyter 主页，在列表中找到"自媒体账号内容数据分析"文件夹，单击进入该文件夹。在该文件夹中，单击 Untitled.ipynb 文件。在该文件中，单击工具栏中的"运行"按钮，如图 6.29 所示，按照单元顺序逐一运行即可。

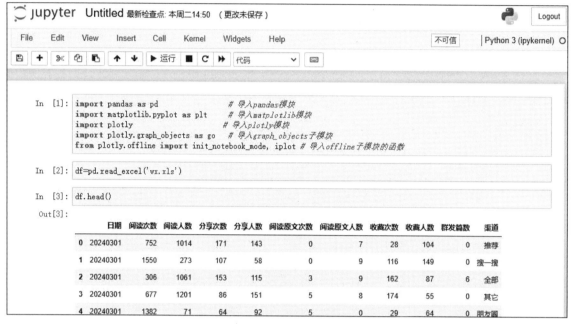

图 6.29　运行 Untitled.ipynb

以上是微信公众号内容数据的分析。若要进行 CSDN 内容数据的分析，需要单击 Untitled1.ipynb，然后单击工具栏中的"运行"按钮，并按照单元顺序逐一运行。

6.8　源　码　下　载

本章虽然详细地讲解了如何通过 pandas 模块、matplotlib 模块和 plotly 模块实现"自媒体账号内容数据分析"的各个功能，但给出的代码都是代码片段，而非完整的源代码。为了方便读者学习，本书提供了用于下载完整源代码的二维码。

源码下载

## 第 7 章

汽车数据可视化与相关性分析

——pandas + matplotlib + seaborn

随着汽车产业的迅猛发展和技术的不断进步，汽车功能日益增多且更加智能化。那么，这些新增功能在为用户提供便利的同时，是否会导致油耗的增加呢？为了探讨这一问题，我们将学习如何运用 pandas、matplotlib 和 seaborn 这 3 个模块对汽车数据进行可视化和相关性分析。

项目微视频

本项目的核心功能及实现技术如下：

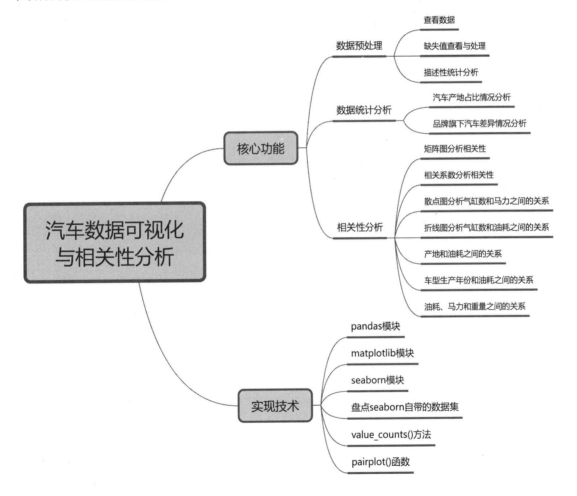

7.1 开 发 背 景

现如今，汽车产业已经逐步从机械时代跨入智能网联时代，汽车的设计越来越注重集成高科技功能，例如手机 APP 远程控制、智能辅助驾驶、语音控制、电子刹车、自动驻车、自动大灯等。至于这些高科技功能是否会增加汽车的油耗，我们需要对汽车的相关数据进行分析和深入研究，才能得到答案。

本章将主要使用 seaborn 模块对其自带的 mpg 数据集进行可视化。我们将通过绘制多种图表来探索和分析该数据集中汽车相关数据之间的关系，这些图表包括矩阵图、散点图、折线图和箱形图等。通过这些可视化方法，我们将学习如何对汽车数据进行有效的可视化与相关性分析，进而快速提升我们的数据分析技能。

7.2　系　统　设　计

7.2.1　开发环境

本项目的开发及运行环境如下：
- ☑ 操作系统：推荐 Windows 10、Windows 11 或更高版本。
- ☑ 编程语言：Python 3.12。
- ☑ 开发环境：PyCharm。
- ☑ 第三方模块：pandas（2.1.4）、openpyxl（3.1.2）、matplotlib（3.8.2）、seaborn（0.13.2）。

7.2.2　分析流程

汽车数据可视化与相关性分析的首要任务是数据准备。这包括详细了解 mpg 数据集，并将其复制到项目目录中。然后进行数据预处理工作，具体包括查看数据、缺失值的查看与处理，以及进行描述性统计分析，这些步骤有助于确保数据质量。最后进行数据统计分析和相关性分析。

本项目分析流程如图 7.1 所示。

图 7.1　汽车数据可视化与相关性分析流程

7.2.3　功能结构

本项目的功能结构已经在章首页中给出。本项目实现的具体功能如下：
- ☑ 数据预处理：主要实现查看数据、缺失性值的查看与处理、描述性统计分析。
- ☑ 数据统计分析：包括汽车产地占比情况分析和品牌旗下汽车差异情况分析。
- ☑ 相关性分析：包括矩阵图分析相关性、相关系数分析相关性、散点图分析气缸数和马力之间的关系、折线图分析气缸数和油耗之间的关系、箱形图分析产地和油耗之间的关系、散点图分析车型生产年份和油耗之间的关系，以及汽泡图分析油耗、马力和重量之间的关系。

7.3 技术准备

7.3.1 技术概览

汽车数据可视化与相关性分析主要采用 seaborn 模块对其自带的 mpg 数据集进行可视化与相关性分析，同时利用 pandas 模块和 matplotlib 模块进行基本的数据处理和图形绘制。在这里，我们不对这 3 个模块进行详细介绍，因为《Python 数据分析从入门到精通（第 2 版）》一书中已经对它们进行了全面的讲解。对这些模块不够熟悉的读者，可以查阅该书的相关章节以获取更多信息。

seaborn 模块自带的数据集非常适合作为练手项目，因此下面我们将对其进行详细的介绍，以确保读者能够顺利加载和使用这些数据集。

另外，我们还详细讲解一些小而容易被忽略但非常重要且实用的知识点，例如 pandas 模块的 value_counts()方法和 seaborn 模块的 pairplot()函数，并通过实例进行演示，以确保读者不仅可以顺利完成本项目，还能够快速提升数据分析技能，并将这些技能应用于实际开发中。

7.3.2 盘点 seaborn 自带的数据集

seaborn 模块是基于 matplotlib 模块的数据可视化库，它自带了一些数据集，这些数据集可以用于学习和实践，帮助新手更快地上手，同时对于有经验的程序员来说，也是不错的参考资源。这些数据集均以.csv 格式进行存储，默认托管在 GitHub 上，网址为 https://github.com/mwaskom/seaborn-data。

默认情况下，我们可以使用 seaborn 模块的 load_dataset()函数来获取该模块自带的数据集，该函数将返回一个 DataFrame 对象。load_dataset()函数的语法格式如下：

```
seaborn.load_dataset(name, cache=True, data_home=None, **kws)
```

参数说明：
- ☑ name：数据集的名称，为字符串型。
- ☑ cache：是否从网络上下载数据集，布尔型，默认值为 True。如果 cache 的参数值为 True，则表示从本地加载数据集；如果 cache 的参数值为 False，则表示从网络上下载数据集并缓存在本地。
- ☑ data_home：缓存路径，字符串型，可选参数，默认值为 None。可以使用 get_data_home()函数获取该缓存路径。
- ☑ kws：传递给 pandas 模块 read_csv()函数的附加参数。键值对，可选参数。

了解了 load_dataset()函数的语法之后，我们将介绍如何使用该函数加载数据集。需要说明的是，在使用 load_dataset()函数加载数据集时，可能会因为网络不稳定或者没有网络而出现类似如图 7.2 所示的错误提示。

```
File "D:\Python\Python3.12\Lib\urllib\request.py", line 1392, in https_open
    return self.do_open(http.client.HTTPSConnection, req,
    ~~~~~~~~~~~~~~~~~~~~~~~~~~~~~~~~~~~~~~~~~~~~~~~~~~~
File "D:\Python\Python3.12\Lib\urllib\request.py", line 1347, in do_open
    raise URLError(err)
urllib.error.URLError: <urlopen error [Errno 11001] getaddrinfo failed>
```

图 7.2 load_dataset()函数加载数据集时的错误提示

因此，这里建议加载本地数据集。load_dataset()函数会自动在本地路径找到该数据集，实现过程如下。

（1）使用 get_data_home()函数获取数据集默认的存放路径，代码如下：

```
print(sns.get_data_home())
```

运行程序，结果如下：

```
C:\Users\Administrator\AppData\Local\seaborn\seaborn\Cache
```

（2）打开 seaborn 数据集默认路径，如图 7.3 所示。

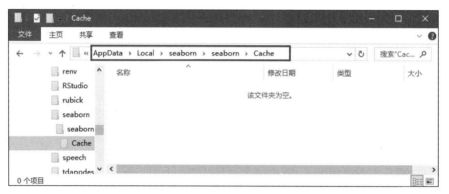

图 7.3　seaborn 数据集默认路径

从图 7.3 中可以看出，Cache 文件夹是空的，因此会出现前面描述的错误。

（3）从官方网址（https://github.com/mwaskom/seaborn-data）下载数据集，如图 7.4 所示，打开"新建下载任务"对话框，单击"下载"按钮，如图 7.5 所示，将数据集下载到本地磁盘上。

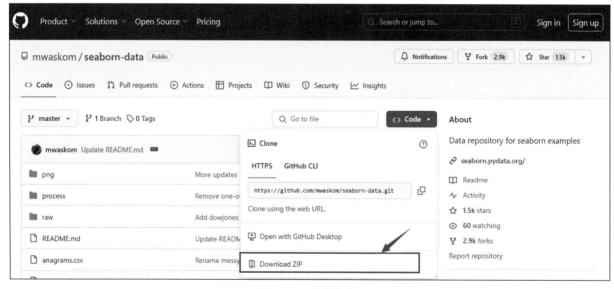

图 7.4　下载数据集

（4）在指定的下载位置找到名为 seaborn-data-master.zip 的压缩文件，并进行解压，然后将解压后的文件夹中的所有文件复制到步骤（2）中 seaborn 数据集默认路径下的 Cache 文件夹中，如图 7.6 所示。之后，我们就可以在程序中顺利地使用 load_dataset()函数加载 seaborn 模块自带的数据集了。

图 7.5　新建下载任务

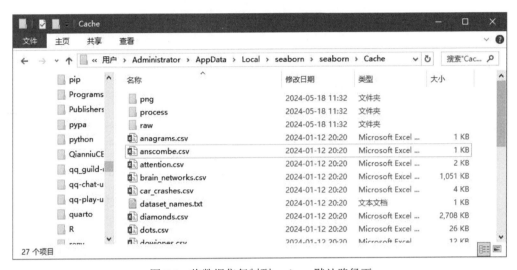

图 7.6　将数据集复制到 seaborn 默认路径下

例如，加载 tips 小费数据集并绘制柱形图，代码如下：

```
import seaborn as sns                        # 导入 seaborn 模块
import matplotlib.pyplot as plt              # 导入 matplotlib 模块
# 加载 seaborn 模块自带的数据集 tips
tips = sns.load_dataset('tips')
# 输出前 5 条数据
print(tips.head())
# 绘制柱状图
sns.barplot(x='day', y='total_bill', data=tips)
# 显示图表
plt.show()
```

运行程序，结果分别如图 7.7 和图 7.8 所示。

	total_bill	tip	sex	smoker	day	time	size
0	16.99	1.01	Female	No	Sun	Dinner	2
1	10.34	1.66	Male	No	Sun	Dinner	3
2	21.01	3.50	Male	No	Sun	Dinner	3
3	23.68	3.31	Male	No	Sun	Dinner	2
4	24.59	3.61	Female	No	Sun	Dinner	4

图 7.7　tips 数据集（前 5 条数据）

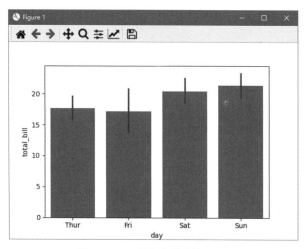

图 7.8　tips 数据集绘制柱形图

下面简单介绍 seaborn 模块自带的数据集，如表 7.1 所示。

表 7.1　seaborn 模块自带的数据集名称及其说明

数据集名称	说　　明
anagrams	字谜数据集
anscombe	安斯科姆数据集，可以练习均值、方差、相关系数、线性回归、绘制散点图
attention	注意力数据集
brain_networks	大脑网络数据集
car_crashes	车祸数据集，通过该数据集可以进行成对关系的探索，绘制散点图、核密度图等，实现交通事故分析与预防
diamonds	钻石数据集，该数据集收集了约 54000 颗钻石的价格和质量的信息。每条记录由 10 个变量构成，分别描述钻石的重量、切工、颜色、净度、深度、砖石的宽度、单价及 X、Y、Z。可用于多项式回归分析与预测
dots	罗伊特曼数据集
dowjones	道琼斯数据集
exercise	练习数据集
flights	航班数据集，该数据集记录了 1949—1960 年，每个月的航班乘客的数量，可进行时间序列分析与预测
fmri	功能性磁共振成像部分数据，仅用于演示和学习
geyser	间歇泉数据集
glue	用于自然语言处理研究的数据集
healthexp	预期寿命与卫生支出数据集
iris	鸢尾花数据集是一个包含 3 个不同品种鸢尾花的数据集合，每个品种都有 50 个样本数据，每个样本数据都有 4 个属性，分别是花萼长度、花萼宽度、花瓣长度和花瓣宽度。通过这些数据，我们可以训练模型来预测鸢尾花卉样本属于这 3 个品种中的哪一个
mpg	汽车数据集
penguins	企鹅数据集
planets	行星数据集
seaice	海冰相关数据集
taxis	出租车数据集
tips	小费数据集，该数据集记录了不同顾客在餐厅的消费账单及小费情况，可用于探索两个变量之间的关系，绘制散点图和核密度图
titanic	泰坦尼克号数据集

7.3.3　value_counts()方法的应用

value_counts()方法是 pandas 模块中 Series 对象的一个非常有用且快速的统计方法。该方法主要用于统计指定列中有多少个不同的数据值，同时计算不同数据值在该列中的个数，并返回排序后的结果。语法格式如下：

```
value_counts(normalize=False, sort=True, ascending=False, bins=None, dropna=True)
```

参数说明：

- ☑ normalize：布尔型，默认值为 False，如果值为 True，则结果将以百分比的形式进行显示。
- ☑ sort：布尔型，默认值为 True，表示对结果进行排序。
- ☑ ascending：布尔型，默认值为 False，表示对结果进行降序排序。
- ☑ bins：自定义分组区间，格式为(bins=1)，仅适用于数值型数据。
- ☑ dropna：布尔型，默认值为 True，表示删除 NaN 值（即空值）。

下面通过具体的示例详细介绍 value_counts()方法的应用。例如，统计 mpg 列中不同数值出现的次数，代码如下：

```
import pandas as pd                          # 导入 pandas 模块
df=pd.read_csv('./data/mpg.csv')             # 读取 CSV 文件
df1=df[:10]                                  # 加载前 10 条数据
print(df1['mpg'].value_counts())             # 统计 mpg 列中不同数值出现的次数
```

运行程序，结果如图 7.9 所示。

设置 ascending 参数值为 True 以进行升序排序，主要代码如下：

```
print(df1['mpg'].value_counts(ascending=True))
```

数据标准化，设置 normalize 参数值为 True，主要代码如下：

```
print(df1['mpg'].value_counts(ascending=True,normalize=True))
```

运行程序，结果如图 7.10 所示。数据标准化主要用于将数值大小不等的数据处理到同一水平线上，以便于比较和加权，常用来计算各数据的占比情况。

数据分组统计，将 mpg 列中的数值集合在 3 个区间里，设置 bins 参数值为 3，主要代码如下：

```
print(df1['mpg'].value_counts(ascending=True,bins=3))
```

运行程序，结果如图 7.11 所示。

```
mpg
15.0    3
14.0    3
18.0    2
16.0    1
17.0    1
```

图 7.9　统计不同数值出现的次数

```
mpg
16.0    0.1
17.0    0.1
18.0    0.2
15.0    0.3
14.0    0.3
```

图 7.10　数据标准化

```
(15.333, 16.667]                    1
(16.667, 18.0]                      3
(13.995000000000001, 15.333]        6
```

图 7.11　数据分组统计

7.3.4　详解 pairplot()函数

pairplot()函数是 seaborn 模块中一个功能强大的函数，它主要通过将散点图和变量分布图组合成矩阵图的形式来展示数据集中数值型变量两两之间的关系，从而为数据分析工作提供直观的参考。该函数的语法格式如下：

```
seaborn.pairplot(data, hue=None, hue_order=None, palette=None, vars=None, x_vars=None, y_vars=None, kind='scatter',
    diag_kind='auto', markers=None, height=2.5, aspect=1, corner=False, dropna=False, plot_kws=None, diag_kws=None,
    grid_kws=None)
```

参数说明：

☑ data：DataFrame 对象。

☑ hue：根据指定的分类变量对数据进行分组，并使用不同的颜色来表示它们，也可以是变量索引。

☑ hue_order：字符串列表，指定分类变量的顺序，用于控制分组颜色的显示顺序。

☑ palette：用于指定颜色的颜色列表或者颜色映射名称。例如，颜色列表['#1f77b4','#ff7f0e','#d62728']、颜色映射名称 cool 或 viridis 等。

☑ vars：要绘制的变量名列表，可以是字符串类型的变量名，也可以是变量索引。

☑ x_vars/y_vars：变量名列表，要绘制的图形的行/列，需要同时指定。

☑ kind：设置全部图形的图形类型，参数值为 scatter（散点图）、reg（散点图+线性回归拟合）、kde（核密度图）、hist（直方图）等。

☑ diag_kind：用于设置对角线的图形类型，参数值为 auto、hist 或 kde。

☑ markers：散点图的标记符号，列表、字典或单个标记符号。

☑ height：标量，用于设置每个图形的大小。

☑ aspect：用于每个图形的宽度（以英寸为单位）。

☑ corner：布尔值，如果参数值为 True，则在对角线上方不加载图形。

☑ dropna：布尔值，如果参数值为 True，则在绘制图形前，删除数据中的缺失值。

☑ plot_kws：用于设置对角线上方或下方图形的其他关键字参数。例如，plot_kws=dict(s=30, linewidth=1)用于设置点的大小和线宽等。

☑ diag_kws：字典，用于设置对角线上图形的其他关键字参数。例如，diag_kws=dict(binwidth=0.5)用于设置直方图柱子的宽度为 0.5。

☑ grid_kws：传递给 PairGrid 构造函数的关键字参数。

下面通过具体的示例介绍 pairplot()函数的主要功能。首先绘制 penguins 数据集的一个简单的矩阵图，代码如下：

```
import pandas as pd                          # 导入 pandas 模块
import seaborn as sns                        # 导入 seaborn 模块
import matplotlib.pyplot as plt              # 导入 matplotlib 模块
# 加载 seaborn 模块自带的数据集 penguins
df = sns.load_dataset('penguins')
# 设置 matplotlib 全局字体大小
plt.rcParams.update({'font.size': 9})
ax=sns.pairplot(df)                          # 绘制矩阵图
ax.fig.set_size_inches(7,5)                  # 设置画布大小
plt.tight_layout()                           # 图形元素自适应
plt.show()                                   # 显示图表
```

运行程序，结果如图 7.12 所示。

（1）对数据进行分组，并且使用不同的颜色来表示它们，代码如下：

```
ax=sns.pairplot(df,hue='species')
```

运行程序，结果如图 7.13 所示。

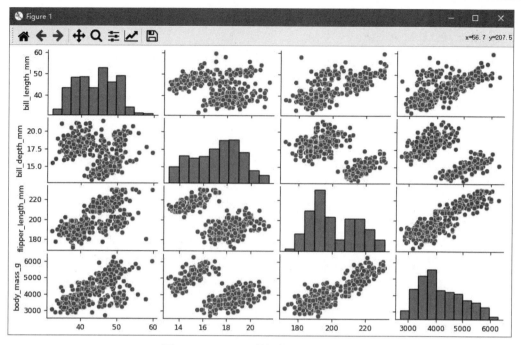

图 7.12　penguins 数据集简单的矩阵图

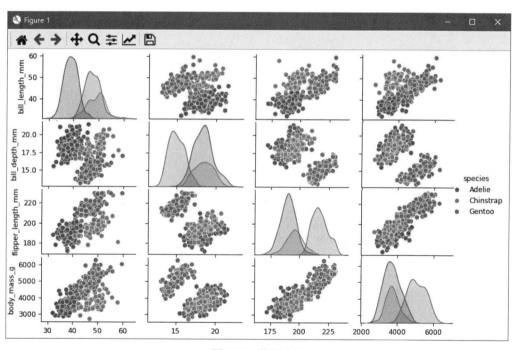

图 7.13　数据分组

（2）将对角线的图形类型设置为直方图，代码如下：

```
ax=sns.pairplot(df,hue="species", diag_kind="hist")
```

运行程序，结果如图 7.14 所示。

（3）将全部图形的类型设置为核密度图，代码如下：

```
ax=sns.pairplot(df,kind="kde")
```

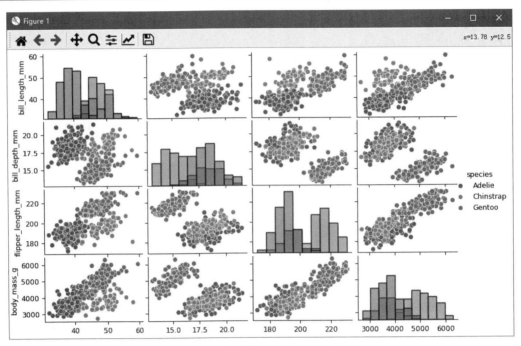

图 7.14　对角线的图形类型为直方图

运行程序，结果如图 7.15 所示。

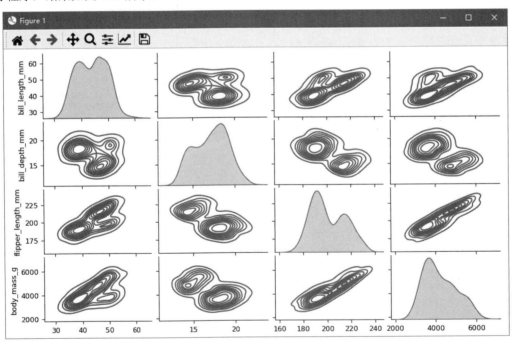

图 7.15　全部图形的类型为核密度图

（4）设置散点图的标记符号，代码如下：

```
ax=sns.pairplot(df, hue="species", markers=["o", "s", "D"])
```

（5）设置图形的大小，代码如下：

```
ax=sns.pairplot(df, height=1.5)
```

（6）指定变量设置行/列图形，代码如下：

```
ax=sns.pairplot(df,x_vars=["bill_length_mm", "bill_depth_mm", "flipper_length_mm"],
                y_vars=["bill_length_mm", "bill_depth_mm"])
```

运行程序，结果如图7.16所示。

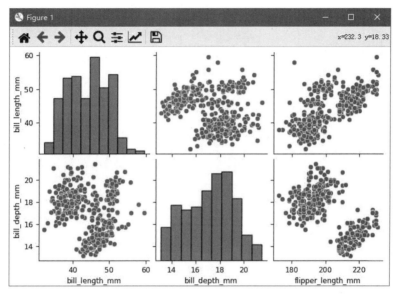

图7.16　指定变量设置行/列图形

（7）设置对角线上方不加载图形，代码如下：

```
ax=sns.pairplot(df, corner=True)
```

运行程序，结果如图7.17所示。

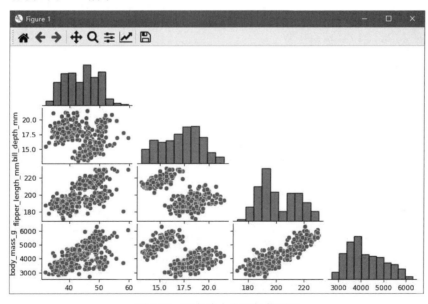

图7.17　对角线上方不加载图形

（8）设置标记符号、线宽和不填充颜色，代码如下：

```
ax=sns.pairplot(df,plot_kws=dict(marker="+", linewidth=1),diag_kws=dict(fill=False))
```

运行程序，结果如图 7.18 所示。

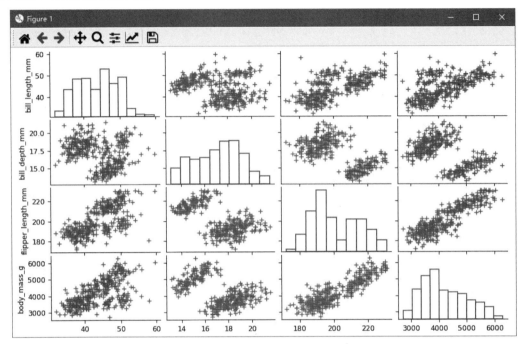

图 7.18　设置标记符号、线宽和不填充颜色

（9）pairplot()函数的返回值为 PairGrid，通过 PairGrid 构造函数进一步定制绘图，代码如下：

```
g = sns.pairplot(df, diag_kind="kde")
g.map_lower(sns.kdeplot, levels=4, color=".2")
```

运行程序，结果如图 7.19 所示。

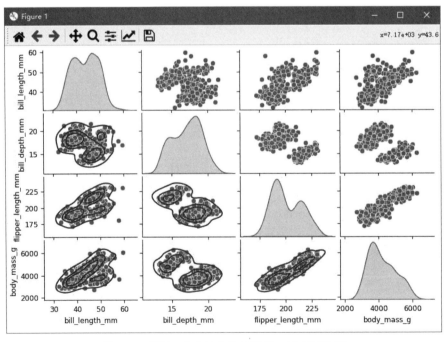

图 7.19　通过 PairGrid 构造函数进一步定制绘图

前面内容对 pairplot() 函数的功能进行了详细的介绍。在实际应用中，pairplot() 函数是一个强大的可视化工具，它可以帮助我们快速了解数据集中各变量之间的关系，对于进行探索性数据分析非常重要。

7.4 前 期 准 备

7.4.1 新建项目目录

开发项目之前，应创建一个项目目录，以保存项目所需的 Python 脚本文件，具体步骤如下：运行 PyCharm，在工程目录（如 PycharmProjects）右击，在弹出的快捷菜单中选择 New→Directory，然后输入名称"汽车数据可视化与相关性分析"，并按 Enter 键，这样项目目录就创建成功了，如图 7.20 所示。

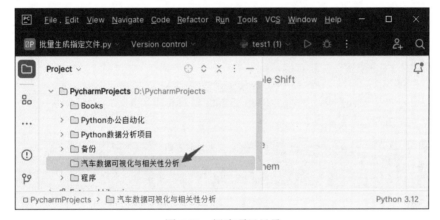

图 7.20　新建项目目录

7.4.2 数据准备

汽车数据可视化与相关性分析的数据来源于 seaborn 自带的数据集 mpg.csv。该数据集包含了 398 条关于汽车信息的记录，详细列出了每辆汽车的燃油效率（即每加仑油英里数）、气缸数量、车的排量、总马力和重量等。这些字段及其说明如表 7.2 所示。

表 7.2　字段及其说明

字　段	说　明
mpg	油耗（即每加仑油英里数）
cylinders	气缸数量
displacement	排量
horsepower	马力
weight	重量
acceleration	加速度
model_year	车型生产年份
origin	产地
name	汽车名称

部分数据截图，如图 7.21 所示。

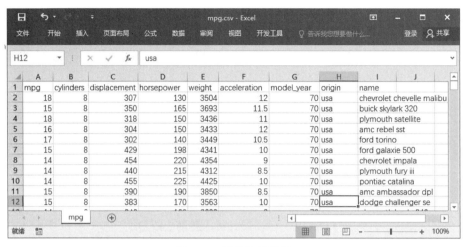

图 7.21　部分数据截图

说明

mpg.csv 是 seaborn 模块自带的数据集，您可以参考 7.3.2 节介绍的方法找到该数据集。为了便于项目开发，我们已经复制了该数据集，并将其保存在 data 文件夹中，开发本项目之前，应将 data 文件夹复制到项目目录中，如图 7.22 所示。

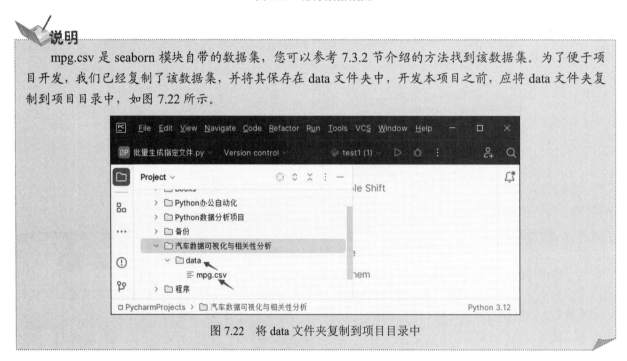

图 7.22　将 data 文件夹复制到项目目录中

7.5　数据预处理

7.5.1　查看数据

下面，我们将使用 DataFrame 对象的 info()方法查看数据的行数、列数、列名称、每列非空值的数量、数据类型和内存使用情况，实现过程如下（源码位置：资源包\Code\07\view_data.py）。

（1）运行 PyCharm，在项目目录下新建一个 Python 文件，并将其命名为 view_data.py。

（2）导入 pandas 模块，代码如下：

```
import pandas as pd
```

（3）首先使用 pandas 模块的 read_csv()函数读取 CSV 文件，然后使用 DataFrame 对象的 info()方法查看数据的行数、列数、列名称、每列非空值的数量等，代码如下：

```
# 读取 CSV 文件
df=pd.read_csv('./data/mpg.csv')
# 查看数据
df.info()
```

运行程序，结果如图 7.23 所示。

```
<class 'pandas.core.frame.DataFrame'>
RangeIndex: 398 entries, 0 to 397
Data columns (total 9 columns):
 #   Column        Non-Null Count  Dtype
---  ------        --------------  -----
 0   mpg           398 non-null    float64
 1   cylinders     398 non-null    int64
 2   displacement  398 non-null    float64
 3   horsepower    392 non-null    float64
 4   weight        398 non-null    int64
 5   acceleration  398 non-null    float64
 6   model_year    398 non-null    int64
 7   origin        398 non-null    object
 8   name          398 non-null    object
dtypes: float64(4), int64(3), object(2)
memory usage: 28.1+ KB
```

图 7.23　查看数据

从运行结果中得知：数据为 398 行 9 列。其中：horsepower 列有 392 个非空值，表明存在小部分数据缺失；而其他列的非空值数量均为 398，说明这些列没有缺失数据。此外，所有数据的类型都是正确的。总体来看，数据质量较好。因此，我们需要进一步分析和处理 horsepower 列中的缺失数据。

7.5.2　缺失值查看与处理

经过 7.5.1 节内容得知，horsepower 列存在小部分缺失数据。下面，我们将首先使用 DataFrame 对象的 isnull()方法结合 any()方法找出包含缺失值的行，主要代码如下（源码位置：资源包\Code\07\view_data.py）：

```
pd.set_option('display.width',10000)                    # 显示宽度
pd.set_option('display.max_columns',1000)               # 最大列数
# isnull()方法结合 any()方法找出包含缺失值的行
print(df[df.isnull().any(axis=1)])
```

运行程序，结果如图 7.24 所示。

	mpg	cylinders	displacement	horsepower	weight	acceleration	model_year	origin	name
32	25.0	4	98.0	NaN	2046	19.0	71	usa	ford pinto
126	21.0	6	200.0	NaN	2875	17.0	74	usa	ford maverick
330	40.9	4	85.0	NaN	1835	17.3	80	europe	renault lecar deluxe
336	23.6	4	140.0	NaN	2905	14.3	80	usa	ford mustang cobra
354	34.5	4	100.0	NaN	2320	15.8	81	europe	renault 18i
374	23.0	4	151.0	NaN	3035	20.5	82	usa	amc concord dl

图 7.24　查看缺失值

由于这几款汽车年代久远，相关的 horsepower（马力）数据没有找到。在这种情况下，如果草率地对其进行删除或者填充，可能会导致后续的数据统计分析工作产生错误的结果。因此，我们决定暂时不对此数据进行处理。

7.5.3 描述性统计分析

描述性统计分析的主要目的是快速查看统计信息。下面使用 DataFrame 对象的 describe()方法分别对数值型数据和字符串型数据进行基本的统计，主要代码如下（源码位置：资源包\Code\07\view_data.py）：

```
pd.set_option('display.precision',2)            # 保留 2 位小数
print(df.describe())                            # 数值型数据描述性统计
print(df.describe(include='object'))            # 字符串型数据描述性统计
```

运行程序，结果如图 7.25 所示。

	mpg	cylinders	displacement	horsepower	weight	acceleration	model_year
count	398.00	398.00	398.00	392.00	398.00	398.00	398.00
mean	23.51	5.45	193.43	104.47	2970.42	15.57	76.01
std	7.82	1.70	104.27	38.49	846.84	2.76	3.70
min	9.00	3.00	68.00	46.00	1613.00	8.00	70.00
25%	17.50	4.00	104.25	75.00	2223.75	13.83	73.00
50%	23.00	4.00	148.50	93.50	2803.50	15.50	76.00
75%	29.00	8.00	262.00	126.00	3608.00	17.18	79.00
max	46.60	8.00	455.00	230.00	5140.00	24.80	82.00

	origin	name
count	398	398
unique	3	305
top	usa	ford pinto
freq	249	6

图 7.25　描述性统计分析

根据运行结果，我们可以了解到数据的整体统计分布情况：数值型数据的统计结果包括记录数、均值、最小值、第一四分位数（25%）、中位数（50%）、第三四分位数（75%）、最大值和标准差，例如 horsepower（马力）75.00 的占 25%，93.50 的占 50%，126.00 的占 75%；字符串型数据统计结果包括记录数、唯一值记录数、出现最多的离散值和出现次数，例如，出现最多的离散值为 usa 和 ford pinto，出现次数分别为 249 和 6，这反映出在 20 世纪 70 年代和 80 年代大多数汽车产自美国，而最常见的汽车品牌是"福特平拖车"。

7.6　数据统计分析

7.6.1 汽车产地占比情况分析

汽车产地占比情况分析主要借助饼形图来完成。我们首先使用 Series 对象的 value_counts()方法对汽车产地 origin 列进行统计计数，然后使用 matplotlib 模块的 pie()函数绘制饼形图，实现过程如下（源码位置：资源包\Code\07\origin_data.py）。

（1）运行 PyCharm，在项目目录下新建一个 Python 文件，并将其命名为 origin_data.py。

（2）导入相关模块，代码如下：

```
import pandas as pd                          # 导入 pandas 模块
import matplotlib.pyplot as plt              # 导入 matplotlib 模块
```

（3）首先使用 pandas 模块的 read_csv()函数读取 CSV 文件，然后使用 Series 对象的 value_counts()方法对汽车产地 origin 列进行统计计数，并输出结果，代码如下：

```
# 读取 CSV 文件
df=pd.read_csv('./data/mpg.csv')
# 按汽车产地进行统计计数
df = df['origin'].value_counts()
print(df)
```

运行程序，结果如图 7.26 所示。

（4）使用 matplotlib 模块的 pie()函数绘制饼形图，代码如下：

```
plt.figure(figsize=(6,5))                    # 设置画布大小
# 绘制饼形图
plt.pie(df, labels = df.index, startangle = 90,counterclock = False,
        autopct='%.1f%%')
# 设置 x 轴和 y 轴的刻度一致，以保证饼图为圆形
plt.axis('equal')
# 显示图表
plt.show()
```

运行程序，结果如图 7.27 所示。

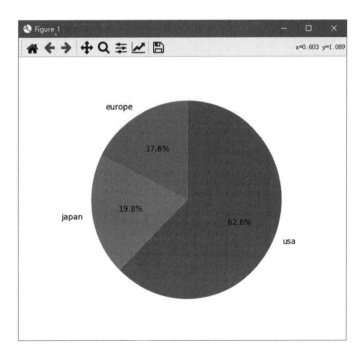

```
origin
usa        249
japan       79
europe      70
```

图 7.26　按 origin 列进行统计计数　　　　　图 7.27　使用饼形图分析汽车产地

从运行结果中得知：产自美国的汽车占据了总数的 62.6%，这一比例明显超过了一半。

7.6.2　品牌旗下汽车差异情况分析

在进行品牌旗下汽车差异情况分析时，我们主要通过水平柱形图来分析各品牌旗下汽车的品种数之间的差异。我们首先使用 Series 对象的 str.split()方法从 name 列中拆分出"品牌"信息，然后使用 Series 对象

的 value_counts()方法对汽车品牌列进行统计计数，最后使用 seaborn 模块的 barplot()函数绘制水平柱形图，实现过程如下（源码位置：资源包\Code\07\brand_data.py）。

（1）运行 PyCharm，在项目目录下新建一个 Python 文件，并将其命名为 brand_data.py。

（2）导入相关模块，代码如下：

```python
import pandas as pd                         # 导入 pandas 模块
import seaborn as sns                       # 导入 seaborn 模块
import matplotlib.pyplot as plt             # 导入 matplotlib 模块
```

（3）首先使用 pandas 模块的 read_csv()函数读取 CSV 文件，然后使用 Series 对象的 str.split()方法从 name 列中拆分出"品牌"信息，最后使用 value_counts()方法统计各品牌旗下汽车的品种数并输出 Top10，代码如下：

```python
# 读取 CSV 文件
df=pd.read_csv('./data/mpg.csv')
# 从 name 字段中拆分出品牌
s=df['name'].str.split(' ',expand=True)
df['品牌']=s[0]
# 按品牌进行统计计数
df1 = df['品牌'].value_counts()
print(df1.head(10))
```

运行程序，结果如图 7.28 所示。

（4）使用 seaborn 模块的 barplot()函数绘制水平柱形图，代码如下：

```python
plt.rcParams['font.sans-serif']=['SimHei']          # 解决中文乱码问题
plt.figure(figsize=(7,5))                           # 设置画布大小
sns.barplot(x=df1.values,y=df1.index,orient='h')    # 绘制水平柱形图
plt.title('品牌旗下汽车差异情况分析')                 # 图表标题
plt.show()                                          # 显示图表
```

运行程序，结果如图 7.29 所示。

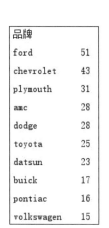

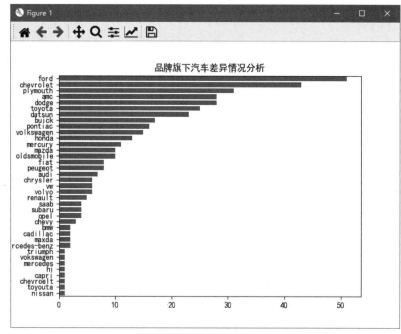

图 7.28　各品牌旗下汽车品种数 Top10　　　　图 7.29　品牌旗下汽车差异情况分析

从运行结果中得知：ford（福特）品牌旗下汽车数量最多，其次是 chevrolet（雪佛兰）和 plymouth（普利茅斯）等品牌。

7.7 相关性分析

7.7.1 矩阵图分析相关性

为了通过矩阵图分析相关性，我们主要使用 seaborn 模块的 pairplot()函数来绘制矩阵图，以此分析数值型变量之间的两两关系，实现过程如下（源码位置：资源包\Code\07\pairplot_data.py）。

（1）运行 PyCharm，在项目目录下新建一个 Python 文件，并将其命名为 pairplot_data.py。

（2）导入相关模块，代码如下：

```python
import pandas as pd              # 导入 pandas 模块
import seaborn as sns           # 导入 seaborn 模块
import matplotlib.pyplot as plt  # 导入 matplotlib 模块
```

（3）使用 pandas 模块的 read_csv()函数读取 CSV 文件，代码如下：

```python
df=pd.read_csv('./data/mpg.csv')
```

（4）使用 seaborn 模块的 pairplot()函数绘制矩阵图，代码如下：

```python
# 设置 matplotlib 全局字体大小
plt.rcParams.update({'font.size': 9})
ax=sns.pairplot(df)              # 绘制矩阵图
ax.fig.set_size_inches(8,6)      # 设置画布大小
sns.set(style='whitegrid')       # 绘图风格
plt.tight_layout()               # 图形元素自适应
plt.show()                       # 显示图表
```

运行程序，结果如图 7.30 所示。

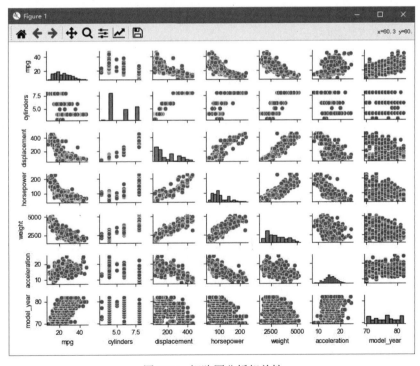

图 7.30 矩阵图分析相关性

从运行结果中得知：对角线是直方图，描绘了每个变量的数值分布情况；对角线上方和下方是变量与变量之间的两两关系散点图。从这些散点图中可以看出，mpg（油耗）与 cylinders（气缸数）、displacement（排量）、horsepower（马力）和 weight（重量）存在着线性关系，并且相关性较强。

7.7.2　相关系数分析相关性

相关系数的优点在于，它可以通过数字对变量的关系进行度量，并且带有方向性，其中 1 表示正相关，−1 表示负相关，而数字越靠近 0 则表示相关性越弱。然而，相关系数的缺点在于它本身并不足以直接用于对数据进行预测。下面使用 DataFrame 对象的 corr()方法计算相关系数，实现过程如下（源码位置：资源包\Code\07\corr_data.py）。

（1）运行 PyCharm，在项目目录下新建一个 Python 文件，并将其命名为 corr_data.py。

（2）导入 pandas 模块，代码如下：

```
import pandas as pd                                      # 导入 pandas 模块
```

（3）使用 pandas 模块的 read_csv()函数读取 CSV 文件中的数值型数据，代码如下：

```
df=pd.read_csv('./data/mpg.csv',usecols=[0,1,2,3,4,5,6])
```

（4）使用 DataFrame 对象的 corr()方法计算相关系数，代码如下：

```
pd.set_option('display.width',10000)                     # 显示宽度
pd.set_option('display.max_columns',1000)                # 最大列数
print(df.corr())                                         # 计算相关系数
```

运行程序，结果如图 7.31 所示。

	mpg	cylinders	displacement	horsepower	weight	acceleration	model_year
mpg	1.000000	-0.775396	-0.804203	-0.778427	-0.831741	0.420289	0.579267
cylinders	-0.775396	1.000000	0.950721	0.842983	0.896017	-0.505419	-0.348746
displacement	-0.804203	0.950721	1.000000	0.897257	0.932824	-0.543684	-0.370164
horsepower	-0.778427	0.842983	0.897257	1.000000	0.864538	-0.689196	-0.416361
weight	-0.831741	0.896017	0.932824	0.864538	1.000000	-0.417457	-0.306564
acceleration	0.420289	-0.505419	-0.543684	-0.689196	-0.417457	1.000000	0.288137
model_year	0.579267	-0.348746	-0.370164	-0.416361	-0.306564	0.288137	1.000000

图 7.31　相关系数矩阵

从运行结果中得知：mpg（油耗）与 mpg（油耗）自身的相关性是 1，表明完全正相关；mpg（油耗）与 cylinders（气缸数）、displacement（排量）、horsepower（马力）和 weight（重量）之间存在着负相关性，并且这种相关性较强。

7.7.3　散点图分析气缸数和马力之间的关系

为了通过散点图分析气缸数和马力之间的关系，我们主要使用 seaborn 模块的 relplot()函数来绘制散点图，实现过程如下（源码位置：资源包\Code\07\cy_hp_data.py）。

（1）运行 PyCharm，在项目目录下新建一个 Python 文件，并将其命名为 cy_hp_data.py。

（2）导入相关模块，代码如下：

```
import pandas as pd                                      # 导入 pandas 模块
import seaborn as sns                                    # 导入 seaborn 模块
import matplotlib.pyplot as plt                          # 导入 matplotlib 模块
```

（3）使用 pandas 模块的 read_csv()函数读取 CSV 文件，代码如下：

```
df=pd.read_csv('./data/mpg.csv')
```

（4）使用 seaborn 模块的 relplot()函数绘制散点图，并将参数 kind 设置为 scatter，代码如下：

```
sns.set(style="ticks")                              # 绘图风格
# 散点图分析 cylinders 和 horsepower 之间的关系
sns.relplot(x="cylinders", y="horsepower", data=df, kind="scatter")
plt.show()                                          # 显示图表
```

运行程序，结果如图 7.32 所示。

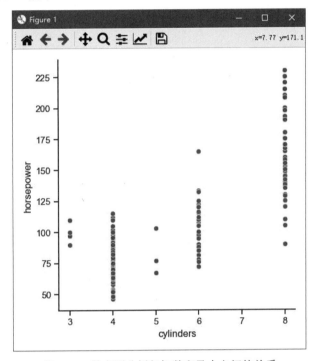

图 7.32　散点图分析气缸数和马力之间的关系

从运行结果中得知：气缸和马力之间存在着非常强的正相关关系，即气缸越多，马力也越大。

7.7.4　折线图分析气缸数和油耗之间的关系

为了通过折线图分析气缸数和油耗之间的关系，我们主要使用 seaborn 模块的 relplot()函数来绘制折线图，实现过程如下（源码位置：资源包\Code\07\cy_mpg_data.py）。

（1）运行 PyCharm，在项目目录下新建一个 Python 文件，并将其命名为 cy_mpg_data.py。

（2）导入相关模块，代码如下：

```
import pandas as pd                  # 导入 pandas 模块
import seaborn as sns                # 导入 seaborn 模块
import matplotlib.pyplot as plt      # 导入 matplotlib 模块
```

（3）使用 pandas 模块的 read_csv()函数读取 CSV 文件，代码如下：

```
df=pd.read_csv('./data/mpg.csv')
```

（4）使用 seaborn 模块的 relplot()函数绘制折线图，并将 kind 参数值设置为 line，代码如下：

```
sns.set(style="ticks")                              # 绘图风格
# 折线图分析 cylinders 和 mpg 之间的关系
sns.relplot(x="cylinders", y="mpg", data=df, kind="line")
plt.show()                                          # 显示图表
```

运行程序，结果如图 7.33 所示。

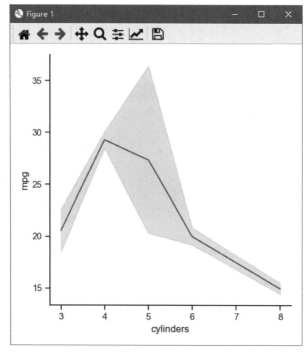

图 7.33　折线图分析气缸数和油耗之间的关系

从运行结果中得知：气缸数的增加并不一定导致油耗的增加。实际上，油耗还可能受到汽车其他功能因素的影响，例如汽车空调和娱乐设备的增加，这些因素也会相应地增加油耗。

7.7.5　产地和油耗之间的关系

为了通过箱形图分析产地和油耗之间的关系，我们主要使用 seaborn 模块的 boxplot()函数来绘制箱形图，实现过程如下（源码位置：资源包\Code\07\origin_mpg_data.py）。

（1）运行 PyCharm，在项目目录下新建一个 Python 文件，并将其命名为 origin_mpg_data.py。

（2）导入相关模块，代码如下：

```
import pandas as pd                                 # 导入 pandas 模块
import seaborn as sns                               # 导入 seaborn 模块
import matplotlib.pyplot as plt                     # 导入 matplotlib 模块
```

（3）使用 pandas 模块的 read_csv()函数读取 CSV 文件，代码如下：

```
df=pd.read_csv('./data/mpg.csv')
```

（4）使用 seaborn 模块的 boxplot()函数绘制箱形图，代码如下：

```
sns.set(style="ticks")                              # 绘图风格
# 箱形图分析 origin 和 mpg 之间的关系
sns.boxplot(x="origin", y="mpg", data=df)
plt.show()                                          # 显示图表
```

运行程序，结果如图 7.34 所示。

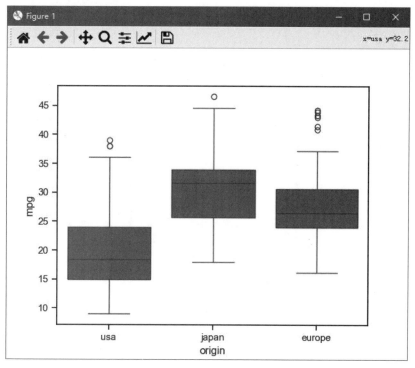

图 7.34　箱形图分析产地和油耗之间的关系

从运行结果中得知：日产汽车相对来说比较耗油。

7.7.6　车型生产年份和油耗之间的关系

为了通过散点图分析车型生产年份和油耗之间的关系，我们主要使用 seaborn 模块的 scatterplot()函数来绘制散点图，实现过程如下（源码位置：资源包\Code\07\year_mpg_data.py）。

（1）运行 PyCharm，在项目目录下新建一个 Python 文件，并将其命名为 year_mpg_data.py。

（2）导入相关模块，代码如下：

```
import pandas as pd                    # 导入 pandas 模块
import seaborn as sns                  # 导入 seaborn 模块
import matplotlib.pyplot as plt        # 导入 matplotlib 模块
```

（3）使用 pandas 模块的 read_csv()函数读取 CSV 文件，代码如下：

```
df=pd.read_csv('./data/mpg.csv')
```

（4）使用 seaborn 模块的 scatterplot()函数绘制散点图，代码如下：

```
sns.set(style="ticks")                 # 绘图风格
# 散点图分析 model_year 和 mpg 之间的关系
sns.scatterplot(x="model_year", y="mpg", data=df)
plt.show()                             # 显示图表
```

运行程序，结果如图 7.35 所示。

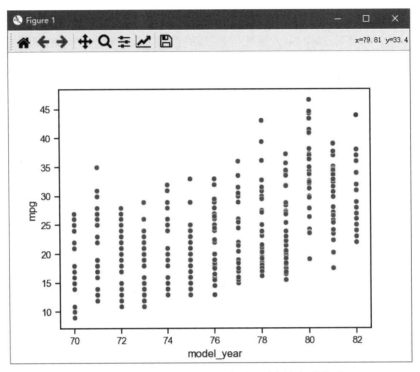

图 7.35　散点图分析车型生产年份和油耗之间的关系

从运行结果中得知：随着车型生产年份的增长，部分汽车油耗有所增加，这很可能是因为汽车功能越来越多造成的。

7.7.7　油耗、马力和重量之间的关系

为了通过气泡图分析油耗、马力和重量之间的关系，我们主要使用 seaborn 模块的 relplot()函数来绘制气泡图，实现过程如下（源码位置：资源包\Code\07\hp_mpg_weight_data.py）。

（1）运行 PyCharm，在项目目录下新建一个 Python 文件，并将其命名为 hp_mpg_weight_data.py。

（2）导入相关模块，代码如下：

```
import pandas as pd                          # 导入 pandas 模块
import seaborn as sns                        # 导入 seaborn 模块
import matplotlib.pyplot as plt              # 导入 matplotlib 模块
```

（3）使用 pandas 模块的 read_csv()函数读取 CSV 文件，代码如下：

```
df=pd.read_csv('./data/mpg.csv')
```

（4）使用 seaborn 模块的 relplot()函数绘制气泡图，代码如下：

```
# 绘制气泡图
ax=sns.relplot(x="horsepower", y="mpg", hue="origin", size="weight",
               sizes=(30, 300), alpha=.8, palette="muted",
               height=6, data=df)
ax.fig.set_size_inches(6,5)                  # 设置画布大小
plt.show()                                   # 显示图表
```

运行程序，结果如图 7.36 所示。

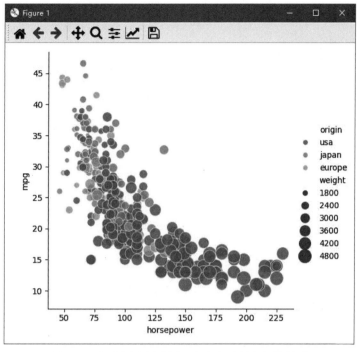

图 7.36　气泡图分析油耗、马力和重量之间的关系

7.8　项　目　运　行

通过前述步骤，我们已经设计并完成了"汽车数据可视化与相关性分析"项目的开发。"汽车数据可视化与相关性分析"项目目录包括 13 个 Python 脚本文件，如图 7.37 所示。

图 7.37　项目目录

下面按照开发过程运行脚本文件，以检验我们的开发成果。例如，运行 view_data.py，双击该文件，右

侧 "代码窗口" 将显示全部代码，然后右击，在弹出的快捷菜单中选择 Run 'view_data'命令（见图 7.38），即可运行程序。

图 7.38　运行 data_view.py

其他脚本文件按照图 7.37 给出的顺序进行运行，这里就不再赘述了。

7.9　源 码 下 载

本章虽然详细地讲解了如何通过 pandas 模块、matplotlib 模块和 seaborn 模块实现 "汽车数据可视化与相关性分析" 的各个功能，但给出的代码都是代码片段，而非完整的源代码。为了方便读者学习，本书提供了用于下载完整源代码的二维码。

源码下载

第 8 章

抖音电商数据分析系统

——pandas + numpy + pyecharts

随着抖音直播平台不断地扩大，抖音电商也随之发展壮大，吸引了众多企业纷纷入驻抖音电商平台，开启直播带货、抖店运营等，这就产生了大量的数据，而通过数据分析，企业能够在抖音平台竞争中找到自己的优势，进而吸引更多流量，实现销售业绩的增长。本章将通过 pandas 模块、numpy 模块和 pyecharts 模块实现抖音电商数据分析系统。

本项目的核心功能及实现技术如下：

项目微视频

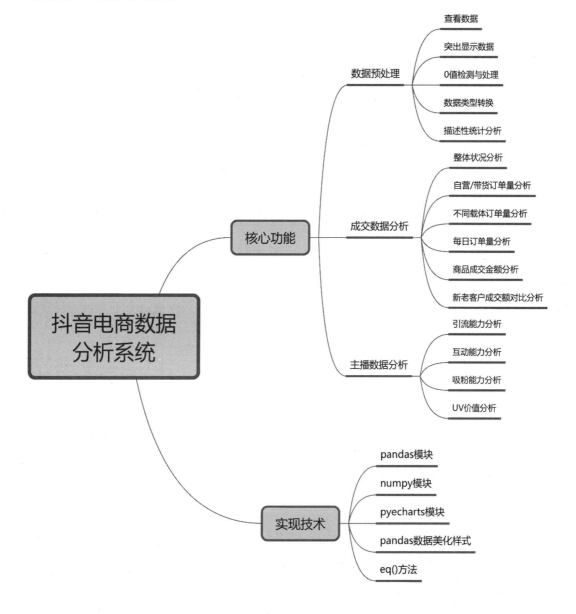

8.1 开 发 背 景

尽管抖音商家后台提供了数据分析功能，但仅限于查看一段时间内的数据，这使得其在使用上不够便捷，且难以全面满足企业的多样化需求。那么，通过下载抖音商家后台的数据，并利用 Python 提供的相关数据分析模块进行深度剖析，我们不仅能够更灵活地运用这些数据，还能有效地帮助企业解决问题。同时，这一过程还能让我们学习到不同行业中数据的多样化分析方法，从而进一步提升我们的数据分析能力和运营技能。

本章将使用 pandas 模块、numpy 模块和 pyecharts 模块对抖音电商数据进行分析，分析内容涵盖整体情况分析、自营/带货订单量分析、不同载体订单量分析、每日订单量分析、商品成交金额分析、新老客户成交额对比分析、主播引流能力分析等。

8.2 系 统 设 计

8.2.1 开发环境

本项目的开发及运行环境如下：
- ☑ 操作系统：推荐 Windows 10、Windows 11 或更高版本。
- ☑ 编程语言：Python 3.12。
- ☑ 开发环境：Anaconda3、Jupyter Notebook。
- ☑ 第三方模块：pandas（2.1.4）、openpyxl（3.1.2）、numpy（1.26.3）、pyecharts（2.0.5）。

8.2.2 分析流程

抖音电商数据分析系统的分析流程如下：首先应准备数据；然后进行数据预处理，这包括查看数据、突出显示数据、0 值检测与处理、数据类型转换和描述性统计分析；最后进行成交数据分析和主播数据分析。

本项目分析流程如图 8.1 所示。

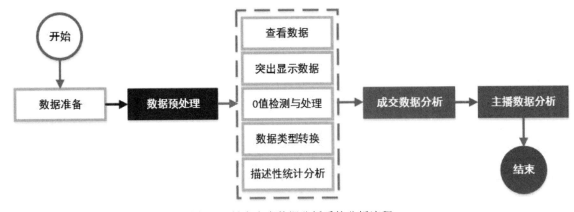

图 8.1 抖音电商数据分析系统分析流程

8.2.3　功能结构

本项目的功能结构已经在章首页中给出。本项目实现的具体功能如下：

☑　数据预处理：首先查看数据和突出显示数据，然后进行 0 值检测与处理、数据类型转换和描述性统计分析。

☑　成交数据分析：包括整体情况分析、自营/带货订单量分析、不同载体订单量分析、每日订单量分析、商品成交金额分析和新老客户成交金额对比分析。

☑　主播数据分析：包括引流能力分析、互动能力分析、吸粉能力分析和 UV 价值分析。

8.3　技　术　准　备

8.3.1　技术概览

抖音电商数据分析系统主要采用了 pandas、numpy 和 pyecharts 这 3 个模块。由于篇幅限制，本文将不会深入介绍这 3 个模块。对这些模块还不够熟悉的读者，我们强烈建议参考《Python 数据分析从入门到精通（第 2 版）》一书，该书中对它们有详尽的讲解。

pandas 模块是一款功能强大且高效的模块，它是数据分析领域中极为重要的工具之一。pandas 模块提供了众多函数和方法，使我们能够快速便捷地处理数据。此外，pandas 模块在处理数据细节方面还提供了一些独具特色的功能，比如提供了数据美化和数据比较的功能，这些功能可以分别通过 pandas 模块中 DataFrame 对象的 Style 类提供的一系列函数，以及 DataFrame 对象的 eq() 方法来实现。

接下来，我们将详细阐述这两部分内容，并通过实例进行演示，以确保读者可以顺利完成本项目，同时深入掌握更多的关于 pandas 模块的知识与应用技巧。

8.3.2　pandas 数据美化样式汇总

熟悉 Word 或 Excel 的读者会知道，在使用这些应用程序时，我们通常会对重要内容进行格式美化，如通过加粗、改变字体颜色等方式来突出显示。类似地，pandas 模块也提供了数据美化功能，可以帮助数据分析师更快地查看数据并发现其中的问题。要在 pandas 模块中实现这一功能，需要在 Jupyter Notebook 环境中进行操作。

Jupyter Notebook 支持使用 CSS 来修改表格样式，进而实现对数据输出样式进行美化。这一功能主要通过 pandas 模块中 DataFrame 对象的 Style 类提供的一系列函数来实现。接下来，我们将对这些函数进行详细介绍。

（1）突出显示缺失值（highlight_null() 函数）。

突出显示缺失值主要通过使用 highlight_null() 函数实现，其中通过 color 参数来指定用于突出显示缺失值的颜色，例如下面的代码：

```
# 导入 pandas 模块
import pandas as pd
# 读取 Excel 文件
df=pd.read_excel('test.xlsx')
df.style.highlight_null(color= 'red')
```

运行程序，结果如图 8.2 所示。

（2）突出显示每列中的最大值或最小值。

要突出显示每列中的最大值或最小值，可以使用 highlight_max()函数或 highlight_min()函数。该函数的 subset 参数用于指定要应用样式的列或列的列表，而 color 参数用于指定突出显示的颜色。例如，要突出显示"数学"最高分和最低分，可以使用以下代码：

```
df.style.highlight_max(subset='数学', color='red')
df.style.highlight_min(subset='数学', color='green')
```

（3）突出显示指定区间（highlight_between()函数）。

要突出显示指定区间内的数据，可以使用 highlight_between()函数。该函数接收 4 个参数：subset 参数用于指定要应用样式的列名或列名的列表；left 参数用于指定区间的起始值；right 参数用于指定区间的结束值；color 参数用于指定突出显示的颜色。例如，要突出显示 "数学"列中分数为 120～140 的数据，同时突出显示"语文"列中分数为 100～120 的数据，可以使用以下代码：

```
df1=(df.style.highlight_between(subset='数学', left=120, right=140, color='yellow')
    .highlight_between(subset='语文', left=100, right=120, color='blue'))
df1
```

运行程序，结果如图 8.3 所示。

图 8.2　突出显示缺失值

图 8.3　突出显示指定区间

（4）突出显示分位数（highlight_quantile()函数）。

要突出显示分位数，可以使用 highlight_quantile()函数。该函数接收 4 个参数：subset 参数用于指定要应用样式的列或列的列表；q_left 参数用于设置要突出显示的分位数的起始值（为 0～1 的数）；q_right 参数用于设置要突出显示的分位数的终止值（为 0～1 的数）；color 参数用于指定突出显示的颜色。例如，要突出显示"数理化"这三科分位点为 0.5～0.75 的分数，即中上等的学生，可以使用以下代码：

```
df.style.highlight_quantile(subset=['数学','物理','化学'],q_left=0.5,q_right=0.75, color='yellow')
```

运行程序，结果如图 8.4 所示。

（5）背景填充色突出显示数据（background_gradient()函数）。

background_gradient()函数用于设置背景填充色，以便通过指定的背景颜色来突出显示数据。例如，使用渐变颜色突出显示数据，代码如下：

```
df.style.background_gradient(cmap='BuGn')
```

运行程序，结果如图 8.5 所示。

	姓名	语文	数学	英语	物理	化学	生物
0	同学1	96	120.000000	111.000000	85	88	90.000000
1	同学2	91	nan	nan	94	83	82.000000
2	同学3	105	110.000000	109.500000	80	90	81.000000
3	同学4	90	128.000000	100.500000	90	77	nan
4	同学5	83	118.000000	97.000000	96	89	86.000000
5	同学6	89	119.000000	102.000000	80	87	88.500000
6	同学7	94	113.000000	nan	80	77	85.000000
7	同学8	101	116.000000	78.000000	87	90	87.000000
8	同学9	106	97.000000	93.500000	87	88	84.000000
9	同学10	94	112.000000	115.500000	73	79	81.000000

图8.4　突出显示分位数

图8.5　背景填充色突出显示数据

（6）数据条突出显示数据（bar()函数）。

bar()函数用于设置数据条以突出显示数据。例如，首先按"物理"成绩进行降序排序，然后使用数据条突出显示"物理"成绩，代码如下：

```
df1=df.sort_values(by=['物理'],ascending=False)
df1.style.bar(subset=['物理'], align='left', color='#1E90FF')
```

运行程序，结果如图8.6所示。

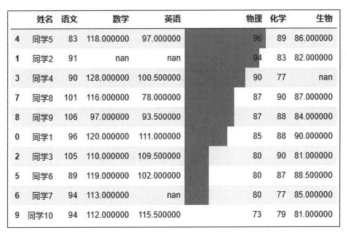

	姓名	语文	数学	英语	物理	化学	生物
4	同学5	83	118.000000	97.000000	96	89	86.000000
1	同学2	91	nan	nan	94	83	82.000000
3	同学4	90	128.000000	100.500000	90	77	nan
7	同学8	101	116.000000	78.000000	87	90	87.000000
8	同学9	106	97.000000	93.500000	87	88	84.000000
0	同学1	96	120.000000	111.000000	85	88	90.000000
2	同学3	105	110.000000	109.500000	80	90	81.000000
5	同学6	89	119.000000	102.000000	80	87	88.500000
6	同学7	94	113.000000	nan	80	77	85.000000
9	同学10	94	112.000000	115.500000	73	79	81.000000

图8.6　数据条突出显示数据

（7）格式化数据（format()函数）。

format()函数可用于对数据进行格式化，例如下面的代码：

```
# 保留小数点1位
df.style.format( "{:.1f}",subset=['数学','英语','生物'])
# 格式化为百分比
df.style.format( "{:.2%}",subset=['数学'])
```

我们还可以使用 na_rep 参数对缺失值进行替换，例如，将缺失值替换为"缺考""-"或"0"等，代码如下：

```
# 使用"缺考"替换缺失值
df.style.format( None, na_rep= "缺考")
# 使用"-"替换缺失值
df.style.format( None, na_rep= "-")
```

```
# 使用"0"替换缺失值
df.style.format( None, na_rep= "0")
```

（8）数据美化后，可以将其导出为 Excel 文件。

完成数据美化后，可以直接使用 DataFrame 对象的 to_excel()方法将其导出为 Excel 文件。需要注意的是，应将 engine 设置参数为 openpyxl，例如下面的代码：

```
df1=(df.style.highlight_between(subset='数学', left=120, right=140, color='yellow')
     .highlight_between(subset='语文', left=100, right=120, color='blue'))
df1.to_excel( 'style.xlsx', engine= 'openpyxl',index=False)
```

8.3.3　eq()方法详解

pandas 模块中的 Dataframe 对象的 eq()方法提供了一种方便且灵活的方式，用于比较 DataFrame 对象与常量、Series 对象或另一个 DataFrame 对象是否相等。该方法的语法格式如下：

```
DataFrame.eq(other, axis='columns', level=None)
```

参数说明：

☑　other：Series 对象、DataFrame 对象或常量。

☑　axis：0 或 index 表示行，0 或 columns 表示列。

☑　level：默认值为 None（无），表示多层索引的层级。

下面通过具体的示例介绍 eq()方法的用法。

（1）与常量比较。

例如，查找学生成绩表中等于 80 的数据，代码如下：

```
# 导入 pandas 模块
import pandas as pd
# 读取 Excel 文件
df=pd.read_excel('test.xlsx')
# 查找等于 80 的数据
df.eq(80)
```

运行程序，结果如图 8.7 所示。

	姓名	语文	数学	英语	物理	化学	生物
0	False	False	False	False	False	True	False
1	False	False	False	False	False	False	True
2	False	False	False	False	True	False	False
3	False	False	False	False	False	False	False
4	False	True	False	False	False	False	True
5	False	True	False	False	True	False	False
6	False	False	True	False	True	False	False
7	False	False	False	True	False	False	False
8	False	False	False	False	False	False	False
9	False	False	False	False	False	False	False

图 8.7　查找等于 80 的数据

从运行结果中得知：eq()方法返回的是一个布尔值 DataFrame，其中 True 表示相应位置的值等于 80，而 False 表示不等于 80。如果需要统计等于 80 的元素数量，可以直接对这个布尔值 DataFrame 应用 sum()函数，代码如下：

```
df.eq(80).sum()
```

还可以比较某一列的数据与常量是否相等。例如，查找"物理"成绩等于 80 的数据，代码如下：

```
df['物理'].eq(80)
```

（2）与 Series 对象比较。

与 Series 对象比较是否相等。例如，创建一列数据与学生成绩数据按行进行比较，代码如下：

```
s = pd.Series([80,80,80,90,80,80,80,90,93.5,112])
df.eq(s,axis='index')
```

运行程序，结果如图 8.8 所示。

	姓名	语文	数学	英语	物理	化学	生物
0	False	False	False	False	False	True	False
1	False	False	False	False	False	False	True
2	False	False	False	False	True	False	False
3	False	True	False	False	True	False	False
4	False	True	False	False	False	False	True
5	False	False	False	False	True	False	False
6	False	False	True	False	True	False	False
7	False	False	False	False	False	True	False
8	False	False	False	True	False	False	False
9	False	False	True	False	False	False	False

图 8.8　与一列数据按行进行比较

8.4　前　期　准　备

8.4.1　数据准备

抖音电商数据分析系统数据集主要来源于抖音商家后台数据。首先，需要下载成交分析数据和抖音直播数据，然后对这些数据进行整理。整理后的数据集将被存放在名为 data 的文件夹中，其中包括"成交数据.xlsx"和"直播数据.xlsx"两个文件，如图 8.9 所示。

图 8.9　抖音电商数据分析系统所需的数据集

8.4.2　新建 Jupyter Notebook 文件

下面将介绍如何新建 Jupyter Notebook 文件夹以及如何新建 Jupyter Notebook 文件，具体步骤如下。

（1）在系统"搜索"文本框中输入 Jupyter Notebook，然后启动 Jupyter Notebook。

（2）新建一个 Jupyter Notebook 文件夹，单击右上角的 New 按钮，并选择 Folder，如图 8.10 所示，此时会在当前页面列表中默认创建一个名为 Untiled Folder 的文件夹。接下来重命名该文件夹，选中该文件夹前面的复选框，然后单击 Rename 按钮，如图 8.11 所示。打开"重命名路径"对话框，在"请输入一个新的路径"文本框中输入"抖音电商数据分析系统"，如图 8.12 所示，然后单击"重命名"按钮。

图 8.10　新建 Jupyter Notebook 文件夹

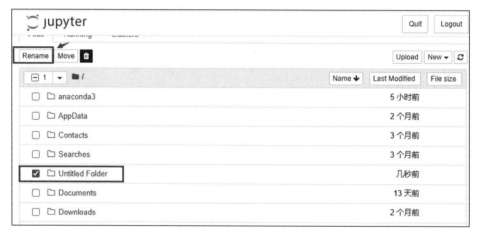

图 8.11　选中 Untiled Folder 文件夹前的复选框

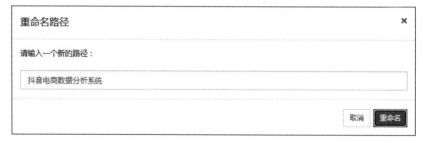

图 8.12　重命名 Untiled Folder 文件夹

（3）将 data 文件夹复制到"抖音电商数据分析系统"项目文件夹中，一般为安装 Anaconda 时的默认路径，如图 8.13 所示。

（4）新建 Jupyter Notebook 文件。单击"抖音电商数据分析系统"文件夹，进入该文件夹，单击右上角的 New 按钮，我们由于要创建的是 Python 文件，因此选择 Python 3（ipykernel），如图 8.14 所示。

文件创建完成后，会打开如图 8.15 所示的窗口，我们可以在该窗口中开始编写代码。至此，新建 Jupyter Notebook 文件的工作就完成了。接下来，我们将介绍编写代码的过程。

图 8.13　将 data 文件夹复制到项目文件夹中

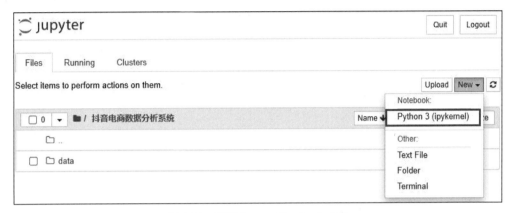

图 8.14　新建 Jupyter Notebook 文件

图 8.15　代码编辑窗口

8.4.3　导入必要的库

本项目主要使用 pandas、numpy、pyecharts 模块，下面在 Jupyter Notebook 中导入项目所需的模块，代码如下：

```
import pandas as pd
import numpy as np
from pyecharts.components import Table
from pyecharts.options import ComponentTitleOpts
from pyecharts.charts import Pie
from pyecharts.charts import Line
from pyecharts.charts import Bar
from pyecharts import options as opts
```

8.5 数据预处理

8.5.1 查看数据

下面，我们首先使用 pandas 模块的 read_excel()方法读取 Excel 文件，然后使用 DataFrame 对象的 info() 方法查看数据的详细信息，包括数据类型、非空值的数量以及内存使用量等，代码如下：

```
df=pd.read_excel('./data/成交数据.xlsx')          # 读取 Excel 文件
df.info()                                        # 查看数据信息
```

运行程序，结果如图 8.16 所示。

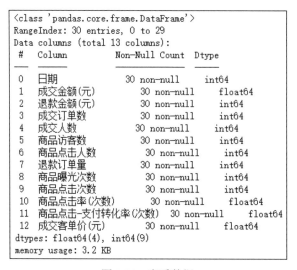

```
<class 'pandas.core.frame.DataFrame'>
RangeIndex: 30 entries, 0 to 29
Data columns (total 13 columns):
 #   Column              Non-Null Count  Dtype
---  ------              --------------  -----
 0   日期                  30 non-null     int64
 1   成交金额(元)             30 non-null     float64
 2   退款金额(元)             30 non-null     int64
 3   成交订单数              30 non-null     int64
 4   成交人数              30 non-null     int64
 5   商品访客数              30 non-null     int64
 6   商品点击人数            30 non-null     int64
 7   退款订单量              30 non-null     int64
 8   商品曝光次数            30 non-null     int64
 9   商品点击次数            30 non-null     int64
 10  商品点击率(次数)         30 non-null     float64
 11  商品点击-支付转化率(次数)    30 non-null     float64
 12  成交客单价(元)           30 non-null     float64
dtypes: float64(4), int64(9)
memory usage: 3.2 KB
```

图 8.16 查看数据

从运行结果中得知：数据集包含 30 行和 13 列，且没有缺失值。然而"日期"的数据类型不正确，它应该是一个日期型数据，但目前显示为数值型。另外，所有列的数据类型都是数值型。

8.5.2 突出显示数据

由于所有列的数据都是数值型，我们可以通过应用渐变颜色来突出显示数据，以更好地观察数据的整体情况。下面，我们将使用 DataFrame 对象的 Styler 类的 background_gradient()函数对所有数据进行颜色渐变映射，从而达到美化数据和突出重点的目的，代码如下：

```
# 使用 background_gradient()函数进行渐变颜色显示
df1 = df.style.background_gradient(cmap='BuGn')
# 显示结果
df1
```

运行程序，结果如图 8.17 所示。

从运行结果中得知：每一列数据值越大，颜色越深；反之数据值越小，颜色越浅。通过这种渐变颜色，我们可以清晰地观察到数据的变化趋势，而 0 值也变得一目了然。

	日期	成交金额(元)	退款金额(元)	成交订单数	成交人数	商品访客数	商品点击人数	退款订单量	商品曝光次数	商品点击次数	商品点击率(次数)	商品点击-支付转化率(次数)	成交客单价(元)
0	20240430	0.000000	0	0	0	242	11	0	377	11	0.029200	0.000000	0.000000
1	20240429	0.000000	0	0	0	323	6	0	496	6	0.012100	0.000000	0.000000
2	20240428	1980.000000	0	200	200	348	11	0	599	13	0.021700	0.153800	9.900000
3	20240427	1217.700000	0	123	123	230	5	0	438	6	0.013700	0.166700	9.900000
4	20240426	0.000000	0	0	0	197	8	0	319	8	0.025100	0.000000	0.000000
5	20240425	0.000000	0	0	0	192	10	0	339	13	0.038300	0.000000	0.000000
6	20240424	0.000000	0	0	0	159	2	0	262	2	0.007600	0.000000	0.000000
7	20240423	631.900000	0	89	89	307	10	0	567	17	0.030000	0.058800	7.100000
8	20240422	0.000000	576	0	0	311	9	12	513	12	0.023400	0.000000	0.000000
9	20240421	1217.700000	0	123	123	241	4	0	363	4	0.011000	0.250000	9.900000
10	20240420	0.000000	0	0	0	377	8	0	646	8	0.012400	0.000000	0.000000
11	20240419	2316.600000	0	234	234	457	10	0	753	15	0.019900	0.066700	9.900000
12	20240418	1955.700000	0	123	123	935	20	0	1557	23	0.014800	0.043500	15.900000

图 8.17　部分数据截图

8.5.3　0 值检测与处理

虽然通过 info()方法显示数据时没有数据缺失，但这不足以证明数据完全不缺失。从图 8.17 中可以看出，部分列存在值为 0 的情况。毫无疑问，如果数据为 NaN 或 NA，则代表数据缺失，但是数据为 0 的情况则要根据实际业务需求进行处理，例如 0 代表点赞数、买家实际支付金额、成交金额等，此时的 0 就不是缺失数据，无须处理。

下面，我们使用 DataFrame 对象的 eq()方法统计每一列中值为 0 的数据数量，代码如下：

```
# 统计每列值为 0 的数量
zero_count = df.eq(0).sum()
print(zero_count)
```

运行程序，结果如图 8.18 所示。

```
日期                        0
成交金额(元)                 11
退款金额(元)                 27
成交订单数                   11
成交人数                    11
商品访客数                    0
商品点击人数                   0
退款订单量                   27
商品曝光次数                   0
商品点击次数                   0
商品点击率(次数)                0
商品点击-支付转化率(次数)          11
成交客单价(元)                11
dtype: int64
```

图 8.18　每列值为 0 的数量

从运行结果中得知："成交金额""退款金额""成交订单数"和"成交人数"等存在部分数据为 0，这说明这部分客户没有购买我们的商品。然而，商品仍然有曝光次数、点击次数等数据，因此这些 0 值并不需要进行处理。

8.5.4　数据类型转换

经过查看数据，我们发现"日期"列的数据类型为整型，这对后续进行时间序列数据分析是不利的。

因此，下面我们将"日期"数据类型转换为日期型，代码如下：

```
# 将"日期"的数据类型转换为字符串类型
df['日期']=df['日期'].astype(str)
# 将字符串类型的日期数据转换为日期型
# format='mixed'，将分别推断每个元素的格式
df['日期']=pd.to_datetime(df['日期'],format='mixed')
df.head()
```

运行程序，结果如图 8.19 所示。

	日期	成交金额 (元)	退款金额 (元)	成交订单 数	成交人 数	商品访客 数	商品点击 人数	退款订单 量	商品曝光次 数	商品点击 次数	商品点击率(次 数)	商品点击-支付转化率 (次数)	成交客单价 (元)
0	2024-04-30	0.0	0	0	0	242	11	0	377	11	0.0292	0.0000	0.0
1	2024-04-29	0.0	0	0	0	323	6	0	496	6	0.0121	0.0000	0.0
2	2024-04-28	1980.0	0	200	200	348	11	0	599	13	0.0217	0.1538	9.9
3	2024-04-27	1217.7	0	123	123	230	5	0	438	6	0.0137	0.1667	9.9
4	2024-04-26	0.0	0	0	0	197	8	0	319	8	0.0251	0.0000	0.0

图 8.19　转换后的日期数据（前 5 条数据）

说明

关于"日期"数据类型转换为日期类型的详细介绍，读者可以参考 6.5.3 节，这里不再赘述。

接下来，我们将转换后的数据导出为 Excel 文件，以便日后使用，代码如下：

```
# 将数据导出为 Excel 文件
df.to_excel('./data/成交数据 1.xlsx',index=False)
```

8.5.5　描述性统计分析

接下来，我们将使用 DataFrame 对象的 describe()方法来对数据进行初步的描述性统计分析，代码如下：

```
df.describe().round(0)
```

运行程序，结果如图 8.20 所示。

	日期	成交金额 (元)	退款金额 (元)	成交订单 数	成交人 数	商品访客 数	商品点击 人数	退款订单 量	商品曝光 次数	商品点击 次数	商品点击率 (次数)	商品点击-支付转 化率(次数)	成交客单 价(元)
count	30	30.0	30.0	30.0	30.0	30.0	30.0	30.0	30.0	30.0	30.0	30.0	30.0
mean	2024-04-15 12:00:00	2823.0	64.0	173.0	173.0	542.0	10.0	6.0	908.0	14.0	0.0	0.0	8.0
min	2024-04-01 00:00:00	0.0	0.0	0.0	0.0	159.0	2.0	0.0	262.0	2.0	0.0	0.0	0.0
25%	2024-04-08 06:00:00	0.0	0.0	0.0	0.0	314.0	8.0	0.0	526.0	8.0	0.0	0.0	0.0
50%	2024-04-15 12:00:00	878.0	0.0	98.0	98.0	458.0	10.0	0.0	800.0	13.0	0.0	0.0	10.0
75%	2024-04-22 18:00:00	2009.0	0.0	182.0	182.0	728.0	12.0	0.0	1270.0	18.0	0.0	0.0	10.0
max	2024-04-30 00:00:00	38937.0	1230.0	987.0	987.0	1105.0	20.0	156.0	1802.0	29.0	0.0	0.0	39.0
std	NaN	7291.0	245.0	261.0	261.0	276.0	4.0	29.0	450.0	7.0	0.0	0.0	8.0

图 8.20　描述性统计分析

从运行结果中得知："成交金额""成交订单数"和"成交人数"均为 0 的数据有 25%，这说明有 25% 的客户没有购买我们的商品。

8.6 成交数据分析

8.6.1 整体情况分析

数据处理完成后，接下来我们将对成交数据进行整体分析，主要包括总成交金额、总成交订单数、总成交人数、总退款金额、退款订单数、未成交订单数、成交率和退款率，代码如下：

```
df1=pd.read_excel('./data/成交数据.xlsx')                    # 读取 Excel 文件
# 创建表格对象
table=Table()
# 设置表头
headers=['总成交金额','总成交订单数','总成交人数','总退款金额','退款订单数','未成交订单数','成交率','退款率']
# 行数据
rows=[[f"{df1['成交金额(元)'].sum():.2f}",
    df1['成交订单数'].sum(),
    df1['成交人数'].sum(),
    f"{df1['退款金额(元)'].sum():.2f}",
    df1['退款订单量'].sum(),
    #f"{df1['退款金额'].sum():.2f}",
    df1[df1['成交订单数'] == 0]['成交订单数'].count(),
    f"{df1['成交金额(元)'].sum()/(df1['成交金额(元)'].sum()+df1['退款金额(元)'].sum()):.2%}",
    f"{df1['退款金额(元)'].sum()/(df1['成交金额(元)'].sum()+df1['退款金额(元)'].sum()):.2%}"]]
# 增加表格
table.add(headers,rows)
# 设置表格标题
table.set_global_opts(title_opts=ComponentTitleOpts(title='4 月成交整体情况分析表'))
# 显示表格
table.render_notebook()
```

运行程序，结果如图 8.21 所示。

4月成交整体情况分析表

总成交金额	总成交订单数	总成交人数	总退款金额	退款订单数	未成交订单数	成交率	退款率
84694.85	5202	5202	1929.00	187	11	97.77%	2.23%

图 8.21 整体情况分析

8.6.2 自营/带货订单量分析

下面，我们将通过饼形图来分析自营和达人带货订单量的占比情况，代码如下：

```
df1=pd.read_excel('./data/成交数据.xlsx',sheet_name='载体构成')    # 读取 Excel 文件
# 计算自营和带货成交订单量
a=df1[df1['自营/带货'] == '自营']['成交订单数'].sum()
b=df1['成交订单数'].sum()-a
x_data=['自营','带货']
y_data=[int(a),int(b)]
# 将数据转换为列表加元组的格式（[(key1, value1), (key2, value2)]）
data=[list(z) for z in zip(x_data, y_data)]
pie=Pie()                                              # 创建饼形图
```

```
# 为饼形图添加数据
pie.add(
        series_name="订单类型",                                  # 序列名称
        data_pair=data,                                        # 数据
    )
pie.set_global_opts(
        # 设置饼形图标题居中
        title_opts=opts.TitleOpts(
            title="自营/带货订单量分析",
            pos_left="center"),
        # 不显示图例
        legend_opts=opts.LegendOpts(is_show=False),
    )
pie.set_series_opts(
        # 序列标签和百分比
        label_opts=opts.LabelOpts(formatter='{b}:{d}%'),
    )
# 显示图表
pie.render_notebook()
```

运行程序，结果如图 8.22 所示。

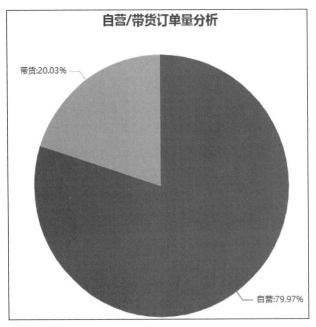

图 8.22　饼形图分析自营和达人带货订单量

从运行结果中得知：79.97%的订单来源于自营。

8.6.3　不同载体订单量分析

下面，我们将通过饼形图来分析不同载体订单量的占比情况，代码如下：

```
df2=pd.read_excel('./data/成交数据.xlsx',sheet_name='载体构成')        # 读取 Excel 文件
# 按载体类型统计成交订单数
df2_group=df2.groupby('载体类型')['成交订单数'].sum()
# 获取载体类型和成交订单数
x_data=df2_group.index
y_data=df2_group.values.astype(str)
# 将数据转换为列表加元组的格式（[(key1, value1), (key2, value2)]）
```

```
data=[list(z) for z in zip(x_data, y_data)]
pie=Pie()                                              # 创建饼形图
# 为饼形图添加数据
pie.add(
        series_name="载体",                             # 序列名称
        data_pair=data,                                # 数据
    )
pie.set_global_opts(
        # 设置饼形图标题居中
        title_opts=opts.TitleOpts(
            title="不同载体订单量分析",
            pos_left="center"),
        # 不显示图例
        legend_opts=opts.LegendOpts(is_show=False),
    )
pie.set_series_opts(
        # 序列标签和百分比
        label_opts=opts.LabelOpts(formatter='{b}:{d}%'),
    )
# 显示图表
pie.render_notebook()
```

运行程序，结果如图8.23所示。

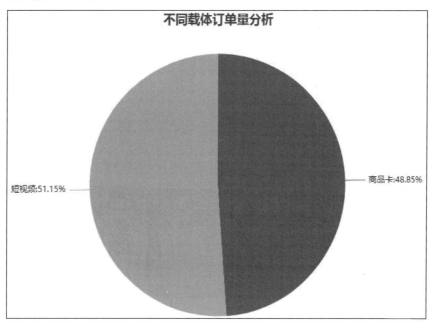

图8.23　饼形图分析不同载体的订单量

从运行结果中得知：不同载体的订单量并未显示出显著的差异，即各个载体的订单量相对接近。

8.6.4　每日订单量分析

下面，我们将利用折线图对每日订单量进行分析。前面，我们已经将"日期"转换为了日期时间格式。现在，我们将"日期"格式化为日期，然后按日期对成交订单数进行统计，代码如下：

```
df3=pd.read_excel('./data/成交数据 1.xlsx')              # 读取 Excel 文件
# 格式化"日期"为日期格式
df3['日期']=df3['日期'].dt.strftime('%Y-%m-%d')
# 按日期统计成交订单数
```

```
df3_group=df3.groupby('日期')['成交订单数'].sum()
# 创建折线图
line=Line()
# 为折线图添加 x 轴和 y 轴数据
line.add_xaxis(list(df3_group.index))
line.add_yaxis("订单量",list(df3_group.values.astype(str)))
line.set_global_opts(
        # 设置折线图标题居中
        title_opts=opts.TitleOpts(
            title="每日订单量分析",
            pos_left="center"),
        # 不显示图例
        legend_opts=opts.LegendOpts(is_show=False),
    )
# 显示图表
line.render_notebook()
```

运行程序，结果如图 8.24 所示。

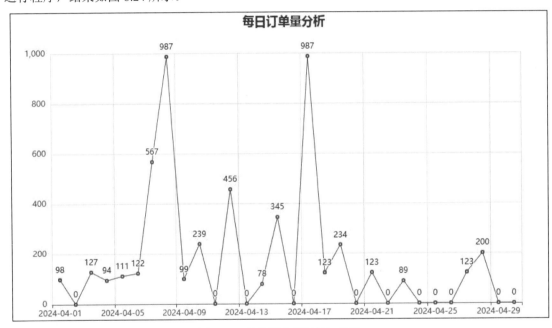

图 8.24　折线图分析每日订单量

从运行结果中得知：4 月份订单量出现了两次小高峰，分别在 2024 年 4 月 8 日和 2024 年 4 月 17 日。

8.6.5　商品成交金额分析

接下来，我们将通过柱形图来分析商品成交金额。我们首先按照"商品编号"统计成交金额，然后绘制柱形图，代码如下：

```
df4=pd.read_excel('./data/成交数据.xlsx',sheet_name='商品构成')      # 读取 Excel 文件
# 按商品编号统计成交金额
df4_group=df4.groupby('商品编号')['成交金额(元)'].sum().sort_values(ascending=False)
# 创建柱状图并设置主题
bar = Bar()
# 为柱状图添加 x 轴和 y 轴数据
bar.add_xaxis(list(df4_group.index))
bar.add_yaxis('成交金额(元)',list(df4_group.values.astype(str)))
bar.set_global_opts(
```

```
        # 设置标题居中
        title_opts=opts.TitleOpts(
            title="商品成交金额分析",
            pos_left="center"),
        # 不显示图例
        legend_opts=opts.LegendOpts(is_show=False),
    )
# 显示图表
bar.render_notebook()
```

运行程序，结果如图 8.25 所示。

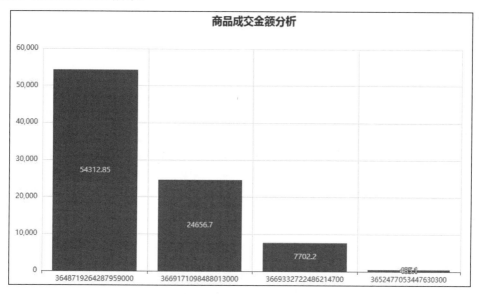

图 8.25　商品成交金额分析

从运行结果中得知：头部商品的成交金额与其他商品的成交金额相比存在较大差异。

8.6.6　新老客户成交额对比分析

接下来，我们将通过双柱形图对比分析新老客户的成交金额。我们首先使用 DataFrame 对象的 pivot() 方法创建数据透视表，然后按人群类型和日期统计成交金额，并绘制双柱形图，代码如下：

```
df5=pd.read_excel('./data/成交数据.xlsx',sheet_name='人群构成')        # 读取 Excel 文件
# 数据透视表按人群类型和日期统计成交金额
df5_pivot=df5.pivot(index='日期',columns='人群类型',values='成交金额(元)')
# x 轴和 y 轴数据
x = df5_pivot.index.tolist()
y1 = df5_pivot.loc[:, '新客'].tolist()
y2 = df5_pivot.loc[:, '老客'].tolist()
bar = Bar()                                              # 创建柱状图
# 为柱状图添加 x 轴和 y 轴数据
bar.add_xaxis(x)
bar.add_yaxis('新客',y1)
bar.add_yaxis('老客',y2)
# 系列配置文本标签不显示
bar.set_series_opts(label_opts=opts.LabelOpts(is_show=False))
# 设置图表标题
bar.set_global_opts(title_opts=opts.TitleOpts(title="新老客户成交金额对比分析"))
# 显示图表
bar.render_notebook()
```

运行程序，结果如图 8.26 所示。

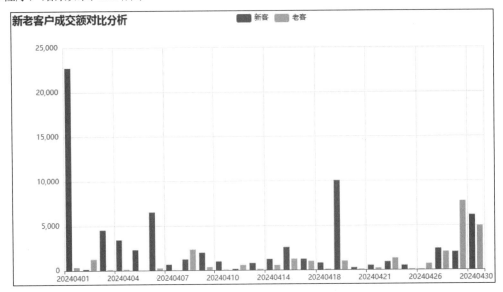

图 8.26 新老客户成交额对比分析

从运行结果中得知：新客户的成交额远远高于老客户的成交额。

8.7 主播数据分析

8.7.1 引流能力分析

引流能力分析主要依赖于直播数据中的直播间观看人数和直播间曝光人数来评估主播在直播期间的引流能力。主播引流能力越强，用户越倾向于进入直播间观看。我们首先使用 groupby() 方法按"主播名称"对直播间观看人数和直播间曝光人数进行统计，然后通过计算直播间观看人数与直播间曝光人数的比值来评估主播的引流能力，最后绘制水平柱形图来对比分析各个主播的引流能力，代码如下：

```python
df_yl=pd.read_excel('./data/直播数据.xlsx')
# 按主播名称统计直播间观看人数和直播间曝光人数
df_yl_group=df_yl.groupby('主播名称').agg({'直播间观看人数':'sum', '直播间曝光人数':'sum'})
# 计算引流能力=直播间观看人数/直播间曝光人数
df_yl_group['引流能力']=(df_yl_group['直播间观看人数']/df_yl_group['直播间曝光人数']).round(2)
# 创建柱形图
bar = Bar()
# 为柱形图添加 x 轴和 y 轴数据
bar.add_xaxis(list(df_yl_group.index))
bar.add_yaxis('成交金额(元)',list(df_yl_group['引流能力']),label_opts=opts.LabelOpts(formatter="{c} %"))
# 反转 x 轴和 y 轴绘制水平柱形图
bar.reversal_axis()
bar.set_global_opts(
    # 设置标题居中
    title_opts=opts.TitleOpts(
        title="引流能力分析",
        pos_left="center"),
    # 不显示图例
    legend_opts=opts.LegendOpts(is_show=False))
```

```
# 显示图表
bar.render_notebook()
```

运行程序，结果如图8.27所示。

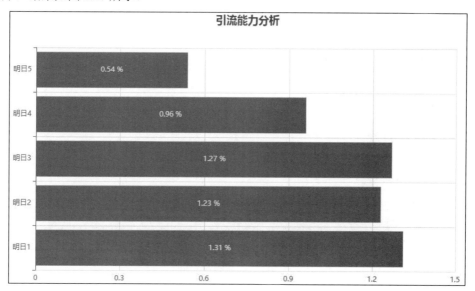

图 8.27　引流能力分析

从运行结果中得知：主播"明日1"的引流能力较强，因此在未来的营销策略中，可以考虑增加该主播的直播场次。

8.7.2　互动能力分析

互动能力分析主要依赖于直播数据中的直播间互动人数和直播间观看人数来评估主播在直播期间的互动能力。我们首先使用 groupby()方法按"主播名称"对直播间互动人数和直播间观看人数进行统计，然后通过计算直播间互动人数与直播间观看人数的比值评估主播的互动能力，最后绘制水平柱形图来对比分析各个主播的互动能力，代码如下：

```
df_hd=pd.read_excel('./data/直播数据.xlsx')
# 按主播名称统计直播间互动人数和直播间观看人数
df_hd_group=df_hd.groupby('主播名称').agg({'直播间互动人数':'sum', '直播间观看人数':'sum'})
# 计算互动能力=直播间互动人数/直播间观看人数
df_hd_group['互动能力']=(df_hd_group['直播间互动人数']/df_hd_group['直播间观看人数']).round(2)
# 创建柱形图
bar = Bar()
# 为柱形图添加 x 轴和 y 轴数据
bar.add_xaxis(list(df_hd_group.index))
bar.add_yaxis('互动能力',list(df_hd_group['互动能力']),label_opts=opts.LabelOpts(formatter="{c} %"))
# 反转 x 轴和 y 轴绘制水平柱形图
bar.reversal_axis()
bar.set_global_opts(
    # 设置标题居中
    title_opts=opts.TitleOpts(
        title="互动能力分析",
        pos_left="center"),
    # 不显示图例
    legend_opts=opts.LegendOpts(is_show=False))
# 显示图表
bar.render_notebook()
```

运行程序，结果如图 8.28 所示。

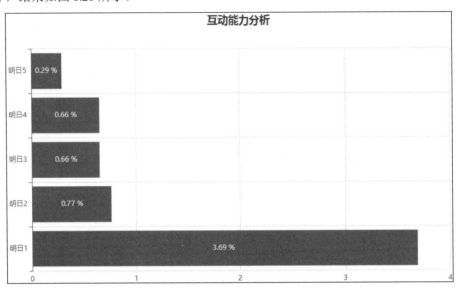

图 8.28　互动能力分析

从运行结果中得知：主播"明日 1"的互动能力较强。

8.7.3　吸粉能力分析

吸粉能力分析主要通过直播数据中的新增粉丝数、关注率和新加入粉丝团人数 3 个指标来评估主播在直播期间的吸粉能力。我们首先使用 groupby()方法按"主播名称"对新增粉丝数、直播间观看人数和新加入粉丝团人数进行统计，然后通过计算新增粉丝数与直播间观看人数的比值来计算关注率，最后输出结果，代码如下：

```
df_xf=pd.read_excel('./data/直播数据.xlsx')                                    # 读取 Excel 文件
# 按主播名称统计新增粉丝数、直播间观看人数和新加入粉丝团人数
df_xf_group=df_xf.groupby('主播名称').agg({'新增粉丝数':'sum','直播间观看人数':'sum','新加入粉丝团人数':'sum'})
# 计算关注率=新增粉丝数/直播间观看人数
df_xf_group['关注率']=(df_xf_group['新增粉丝数']/df_xf_group['直播间观看人数']).apply(lambda x: format(x,'.2%'))
df_xf_group
```

运行程序，结果如图 8.29 所示。

主播名称	新增粉丝数	直播间观看人数	新加入粉丝团人数	关注率
明日1	640	5830	73	10.98%
明日2	897	4500	9	19.93%
明日3	479	4300	19	11.14%
明日4	881	5000	40	17.62%
明日5	571	5000	24	11.42%

图 8.29　吸粉能力分析

8.7.4　UV 价值分析

首先，我们来了解什么是 UV 价值。UV，即 Unique Visitor，表示独立访客，UV 价值是指每一位进入

直播间的独立访客所带来的价值（这里指的是成交金额），其计算公式为：UV 价值＝直播成交金额/直播间观看人数。

UV 价值是衡量直播间表现的重要指标，一个高的 UV 价值意味着直播间的内容或产品吸引了大量的有效用户，而一个低的 UV 价值则可能表示需要优化直播间的内容或产品。

下面，我们分析各个主播在直播期间的 UV 价值。我们首先使用 groupby()方法按"主播名称"对直播成交金额和直播间观看人数进行统计，然后通过计算直播成交金额与直播间观看人数的比值来得出 UV 价值，代码如下：

```
df_uv=pd.read_excel('./data/直播数据.xlsx')        # 读取 Excel 文件
# 按主播名称统计直播成交金额和直播间观看人数
df_uv_group=df_uv.groupby('主播名称').agg({'直播间成交金额':'sum','直播间观看人数':'sum'})
# 计算 UV 价值=直播成交金额/直播间观看人数
df_uv_group['UV 价值']=(df_uv_group['直播间成交金额']/df_uv_group['直播间观看人数']).round(2)
df_uv_group
```

运行程序，结果如图 8.30 所示。

主播名称	直播间成交金额	直播间观看人数	UV价值
明日1	57900	5830	9.93
明日2	7866	4500	1.75
明日3	135394	4300	31.49
明日4	58037	5000	11.61
明日5	10240	5000	2.05

图 8.30　UV 价值分析

从运行结果中得知：主播"明日 2"和"明日 5"的 UV 价值偏低。通常，直播间 UV 价值为 1～3 被认为是正常的范围。如果 UV 价值低于 1，可能需要对直播间的内容、主播或产品进行优化，以提高访客的购买力和转化率；如果 UV 价值高于 3，则说明直播间表现优秀，可以继续保持并寻求进一步提升。

8.8　项 目 运 行

通过前述步骤，我们已经设计并完成了"抖音电商数据分析系统"项目的开发。"抖音电商数据分析系统"项目目录包含 5 个文件，如图 8.31 所示。

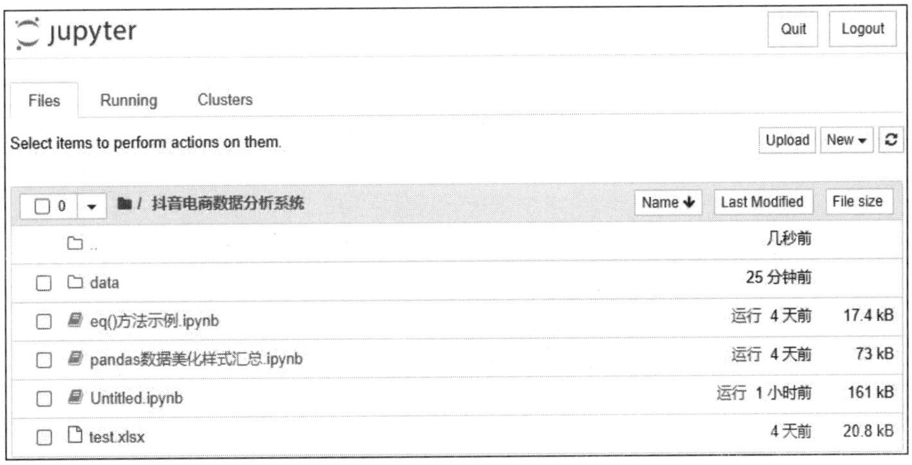

图 8.31　项目目录

接下来，我们运行项目文件，以检验我们的开发成果。首先应确保已经安装了 Anaconda3，然后在系统"搜索"文本框中输入 Jupyter Notebook，单击 Jupyter Notebook 以打开 Jupyter 主页，在列表中找到"抖音电商数据分析系统"文件夹，单击进入该文件夹，接着单击 Untitled.ipynb，如图 8.32 所示，单击工具栏中的"运行"按钮，按照单元顺序逐一运行即可。

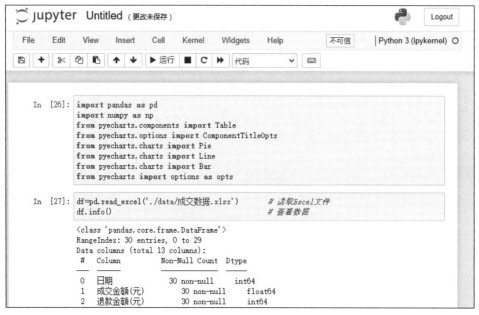

图 8.32　运行 Untitled.ipynb

8.9　源 码 下 载

本章虽然详细地讲解了如何通过 pandas 模块、numpy 模块和 pyecharts 模块实现"抖音电商数据分析系统"的各个功能，但给出的代码都是代码片段，而非完整的源代码。为了方便读者学习，本书提供了用于下载完整源代码的二维码。

源码下载

## 第 9 章

会员数据化运营 RFM 分析实战

——RFM 模型 + pandas + matplotlib + seaborn

项目微视频

无论是线上营销还是线下营销，越来越多的企业都将运营重心转向了客户。会员制是针对客户营销的重要手段之一。企业通过发展会员，提供个性化服务和精准营销，以增强客户黏性，从而达到长期为企业增加利润的目的。会员制营销依赖于会员信息和消费行为来对会员进行分类，进而实现更精准和有针对性的营销策略。然而，手工进行会员分类显然是不切实际的。因此，本章将介绍如何运用 RFM 模型，并结合 pandas、matplotlib 和 seaborn 这 3个模块，对会员数据进行统计分析以及实现会员群体的精准划分。

本项目的核心功能及实现技术如下：

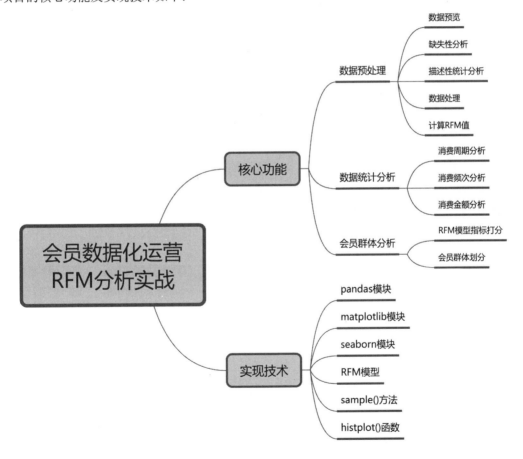

9.1 开发背景

企业在运营过程中会产生大量的客户数据，那么充分利用这些数据将会为企业带来更大的利润。其中三大核心指标数据——最近消费时间间隔、消费频次和消费金额——是分析客户行为的最佳指标，统称为 RFM 模型。

RFM 模型是一种用于衡量和挖掘客户价值的重要工具和手段，也是国际上最成熟、最易于操作的客户价值分析方法。本章将详细解释 RFM 模型，并演示如何利用该模型结合 pandas 模块、matplotlib 模块和 seaborn 模块进行实战，以实现对会员数据的统计分析和对会员群体的划分。

9.2 系 统 设 计

9.2.1 开发环境

本项目的开发及运行环境如下：

- ☑ 操作系统：推荐 Windows 10、Windows 11 或更高版本。
- ☑ 编程语言：Python 3.12。
- ☑ 开发环境：PyCharm。
- ☑ 第三方模块：pandas（2.1.4）、openpyxl（3.1.2）、matplotlib（3.8.2）、seaborn（0.13.2）。

9.2.2 分析流程

在会员数据化运营 RFM 分析实战中，首先需要准备数据，接着进行数据预处理工作，包括数据预览、缺失性分析、描述性统计分析、数据处理，以确保数据质量，然后计算 RFM 值，最后进行数据统计分析和会员群体分析。

本项目分析流程如图 9.1 所示。

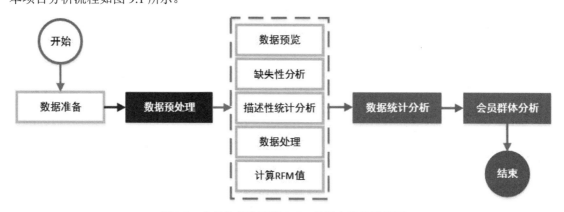

图 9.1 会员数据化运营 RFM 分析实战分析流程

9.2.3 功能结构

本项目的功能结构已经在章首页中给出。本项目实现的具体功能如下：

- ☑ 数据预处理：首先预览数据，接着进行缺失性分析和描述性统计分析以查看异常数据，然后对这些异常数据进行处理，最后计算 RFM 值。
- ☑ 数据统计分析：包括消费周期分析、消费频次分析和消费金额分析。
- ☑ 会员群体分析：包括对会员进行 RFM 模型指标打分以及会员群体的划分。

9.3 技术准备

9.3.1 技术概览

会员数据化运营 RFM 分析实战主要使用 pandas 模块结合 RFM 模型来处理和分析会员数据并对会员群体进行划分，同时借助可视化工具 matplotlib 模块和 seaborn 模块对会员数据进行可视化，以直观地了解会员的消费情况。对于 pandas 模块、matplotlib 模块和 seaborn 模块，这里不再逐一进行详细介绍。读者若对这些模块的具体应用或功能尚不熟悉，建议参考《Python 数据分析从入门到精通（第 2 版）》一书中的相关章节，该书提供了详尽的讲解和丰富的示例，能够帮助您快速掌握这些工具的使用方法。

RFM 模型是本项目的核心，该模型提供的分析方法是划分会员群体的主要依据，因此接下来我们将对其进行详细的讲解。同时，本项目还将详细介绍随机抽样方法 sample() 和绘制直方图的 histplot() 函数，并通过实例来讲解它们的应用，以确保读者能够顺利地完成本项目并有能力进行进一步的拓展。

9.3.2 RFM 模型

根据美国数据库营销研究所（Arthur Hughes）的研究发现，客户数据库中有 3 个至关重要的要素，这 3 个要素构成了数据分析的最佳指标，即 R、F、M，这一组合也被广泛称为 RFM 模型。

- ☑ R：最近消费时间间隔（recency）。
- ☑ F：消费频次（frequency）。
- ☑ M：消费金额（monetary）。

RFM 模型是衡量和挖掘客户价值的重要工具和手段，大部分运营人员都会接触到该模型。RFM 模型是国际上最成熟、最易于操作的客户价值分析方法。

下面对 RFM 模型中的 R、F、M 这 3 个指标进行详细介绍。

R：代表最近消费时间间隔，它衡量的是客户最近一次消费与上一次消费之间的时间长度。R 值越高，表明客户距离上一次交易的时间越久，可能意味着客户的活跃度降低；相反，R 值越低，则表明客户近期有交易发生，活跃度较高。当 R 值持续增大时，预示着客户可能进入"沉睡"状态，流失的风险也随之增加。因此，针对这部分客户，特别是其中可能隐藏的优质客户，应采取有效的营销策略进行激活，以挽回他们的忠诚度。

F：消费频次，它衡量的是客户在一段时间内进行消费的次数。F 值越高，表明客户交易越为频繁，显示出高度的客户忠诚度，同时表明对公司产品的认可度较高；相反，F 值越低，则意味着客户活跃度不足。对于 F 值较低但消费金额较大的客户，我们应当设计并实施专门的营销策略，以留住这部分高价值但相对不活跃的客户。

M：消费金额，它反映了客户每次消费所支付的金额。这个指标可以根据需要选择使用最近一次消费金额或总消费金额的平均值来计算。根据不同的分析目的，我们可以灵活选择不同的标识方法来呈现消费金额的数据。

通常而言，单次消费金额较大的客户，即经济实力较强的客户，展现出较高的支付能力，并且对价格的敏感度相对较低。帕累托法则揭示了一个重要现象：公司 80% 的收入往往源自于仅占总数 20% 的高消费客户。因此，这些消费金额较大的客户被视为更为优质的客户群体，也是高价值客户。针对这类客户，企业可以采取一对一的定制化营销方案，以更好地满足其需求并深化客户关系。

在深入理解 RFM 模型后，我们可以利用该模型对客户进行分类。接着，针对不同类别的客户，我们会设计并实施个性化的营销策略。客户分类的核心依据是 RFM 模型中的 3 个关键指标：R、F、M。根据这些指标值的高低（高值标记为 1，低值标记为 0），我们将客户细分为八大类。R、F、M 值与客户分类如图 9.2 所示。

R	F	M	客户分类
高 ⬆	高 ⬆	高 ⬆	高价值客户
低 ⬇	高 ⬆	高 ⬆	重点保持客户
高 ⬆	低 ⬇	高 ⬆	重点发展客户
低 ⬇	低 ⬇	高 ⬆	重点挽留客户
高 ⬆	高 ⬆	低 ⬇	一般价值客户
低 ⬇	高 ⬆	低 ⬇	一般保持客户
高 ⬆	低 ⬇	低 ⬇	一般发展客户
低 ⬇	低 ⬇	低 ⬇	潜在客户

图 9.2　R、F、M 值和客户分类

下面对客户分类进行说明，具体如下：

☑　高价值客户（111）：该类客户最近有消费，且消费频次和消费金额都很高。

☑　重点保持客户（011）：该类客户最近没有消费，但他们的消费频次和消费金额都很高，说明他们是近期没有来消费的忠诚客户，我们需要主动和他们保持联系。

☑　重点发展客户（101）：该类客户最近有消费，且消费金额高，但是消费频次不高，说明他们的忠诚度不高但仍具有较大的发展潜力，应被视为重点发展对象。

☑　重点挽留客户（001）：该类客户最近没有消费，且消费频次不高，但是消费金额高，这说明他们可能是即将要流失或者已经处于流失边缘的客户，应当立即采取措施，对这些客户进行重点挽留。

☑　一般价值客户（110）：该类客户最近有消费，消费频次高，但消费金额不高。

☑　一般保持客户（010）：该类客户最近没有消费，消费频次高，但消费金额不高。

☑　一般发展客户（100）：该类客户最近有消费，但消费频次和消费金额都不高。

☑　潜在客户（000）：该类客户最近没有消费，消费频次和消费金额都不高。

9.3.3　随机抽取数据的 sample() 方法

在数据预处理过程中，如果需要随机查看指定的数据，可以使用 DataFrame 对象的 sample() 方法来实现数据的随机抽取。该方法的语法格式如下：

```
DataFrame.sample(n=None, frac=None, replace=False, weights=None, random_state=None, axis=None,
    ignore_index=False)
```

参数说明：

☑　n：表示随机抽取的行数。

☑　frac：表示随机抽取的比例，如 frac=0.25，代表随机抽取总体数据的 25%。

☑　replace：布尔型，表示是否将随机抽取的数据放回原数据集，默认值为 False，表示不放回。

☑　weights：可选参数，字符串或者数组，表示每个样本数据的权重值。

☑　random_state：可选参数，控制随机状态，默认值为 None，表示随机抽取的数据不会重复。如果参数值为 1，则表示随机抽取的数据会有重复的数据。

☑　axis：表示按行/列随机抽取数据，0 表示按行，1 表示按列。

☑　ignore_index：布尔型，表示是否忽略索引，默认值为 False。

下面通过具体的示例介绍 sample() 方法的应用。

（1）随机抽取 n 行数据。

可以通过设置参数 n 来从 DataFrame 对象数据中随机抽取 *n* 行数据。例如，随机抽取 5 行数据，代码如下：

```
# 导入 pandas 模块
import pandas as pd
# 解决数据输出时列名不对齐的问题
pd.set_option('display.unicode.east_asian_width', True)
# 读取 Excel 文件
df=pd.read_excel('./data/data.xlsx')
print(df.sample(n=5))                                    # 随机抽取 5 行数据
```

运行程序，结果如图 9.3 所示。

	会员id	本次消费金额	时间
3609	mrsoft166	0.00	NaT
3005	mr3759	14.90	2023-12-08 10:39:18
3893	mingri138	0.00	NaT
2071	mr2453	48.86	2022-06-23 23:35:58
686	mr0666	166.00	2023-05-07 17:07:29

图 9.3　随机抽取 5 行数据

（2）随机抽取百分比数据。

可以通过设置 frac 参数来随机抽取百分比数据，例如抽取 50%的数据，代码如下：

```
print(df.sample(frac=0.5))
```

说明

当 frac 参数值大于 1 时，replace 参数值必须为 True。

（3）随机抽取满足给定条件的数据。

在满足给定条件的数据中随机抽取数据。例如，随机抽取"本次消费金额"大于 50 的 5 行数据，代码如下：

```
print(df[df['本次消费金额']>50].sample(n = 5))
```

运行程序，结果如图 9.4 所示。

	会员id	本次消费金额	时间
1940	mr2407	51.87	2023-02-20 11:51:22
1894	mr1346	51.87	2023-11-23 11:03:03
944	mr3768	125.64	2022-01-16 23:15:55
1555	mr2101	59.00	2023-05-15 08:12:43
1710	mr0978	55.86	2022-05-12 22:06:58

图 9.4　随机抽取满足给定条件的数据

9.3.4　深度解读直方图（histplot()函数）

直方图是探索和研究数据分布的重要工具。它由一系列彼此相邻且宽度相等的条形组成，其中横坐标表示数据的不同区间（分组），纵坐标表示频数。条形的高度直接对应于该区间内的频数。图 9.5 是一个直方图的示意图。

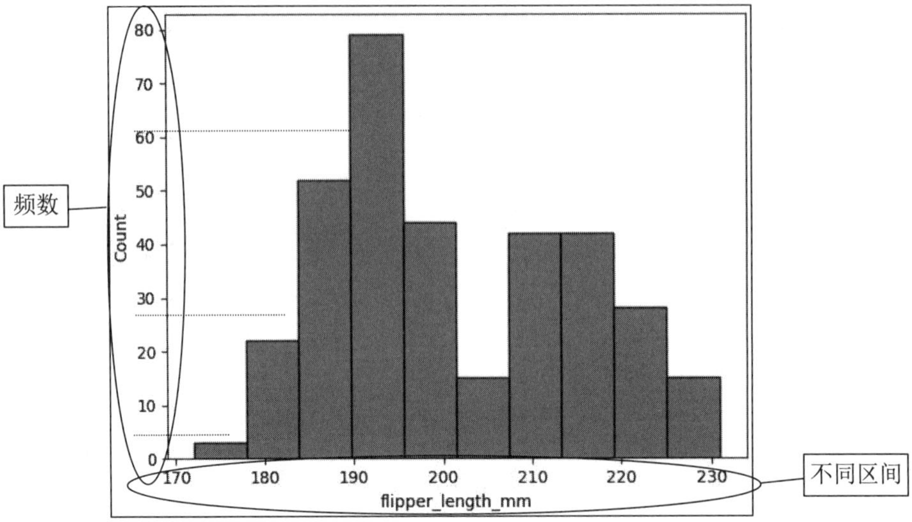

图 9.5　直方图示意图

　　在数据分析过程中，我们绘制直方图最终的目标是更好地理解数据的特征。通过分析直方图，我们可以探索数据，了解数据的中心、方差（即数据的离散程度）、数据分布的形状、数据是否存在异常值（即远离其他数据的值）以及数据的特征是否随时间发生变化等。

　　seaborn 模块提供的 histplot() 函数可以用来绘制直方图，并且它提供了多种参数，以便实现具有不同功能的直方图。该函数的语法格式如下：

```
seaborn.histplot(data=None, *, x=None, y=None, hue=None, weights=None, stat='count', bins='auto', binwidth=None,
binrange=None, discrete=None, cumulative=False, common_bins=True, common_norm=True, multiple='layer',
element='bars', fill=True, shrink=1, kde=False, kde_kws=None, line_kws=None, thresh=0, pthresh=None, pmax=None,
cbar=False, cbar_ax=None, cbar_kws=None, palette=None, hue_order=None, hue_norm=None, color=None,
log_scale=None, legend=True, ax=None, **kwargs)
```

参数说明：

☑　data：数据，DataFrame 对象、numpy 数组、字典映射或序列。

☑　x/y：x 轴/y 轴的数据。

☑　hue：对分类字段进行颜色映射。

☑　weights：权重，对每个数据点的贡献度进行加权。

☑　stat：直方图中每个条形计算的统计信息，参数值如下：

　　➢　count：频数。

　　➢　frequency：频次，频数除以条形宽度。

　　➢　probability：概率，标准化使条形高度总和为 1。

　　➢　percent：百分比，标准化使条形高度总和为 100。

　　➢　density：密度，标准化使条形的面积为 1。

☑　bins：数据区间，字符串型或数值型。

☑　binwidth：设置每个条形的宽度，默认值为 0.05。

☑　binrange：条形的最低值和最高值，一对数字，如 binrange=(1,5)。

☑　discrete：布尔型，如果参数值为 True，则默认 binwidth 参数值为 1，并绘制直方图，使其以相应的数据点为中心。

☑　cumulative：布尔型，如果参数值为 True，则绘制条形增加时的累计计数。

☑　common_bins：布尔型，如果参数值为 True，则生成多个图时使用相同的区间。

- ☑ common_norm：布尔型，如果参数值为 True 且使用标准化统计，则标准化将应用于整个数据集；否则，将独立地标准化每个直方图。
- ☑ multiple：当使用分类字段时，设置直方图中条形的堆叠方式，参数值为 layer（分层）、dodge（错开）、stack（堆叠）或 fill（填充），默认值为 layer。
- ☑ element：直方图的类型，参数值为 bars、step 或 poly，默认值为 bars。
- ☑ fill：布尔型，是否填充直方图，默认值为 True。
- ☑ shrink：数值型，按比例缩放直方图中的条形，默认值为 1。
- ☑ kde：布尔型，是否绘制核密度图曲线，默认值为 False。
- ☑ kde_kws：字典，控制核密度图曲线的计算参数。
- ☑ line_kws：字典，控制核密度图曲线的可视化参数。
- ☑ thresh：数值型，默认值为 0，统计值小于或等于该值的单元格将是透明的。
- ☑ pthresh：数值型，默认值 None，与 thresh 参数类似，参数值为 0～1，表示累计计数或其他统计值的单元格在总数中所占的比例将是透明的。
- ☑ pmax：数值型，默认值为 None，参数值为 0～1，表示颜色饱和度。
- ☑ cbar：布尔值，默认值为 False，如果参数值为 True，则添加一个颜色条注释图中的颜色映射。
- ☑ cbar_ax：颜色条存在的轴。
- ☑ cbar_kws：字典，颜色条相关参数，如 cbar_kws=dict(shrink=.75)。
- ☑ palette：字符串、列表、字典或颜色地图，直方图配色方案。如 palette='Set2'，表示使用'Set2'颜色映射方案为直方图不同组别分配颜色。
- ☑ hue_order：字符串列表，为分类字段指定绘图顺序，如 hue_order=['Chinstrap','Gentoo','Adelie']。
- ☑ hue_norm：元组，当分类字段为数值型时的映射过程。
- ☑ color：直方图的颜色。
- ☑ log_scale：布尔型或数值型，一个或一对布尔值或数字，使用给定的基数（默认值为 10）在坐标轴上设置对数刻度。
- ☑ legend：布尔型，是否显示图例。
- ☑ ax：坐标轴。
- ☑ **kwargs：其他关键字参数。

下面通过具体的示例介绍 histplot()函数的主要功能。首先通过 seaborn 模块自带的数据集 penguins 绘制一个简单的直方图，代码如下：

```
import seaborn as sns                              # 导入 seaborn 模块
import matplotlib.pyplot as plt                    # 导入 matplotlib 模块
# 加载数据集
penguins = sns.load_dataset("penguins")
# 绘制直方图
sns.histplot(data=penguins, x="flipper_length_mm")
plt.show()
```

运行程序，结果如图 9.6 所示。

（1）绘制水平直方图。

要绘制水平直方图，可以通过设置参数 y 来实现，代码如下：

```
sns.histplot(data=penguins, y="flipper_length_mm")
```

（2）设置直方图条形的宽度。

要设置直方图条形的宽度，可以通过参数 binwidth 来实现。例如，宽度为 3，代码如下：

```
sns.histplot(data=penguins, x="flipper_length_mm", binwidth=3)
```

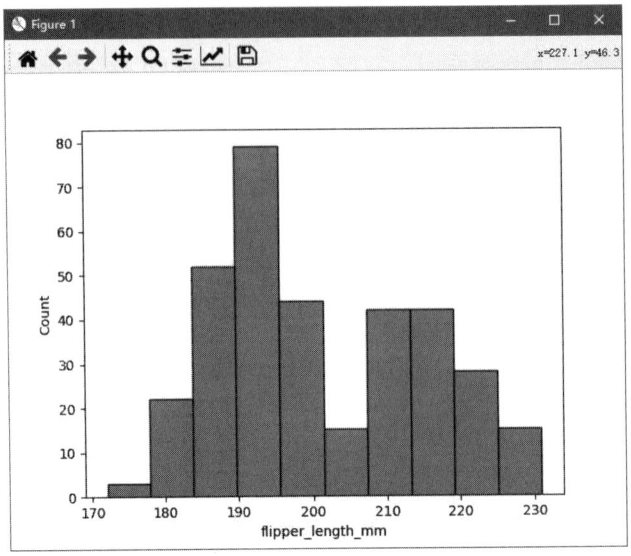

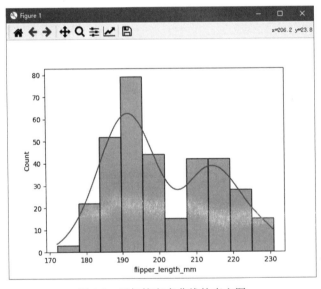

图 9.6　简单的直方图

（3）设置区间。

设置区间为 30，代码如下：

```
sns.histplot(data=penguins, x="flipper_length_mm", bins=30)
```

（4）添加核密度曲线。

添加一个核密度曲线来平滑直方图，代码如下：

```
sns.histplot(data=penguins, x="flipper_length_mm", kde=True)
```

运行程序，结果如图 9.7 所示。

图 9.7　添加核密度曲线的直方图

（5）利用颜色映射分类变量来绘制分类直方图。

要实现通过颜色映射分类变量来绘制分类直方图，可以将 hue 参数设置为分类变量，代码如下：

```
sns.histplot(data=penguins, x="flipper_length_mm", hue="species")
```

运行程序，结果如图 9.8 所示。

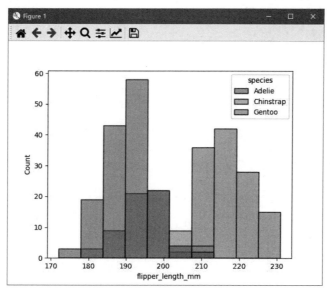

图 9.8　分类直方图

（6）设置直方图的类型。

当直方图中的条形重叠时，可以通过设置 element 参数来改变直方图的类型。例如，绘制阶梯式直方图，即使出现条形重叠也不会被遮挡，代码如下：

```
sns.histplot(penguins, x="flipper_length_mm", hue="species", element="step")
```

运行程序，结果如图 9.9 所示。

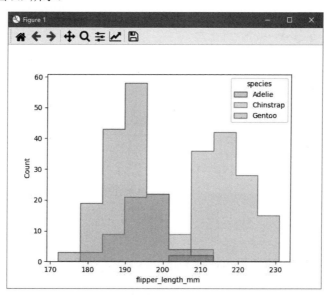

图 9.9　阶梯式直方图

（7）以 x 轴为分类变量绘制直方图。

当 x 轴为分类变量时，此时绘制的直方图类似柱形图，代码如下：

```
tips = sns.load_dataset("tips")
sns.histplot(data=tips, x="day", shrink=.8)
```

运行程序，结果如图 9.10 所示。

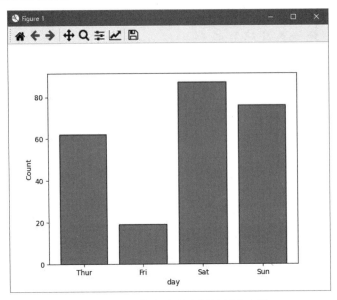

图 9.10　以 x 轴为分类变量绘制直方图

（8）设置坐标轴刻度为对数。

要实现坐标轴刻度为对数，可以将 log_scale 参数值设置为 True，代码如下：

```
planets=sns.load_dataset('planets')
sns.histplot(data=planets, x="distance", log_scale=True)
```

运行程序，结果如图 9.11 所示。

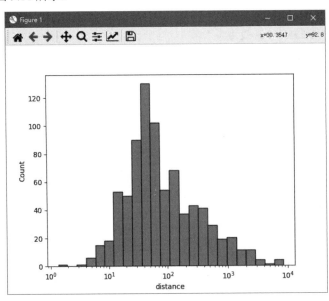

图 9.11　坐标轴刻度为对数的直方图

（9）绘制不填充颜色的直方图。

要绘制不填充颜色的直方图，可以将 fill 参数值设置为 False，代码如下：

```
sns.histplot(data=planets, x="distance", log_scale=True,fill=False)
```

运行程序，结果如图 9.12 所示。

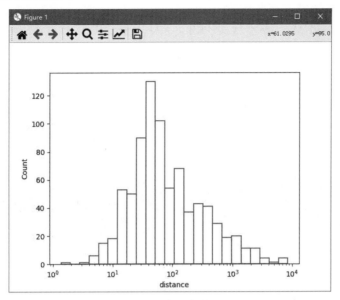

图 9.12　不填充颜色的直方图

（10）绘制热力图。

当参数 x 和 y 都被赋予变量时，将绘制热力图，代码如下：

```
sns.histplot(penguins, x="bill_depth_mm", y="body_mass_g")
```

运行程序，结果如图 9.13 所示。

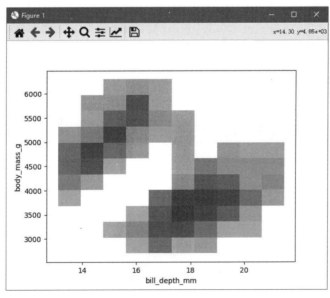

图 9.13　热力图

（11）显示颜色条。

绘制热力图时，我们可以通过 cbar 参数来设置是否显示颜色条。例如，显示颜色条，代码如下：

```
sns.histplot(penguins, x="bill_depth_mm", y="body_mass_g",cbar=True)
```

9.4 前 期 工 作

9.4.1 新建项目目录

开发项目之前，应创建一个项目目录，以保存项目所需的Python脚本文件，具体步骤如下：运行PyCharm，右击工程目录（如 PycharmProjects），在弹出的快捷菜单中选择 New→Directory，然后输入名称“会员数据化运营 RFM 分析实战”，并按 Enter 键，项目目录就被成功创建了，如图 9.14 所示。

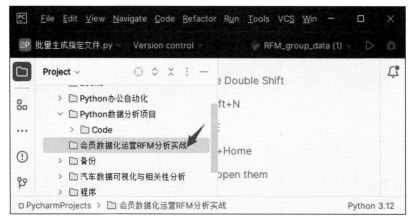

图 9.14 新建项目目录

9.4.2 数据准备

在会员数据化运营 RFM 分析实战中，我们抽取了近两年多的会员消费数据，即 2022 年 1 月 1 日至 2024 年 4 月 30 日，利用这些数据中的“会员 id”“本次消费金额”和“时间”来分析会员数据。部分数据截图如图 9.15 所示。

	会员id	本次消费金额	时间
2	mingri214	98.74	2024-4-30 9:20
3	mingri214	999	2024-4-29 18:46
4	mingri214	1184	2024-4-28 22:10
5	mingri211	268	2024-4-27 16:01
6	mingri210	198	2024-4-26 10:10
7	mingri210	45.37	2024-4-25 10:01
8	mingri208	130.98	2024-4-24 12:01
9	mingri207	119.11	2024-4-23 10:33
10	mingri206	64	2024-4-22 10:47

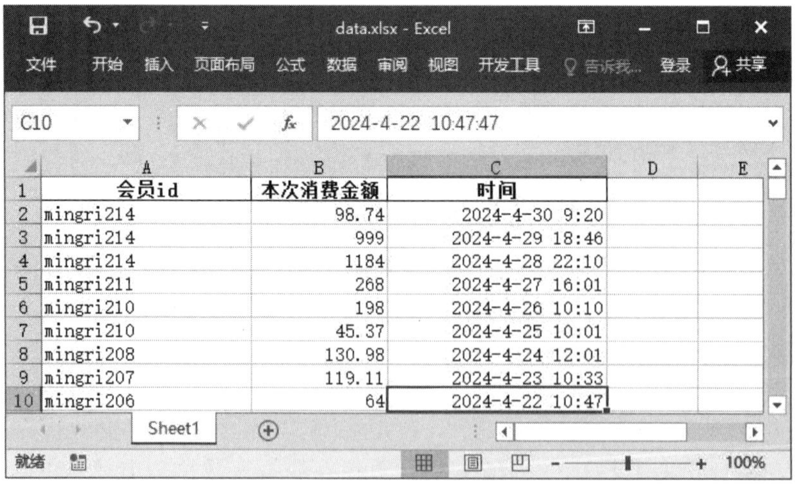

图 9.15 部分数据截图

> **说明**
>
> 本项目使用的数据集为 data.xlsx，开发本项目前，应将 data 文件夹复制到项目目录中，如图 9.16 所示。

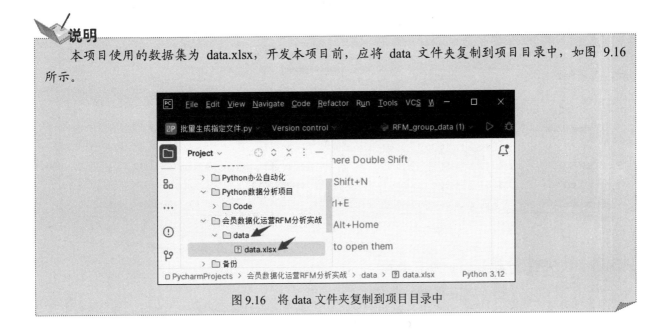

图 9.16　将 data 文件夹复制到项目目录中

9.5　数据预处理

9.5.1　数据预览

数据预览的主要目的是快速浏览数据的大致内容，例如，显示前 5 条数据，实现过程如下（源码位置：资源包\Code\09\view_data.py）。

（1）运行 PyCharm，在项目目录下新建一个 Python 文件，并将其命名为 view_data.py。

（2）导入 pandas 模块并读取 Excel 文件，代码如下：

```python
# 导入 pandas 模块
import pandas as pd
# 解决数据输出时列名不对齐的问题
pd.set_option('display.unicode.east_asian_width', True)
# 读取 Excel 文件
df=pd.read_excel('./data/data.xlsx')
```

（3）输出前 5 条数据，代码如下：

```python
print(df.head())
```

运行程序，结果如图 9.17 所示。

由于数据较多，上述内容仅预览了 2024 年的 5 条数据。接下来，我们使用 DataFrame 对象的 sample() 方法随机抽取 10 行数据，代码如下：

```python
print(df.sample(10))
```

运行程序，结果如图 9.18 所示。

从运行结果中得知：随机抽取的数据更具有代表性，有助于发现数据的问题、趋势和规律。

	会员id	本次消费金额	时间
884	mr0907	39.90	2023-10-08 22:03:33.000
2201	mr1646	39.90	2022-10-15 00:17:28.000
3871	mingri284	62.86	NaT
1960	mr0625	198.00	2022-12-10 22:51:47.000
3549	mrsoft212	0.00	NaT
2196	mr2677	39.90	2022-10-16 11:19:47.000
49	mingri167	208.00	2024-03-13 10:47:46.995
1834	mr3693	51.87	2023-01-13 17:11:48.000
3882	mingri295	115.71	NaT
2727	mr2954	48.86	2022-05-05 12:43:24.000

	会员id	本次消费金额	时间
0	mingri214	98.74	2024-04-30 09:20:23
1	mingri214	999.00	2024-04-29 18:46:22
2	mingri214	1184.00	2024-04-28 22:10:42
3	mingri211	268.00	2024-04-27 16:01:10
4	mingri210	198.00	2024-04-26 10:10:13

图 9.17　数据预览（前 5 条数据）　　　　图 9.18　随机抽取 10 行数据

9.5.2　缺失性分析

缺失性分析主要使用 DataFrame 对象的 info() 方法来查看数据的行数、列数、列名称、每列数据不为空数量、数据类型和内存使用情况，代码如下（源码位置：资源包\Code\09\view_data.py）：

```
df.info()
```

运行程序，结果如图 9.19 所示。

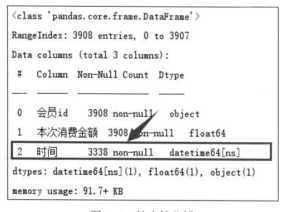

```
<class 'pandas.core.frame.DataFrame'>
RangeIndex: 3908 entries, 0 to 3907
Data columns (total 3 columns):
 #   Column   Non-Null Count  Dtype
---  ------   --------------  -----
 0   会员id      3908 non-null   object
 1   本次消费金额   3908 non-null   float64
 2   时间        3338 non-null   datetime64[ns]
dtypes: datetime64[ns](1), float64(1), object(1)
memory usage: 91.7+ KB
```

图 9.19　缺失性分析

从运行结果中得知：数据有 3908 行 3 列，其中"时间"列不为空的数量是 3338，表明该列数据存在部分缺失，而其他列不为空的数量是 3908。结论是数据质量良好，需要进一步针对"时间"列数据的缺失情况进行分析和处理。

9.5.3　描述性统计分析

下面将通过描述性统计分析来深入地了解数值型数据的整体状况，特别是关注最小值以检查数据中是否存在 0 值。这一分析主要使用 DataFrame 对象的 describe() 方法，代码如下（源码位置：资源包\Code\09\view_data.py）：

```
print(df.describe())
```

运行程序，结果如图 9.20 所示。

	本次消费金额	时间
count	3908.000000	3338
mean	114.681909	2023-02-03 21:02:18.406148864
min	0.000000	2022-01-01 09:26:18
25%	24.292500	2022-06-18 18:28:55
50%	51.870000	2023-02-27 17:19:24
75%	116.872500	2023-10-14 09:13:26.249999872
max	25332.970000	2024-04-30 09:20:23
std	508.097918	NaN

图 9.20　描述性统计分析

从运行结果中得知："本次消费金额"最小值为 0，这表明该列数据中存在 0 值。

9.5.4　数据处理

通过缺失性分析和描述性统计分析，我们发现数据中存在异常，如"时间"列存在空值，"本次消费金额"列存在 0 值。接下来，我们将对这些异常数据进行删除处理，实现过程如下（源码位置：资源包\Code\09\clean_data.py）。

（1）运行 PyCharm，在项目目录下新建一个 Python 文件，并将其命名为 clean_data.py。

（2）导入 pandas 模块并读取 Excel 文件，代码如下：

```python
# 导入 pandas 模块
import pandas as pd
# 解决数据输出时列名不对齐的问题
pd.set_option('display.unicode.east_asian_width', True)
# 读取 Excel 文件
df=pd.read_excel('./data/data.xlsx')
```

（3）数据处理。去除空值和值为 0 的数据，代码如下：

```python
# 去除空值，时间非空值才保留
# 去除本次消费金额为 0 的记录
df1=df[df['时间'].notnull() & df['本次消费金额'] !=0]
df1.info()
```

运行程序，再次查看数据，结果如图 9.21 所示。

```
<class 'pandas.core.frame.DataFrame'>
Index: 3122 entries, 0 to 3337
Data columns (total 3 columns):
 #   Column    Non-Null Count  Dtype
---  ------    --------------  -----
 0   会员id      3122 non-null   object
 1   本次消费金额   3122 non-null   float64
 2   时间        3122 non-null   datetime64[ns]
dtypes: datetime64[ns](1), float64(1), object(1)
memory usage: 97.6+ KB
```

图 9.21　查看数据

从运行结果中得知：数据由 3908 条变为 3122 条，这说明异常数据被成功删除了。

（4）将数据导出为 Excel 文件，代码如下：

```
df1.to_excel('./data/data1.xlsx',index=False)
```

9.5.5 计算 RFM 值

数据处理完成后，下面分别计算 R、F、M 值。首先来了解 R、F、M 值的计算方法，具体如下：

☑ 最近消费时间间隔（R 值）：最近一次消费时间与某时刻的时间间隔。计算公式：某时刻的时间（如 2024-05-10）－最近一次消费时间

☑ 消费频次（F 值）：会员累计消费次数。

☑ 消费金额（M 值）：会员累计消费金额。

接下来，计算 R、F、M 值，实现过程如下（源码位置：资源包\Code\09\RFM_data.py）。

（1）运行 PyCharm，在项目目录下新建一个 Python 文件，并将其命名为 RFM_data.py。

（2）导入 pandas 模块并读取 Excel 文件，代码如下：

```
# 导入 pandas 模块
import pandas as pd
# 解决数据输出时列名不对齐的问题
pd.set_option('display.unicode.east_asian_width', True)
# 读取 Excel 文件
df=pd.read_excel('./data/data1.xlsx')
```

（3）计算最近一次消费时间、F 值和 M 值。首先使用 groupby()方法按照"会员 id"统计数据，然后重置索引，代码如下：

```
df1 = df.groupby('会员id').agg(date_last=('时间','max'),    # 计算最近一次消费时间
                              F=('时间','count'),            # 计算 F 值（消费频次）
                              M=('本次消费金额','sum'),       # 计算 M 值（消费总金额）
                              ).reset_index()               # 重置索引
```

（4）根据步骤（3）得到的最近一次消费时间（date_last）计算 R 值，代码如下：

```
# 计算 R 值（最近一次消费间隔天数）
df1['R'] =(pd.to_datetime('2024-05-10') - df1['date_last']).dt.days
```

（5）输出前 5 条数据并将结果导出为 Excel 文件，代码如下：

```
# 输出前 5 条数据
print(df1.head())
df1.to_excel('./data/RFM.xlsx',index=False)                # 导出结果
```

运行程序，结果如图 9.22 所示。

```
    会员id            date_last        F      M      R
0  mingri002 2024-01-05 20:33:53.995  3  1474.0  125
1  mingri004 2024-01-04 20:33:53.995  1  1200.0  126
2  mingri153 2024-02-13 10:47:47.000  1    39.9   86
3  mingri155 2024-03-02 10:47:47.000  1   139.6   68
4  mingri156 2024-03-03 10:47:46.995  1   139.6   67
```

图 9.22 RFM 值（前 5 条数据）

9.6　数据统计分析

9.6.1　消费周期分析

消费周期分析主要通过直方图来分析 R 值，以观察会员消费周期的分布情况，实现过程如下（源码位置：资源包\Code\09\R_data.py）。

（1）运行 PyCharm，在项目目录下新建一个 Python 文件，并将其命名为 R_data.py。

（2）导入 pandas 模块并读取 Excel 文件，代码如下：

```python
# 导入 pandas 模块
import pandas as pd
# 解决数据输出时列名不对齐的问题
pd.set_option('display.unicode.east_asian_width', True)
# 读取 Excel 文件
df=pd.read_excel('./data/RFM.xlsx')
```

（3）使用 seaborn 模块的 histplot() 函数绘制 R 值的直方图，代码如下：

```python
sns.set_theme(style="white")                              # 设置主题风格
# 解决中文乱码问题
plt.rcParams['font.sans-serif']=['SimHei']
# 绘制直方图
sns.histplot(data=df,x="R",bins=8,kde=True,stat="percent")
plt.title('消费周期统计分析')                                # 设置图表标题
plt.show()                                                 # 显示图表
```

运行程序，结果如图 9.23 所示。

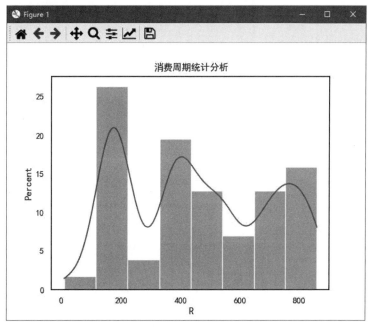

图 9.23　消费周期统计分析

从运行结果中得知：消费周期集中在 200 天左右的约占 25%。

9.6.2　消费频次分析

消费频次分析主要通过直方图来分析 F 值，以观察会员消费频次的分布情况，实现过程如下（源码位置：资源包\Code\09\F_data.py）。

（1）运行 PyCharm，在项目目录下新建一个 Python 文件，并将其命名为 F_data.py。

（2）导入 pandas 模块并读取 Excel 文件，代码如下：

```python
# 导入 pandas 模块
import pandas as pd
# 解决数据输出时列名不对齐的问题
pd.set_option('display.unicode.east_asian_width', True)
# 读取 Excel 文件
df=pd.read_excel('./data/RFM.xlsx')
```

（3）使用 seaborn 模块的 histplot() 函数绘制 F 值的直方图，代码如下：

```python
sns.set_theme(style="white")                          # 设置主题风格
# 解决中文乱码问题
plt.rcParams['font.sans-serif']=['SimHei']
# 绘制直方图
sns.histplot(data=df,x="F",stat="percent")
plt.title('消费频次统计分析')                           # 设置图表标题
plt.show()                                            # 显示图表
```

运行程序，结果如图 9.24 所示。

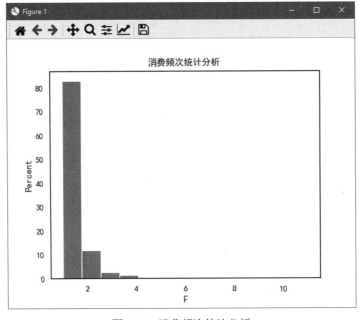

图 9.24　消费频次统计分析

从运行结果中得知：大多数会员消费频次集中在 1 次，约占 80%。

9.6.3　消费金额分析

消费金额分析主要通过柱形图来分析 M 值，该过程首先依据不同的消费区间统计会员数，然后基于这些统计数据绘制柱形图，实现过程如下（源码位置：资源包\Code\09\M_data.py）。

（1）运行 PyCharm，在项目目录下新建一个 Python 文件，并将其命名为 M_data.py。

（2）导入 pandas 模块并读取 Excel 文件，代码如下：

```python
# 导入 pandas 模块
import pandas as pd
# 解决数据输出时列名不对齐的问题
pd.set_option('display.unicode.east_asian_width', True)
# 读取 Excel 文件
df=pd.read_excel('./data/RFM.xlsx')
```

（3）首先使用 pandas 模块的 cut()函数划分消费区间，然后使用 groupby()方法根据这些消费区间统计会员数，代码如下：

```python
# 划分消费区间
df['消费区间']=pd.cut(df['M'], [0,50,100,300,500,1000,2000,5000,30000],
                labels=[u"50 元以下",u"50-100 元",u"100-300 元",u"300-500 元",
                        u"500-1000 元",u"1000-2000 元",u"2000-5000 元",u"5000 元以上"])
# 按消费区间统计会员数
df1_group=df.groupby('消费区间',observed=True)['消费区间'].count()
print(df1_group)
```

运行程序，结果如图 9.25 所示。

消费区间	
50元以下	822
50-100元	691
100-300元	713
300-500元	107
500-1000元	43
1000-2000元	51
2000-5000元	10
5000元以上	4

图 9.25　按消费区间统计会员数

说明

图 9.25 中的消费区间值包括右边的值。例如，"50-100 元"包括 100 元。在实际应用中，如果不想包括右边的值，可以将 cut()函数的 right 参数值设置为 False。关于 cut()函数的详细介绍，读者可以参考《Python 数据分析从入门到精通（第 2 版）》的 7.5.2 节。另外，书中其他章节关于区间的划分规则也是如此。

（4）绘制柱形图，代码如下：

```python
# 解决中文乱码问题
plt.rcParams['font.sans-serif']=['SimHei']
df1_group.plot(kind='bar')                          # 绘制柱形图
plt.title('消费金额统计分析')                          # 设置图表标题
# 设置 x 轴和 y 轴标题
plt.xlabel('消费金额')
plt.ylabel('会员数')
# 旋转 x 轴标签
plt.xticks(rotation=45)
plt.tight_layout()                                  # 图形元素自适应
plt.show()                                          # 显示图表
```

运行程序，结果如图 9.26 所示。

从运行结果中得知：消费金额在 300 元以内的占大多数。

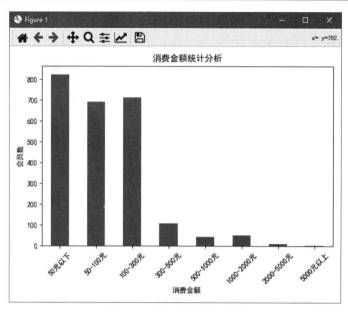

图 9.26　消费金额统计分析

9.7　会员群体分析

9.7.1　RFM 模型指标打分

通过前面的计算，我们得到了 RFM 模型中 3 个指标 R、F、M 的值。接下来，我们将按照表 9.1 中的打分规则，对这 3 个指标进行打分，分值为 1～5 分。通过打分，我们可以确定每位会员的价值，并据此筛选出目标会员，以便进行更有针对性的营销。

表 9.1　RFM 模型指标打分规则

指　标	说　明	得　分
R 值	小于 90 天未消费	5
	90～180 天未消费	4
	180～360 天未消费	3
	360～720 天未消费	2
	大于 720 天未消费	1
F 值	会员消费 1 次	1
	会员消费 2 次	2
	会员消费 3 次	3
	会员消费 4 次	4
	会员消费大于 4 次	5
M 值	总消费金额小于 100 元	1
	总消费金额 100～200 元	2
	总消费金额 200～500 元	3
	总消费金额 500～1000 元	4
	总消费金额大于 1000	5

说明

关于上述打分规则，你可以根据实际会员消费情况自行定制。

接下来，我们将对 RFM 模型指标进行打分。这一过程主要涉及使用 cut()函数对数据进行切分并赋予相应的标记，实现过程如下（源码位置：资源包\Code\09\RFM_score_data.py）。

（1）运行 PyCharm，在项目目录下新建一个 Python 文件，并将其命名为 RFM_score_data.py。

（2）导入 pandas 模块并读取 Excel 文件，代码如下：

```python
# 导入 pandas 模块
import pandas as pd
# 解决数据输出时列名不对齐的问题
pd.set_option('display.unicode.east_asian_width', True)
# 读取 Excel 文件
df=pd.read_excel('./data/RFM.xlsx')
```

（3）根据表 9.1 列出的规则，我们将对 RFM 模型指标进行打分，这一过程主要使用 cut()函数来完成，代码如下：

```python
# RFM 模型指标打分
# r-score（小于 90 天 5 分 90～180 天 4 分 180～360 天 3 分 360～720 天 2 分大于 720 天 1 分）
df['r_score'] = pd.cut(df['R'],bins=[0,90,180,360,720,1000],labels=[5,4,3,2,1])
# f-score（消费 1 次 1 分 2 次 2 分 3 次 3 分 4 次 4 分大于 4 次 5 分）
df['f_score'] = pd.cut(df['F'],bins=[0,1,2,3,4,100],labels=[1,2,3,4,5])
# m-score（总消费金额小于 100 元 1 分 100～200 元 2 分 200～500 元 3 分 500～1000 元 4 分大于 10005 分）
df['m_score'] = pd.cut(df['M'],bins=[0,100,200,500,1000,30000],labels=[1,2,3,4,5])
print(df.head())                                    # 输出前 5 条数据
```

运行程序，结果如图 9.27 所示。

```
      会员id              date_last  F       M    R r_score f_score m_score
0  mingri002  2024-01-05 20:33:53.995  3  1474.0  125       4       3       5
1  mingri004  2024-01-04 20:33:53.995  1  1200.0  126       4       1       5
2  mingri153  2024-02-13 10:47:47.000  1    39.9   86       5       1       1
3  mingri155  2024-03-02 10:47:47.000  1   139.6   68       5       1       2
4  mingri156  2024-03-03 10:47:46.995  1   139.6   67       5       1       2
```

图 9.27 对 RFM 模型指标打分（前 5 条数据）

（4）将结果导出为 Excel 文件，代码如下：

```python
df.to_excel('./data/RFM_score.xlsx',index=False)
```

9.7.2 会员群体划分

对 RFM 模型 3 个指标的打分完成后，从表 9.1 的"得分"列中可以看出，我们已将每个指标细分为 5 类，进而将会员细分为 5×5×5，即 125 类。然而，针对每一类会员进行精准营销并定制营销策略显然不可取。因此，接下来我们将通过 RFM 模型中的 R、F、M 值的高低对会员群体进行划分。那么，R、F、M 值的高低各不相同，该如何判断呢？这里将 R、F、M 值的均值作为判断高低的点，高于均值的标记为"高"（即 1），低于均值的标记为"低"（即 0），这样会员群体就被划分为 8 类。实现过程如下（源码位置：资源包\Code\09\RFM_cluster_data.py）。

（1）运行 PyCharm，在项目目录下新建一个 Python 文件，并将其命名为 RFM_cluster_data.py。

（2）导入 pandas 模块并读取 Excel 文件，代码如下：

```
# 导入 pandas 模块
import pandas as pd
# 读取 Excel 文件
df=pd.read_excel('./data/RFM_score.xlsx')
```

（3）首先标记 R、F、M 值的高低（0、1），然后组合 RFM 值，代码如下：

```
# 根据 R、F、M 的分数标记高低（0、1）
df['r_type'] = df['r_score'].apply(lambda x: 1 if x > df['r_score'].mean() else 0)
df['f_type'] = df['f_score'].apply(lambda x: 1 if x > df['f_score'].mean() else 0)
df['m_type'] = df['m_score'].apply(lambda x: 1 if x > df['m_score'].mean() else 0)
# 组合 RFM 值
df['RFM']=df['r_type'].astype(str)+df['f_type'].astype(str)+df['m_type'].astype(str)
print(df.head())
```

运行程序，结果如图 9.28 所示。

	会员id	date_last	F	M	...	r_type	f_type	m_type	RFM
0	mingri002	2024-01-05 20:33:53.995	3	1474.0	...	1	1	1	111
1	mingri004	2024-01-04 20:33:53.995	1	1200.0	...	1	0	1	101
2	mingri153	2024-02-13 10:47:47.000	1	39.9	...	1	0	0	100
3	mingri155	2024-03-02 10:47:47.000	1	139.6	...	1	0	1	101
4	mingri156	2024-03-03 10:47:46.995	1	139.6	...	1	0	1	101

图 9.28　标记组合 RFM 值（前 5 条数据）

（4）根据 RFM 值使用字典映射标记会员类别，代码如下：

```
# 根据 RFM 值标记会员类别
# 创建会员类别字典
cluster_mapping={'111':'超级至尊 VIP','011':'钻石 VIP',
                 '101':'黄金 VIP','001':'白金 VIP',
                 '110':'银卡 VIP','010':'铜卡 VIP',
                 '100':'普通 VIP','000':'学生 VIP'}
# 使用字典映射会员类别
df['会员类别']=df['RFM'].map(cluster_mapping)
print(df.head())
df.to_excel('./data/RFM_cluster.xlsx',index=False)
```

运行程序，结果如图 9.29 所示。

	会员id	date_last	F	M	...	f_type	m_type	RFM	会员类别
0	mingri002	2024-01-05 20:33:53.995	3	1474.0	...	1	1	111	超级至尊VIP
1	mingri004	2024-01-04 20:33:53.995	1	1200.0	...	0	1	101	黄金VIP
2	mingri153	2024-02-13 10:47:47.000	1	39.9	...	0	0	100	普通VIP
3	mingri155	2024-03-02 10:47:47.000	1	139.6	...	0	1	101	黄金VIP
4	mingri156	2024-03-03 10:47:46.995	1	139.6	...	0	1	101	黄金VIP

图 9.29　标记会员类别

从运行结果中得知：会员被划分为了不同类别，之后便可以通过不同的营销策略对不同类别的会员进行针对性的营销。

9.8　项 目 运 行

通过前述步骤，我们已经设计并完成了"会员数据化运营 RFM 分析实战"项目的开发。"会员数据化运营 RFM 分析实战"项目目录包含 10 个 Python 脚本文件，如图 9.30 所示。

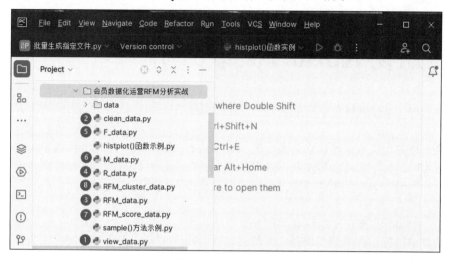

图 9.30　项目目录

下面按照开发过程运行脚本文件，以检验我们的开发成果。例如，运行 view_data.py，双击该文件，右侧"代码窗口"将显示全部代码，然后右击，在弹出的快捷菜单中选择 Run 'view_data'命令（见图 9.31），即可运行程序。

图 9.31　运行 data_view.py

其他脚本文件按照图 9.30 给出的顺序运行，这里就不再赘述了。

9.9　源 码 下 载

本章虽然详细地讲解了如何通过 RFM 模型、pandas 模块、matplotlib 模块和 seaborn 模块实现"会员数据化运营 RFM 分析实战"的各个功能，但给出的代码都是代码片段，而非完整的源代码。为了方便读者学习，本书提供了用于下载完整源代码的二维码。

源码下载

## 第 10 章

商超购物 Apriori 关联分析

——pandas + matplotlib + Apriori 关联分析 + mlxtend

关联分析是一种数据挖掘技术，它有助于揭示数据间的关联关系，这对于预测未来的行为趋势非常有用。此外，它还能帮助我们发现数据中潜在的价值信息，使我们能够做出更加精准的决策。同时，关联分析能够探测到新的商机和市场动向，这对于开发新产品或服务具有重要意义。

项目微视频

本章将利用 mlxtend 模块中的 Apriori 算法来实现商超购物的关联分析。通过这一技术，我们将从购物数据中挖掘出顾客购买商品之间的关联性和隐含关系，进而为定制有效的营销策略提供依据，帮助企业优化销售策略，提升销售业绩。

本项目的核心功能及实现技术如下：

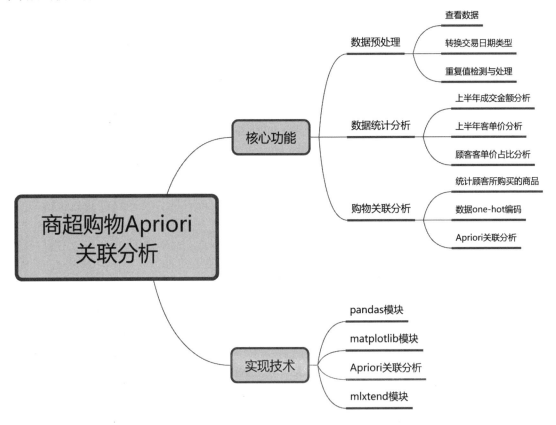

10.1 开发背景

在大数据和人工智能时代，数据时刻都在大量产生。这些海量数据的背后必然隐藏着许多有意义且有价值的信息，因此我们需要采用特定的方法来挖掘这些信息。数据挖掘是从大量数据中提取信息的重要工具之一。Python 不仅提供了数据分析、数据可视化和机器学习等多种工具，还提供了丰富的数据挖掘工具和算法库，例如 Apriori 算法。

本章将利用 Apriori 算法实现商超购物关联分析，以揭示顾客购买不同商品之间的关联性，并分析顾客的购物习惯。通过了解哪些商品被顾客频繁购买，以及哪些商品被顾客同时购买，本章旨在帮助商家制定合理的营销方案，进而提升销售业绩。

10.2 系 统 设 计

10.2.1 开发环境

本项目的开发及运行环境如下：
- ☑ 操作系统：推荐 Windows 10、Windows 11 或更高版本。
- ☑ 编程语言：Python 3.12。
- ☑ 开发环境：PyCharm。
- ☑ 第三方模块：pandas（2.1.4）、openpyxl（3.1.2）、matplotlib（3.8.2）、mlxtend（0.23.1）。

10.2.2 分析流程

商超购物 Apriori 关联分析的首要任务是数据准备，然后进行数据预处理工作，包括查看数据、转换交易日期类型和重复值检测与处理，以确保数据质量，最后进行数据统计分析和购物数据关联分析。

本项目分析流程如图 10.1 所示。

图 10.1 商超购物 Apriori 关联分析流程

10.2.3 功能结构

本项目的功能结构已经在章首页中给出。本项目实现的具体功能如下：
- ☑ 数据预处理：首先查看数据，然后转换交易日期类型、重复值检测与处理。
- ☑ 数据统计分析：包括上半年成交金额分析、上半年客单价分析，以及顾客客单价占比的分析。
- ☑ 购物数据关联分析：包括统计顾客购买的商品、对数据进行 one-hot 编码处理，以及应用 Apriori 算法进行关联分析。

10.3 技 术 准 备

10.3.1 技术概览

商超购物的 Apriori 关联分析主要依赖于 mlxtend 模块进行，而数据处理和数据可视化则分别借助 pandas 模块和 matplotlib 模块来实现。关于 pandas 模块和 matplotlib 模块的具体介绍，这里不再赘述。若读者对这些模块不够熟悉，可以参考《Python 数据分析从入门到精通（第 2 版）》中的相关内容进行深入学习。

下面将详细介绍 mlxtend 模块。然而，在深入探讨之前，我们有必要熟悉 Apriori 关联分析的相关概念和术语，以便读者能够顺利地完成本项目并对其进行进一步扩展。

10.3.2 Apriori 关联分析

沃尔玛为何会将看似毫不相干的啤酒和纸尿裤（见图 10.2）摆在一起销售？令人惊讶的是，这种做法使得啤酒和纸尿裤的销量都实现了显著增长！

图 10.2　啤酒和纸尿裤

因为沃尔玛发现了"啤酒"和"纸尿裤"的潜在联系。原来，美国的太太们常叮嘱她们的丈夫下班后为小孩买纸尿裤，而丈夫们在购买纸尿裤的同时又顺便带回了两瓶啤酒。这一消费行为导致了这两件商品经常被同时购买。所以，沃尔玛索性就将它们摆放在一起，既方便顾客，又提升了销售业绩。那么，以上就是本节要讲述的内容——Apriori 关联分析。

Apriori 意思是先验的、推测的，它是一种用于挖掘关联规则的频繁项集的算法。Apriori 关联分析就是通过 Apriori 算法发现大量数据之间的关联或者潜在关系与规律的过程。例如，一家大型超市可以通过 Apriori 关联分析来发现顾客购买不同商品之间的联系，进而分析顾客的购物习惯。通过了解哪些商品被顾客频繁购买以及哪些商品被顾客同时购买，商家可以据此制定合理的营销方案，以提升销售业绩。这些策略包括进行捆绑销售、套餐设置、商品位置摆放调整、促销活动等。

下面通过一组简单的顾客超市购物数据来演示 Apriori 关联分析，如图 10.3 所示。在该图中，第 1 列为顾客信息，第 2 列为顾客购物小票中的商品信息（以英文字母代替）。我们的目的就是利用 Apriori 关联分析来找出图 10.3 中不同商品之间的联系。

了解了 Apriori 关联分析后，下面简单介绍相关术语。

☑　事务库：在图 10.3 中，"购物小票"列中的数据构成了一个事务库，该事务库记录了顾客购物行为数据。

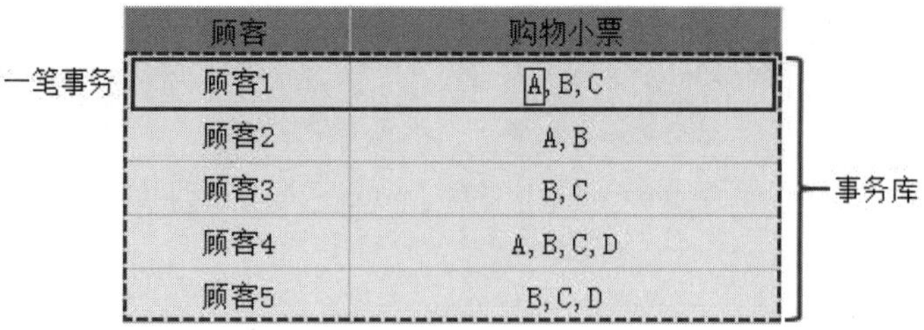

图 10.3　顾客超市购物数据

☑ 　事务：事务库中的每一条记录为事务，在"购物小票"事务库中，一笔事务就是一次购物行为。
　　 例如，第 1 行数据"顾客 1 购买了"A,B,C"就是一笔事务。

☑ 　项和项集：在"购物小票"事务库中，每一件商品为项，例如 A；项的集合为项集，例如"A、B"
　　 "A、C""C、B"等都是项集，也就是不同商品的组合。

☑ 　频繁项集：经常一起出现的商品，可以是 0 个或者多个项集。

☑ 　支持度：项集的支持度为包含该项集的事务在所有事务中所占的比例。例如，{A,B}同时出现的
　　 概率。

☑ 　置信度：项集在包含该项集的事务中出现的频繁程度（概率）。例如，购买 A 的人，同时购买 B
　　 的概率。

☑ 　关联规则：用于表示数据内隐含的关联性。例如，购买商品 A 的人往往会购买商品 B。关联规则
　　 的强度用于判断关联规则的有效性，主要使用支持度和置信度。

　　上述提到的频繁项集、支持度、置信度以及关联规则，这些都需要借助特定的公式进行计算得出。在此，我们不对这些公式的具体计算过程进行深究，因为我们的目标是利用现成的工具来完成 Apriori 关联分析，而非手动计算。具体来说，我们将通过 Python 中的 mlxtend 模块来实现这一分析。接下来，就让我们一起认识并了解 mlxtend 模块吧。

10.3.3　详解 mlxtend 模块

　　mlxtend 是当前较为流行的 Python 第三方库，主要用于为机器学习和数据挖掘领域提供额外的功能和扩展。它提供了丰富的机器学习工具和函数，其中包括 Apriori 算法。mlxtend 模块可用于特征选择、模型评估、集成学习、关联规则挖掘和数据可视化等，具体功能如下：

☑ 　特征选择：mlxtend 模块提供了多种特征选择的方法，包括基于特征重要性的方法、递归特征消除
　　 以及基于特征子集搜索的方法。

☑ 　模型评估：提供了交叉验证、网格搜索以及模型性能评估的功能。我们可以使用交叉验证来评估
　　 模型的泛化能力，并使用网格搜索来寻找最佳的超参数组合。

☑ 　集成学习：支持集成学习方法，如投票分类器、堆叠分类器和 Adaboost 等。这些方法可以提高模
　　 型的准确性和稳定性。

☑ 　关联规则挖掘：包含了 Apriori 算法，用于发现数据集中的频繁项集和关联规则。这也是本章项目
　　 重点应用的功能。

☑ 　数据可视化：提供了多种绘图工具，可用于数据集的可视化和结果的呈现。它支持绘制分类边界、
　　 特征重要性图和学习曲线等。

　　了解了 mlxtend 模块的功能之后，下面我们将介绍如何使用 mlxtend 模块实现 Apriori 关联分析，基本过程如图 10.4 所示。

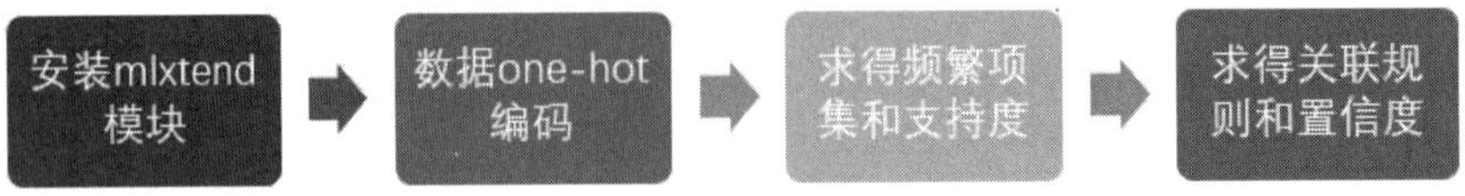

图 10.4　使用 mlxtend 模块实现 Apriori 关联分析的基本过程

1．安装 mlxtend 模块

mlxtend 模块属于第三方库，使用前需要进行安装。由于本项目的开发环境是 PyCharm，因此需要在 PyCharm 开发环境中安装该模块，或者在命令提示符窗口中使用以下 pip 命令进行安装，命令如下：

```
pip install mlxtend
```

成功安装 mlxtend 模块之后，我们就可以在 Python 中使用该模块了。本章项目主要使用 mlxtend 模块的关联规则挖掘功能，由于篇幅有限，下面仅介绍与其相关的内容和部分子模块功能。对于更多内容，你可以参考 mlxtend 官网（https://rasbt.github.io/mlxtend/）。

2．数据 one-hot 编码（TransactionEncoder 类）

mlxtend.preprocessing 子模块中的 TransactionEncoder 类用于对 Python 列表中的数据进行编码，这一过程主要使用 TransactionEncoder 类的 fit()方法和 transform()方法来实现：首先使用 fit()方法拟合数据中所有唯一值，然后使用 transform()方法将其转换为 one-hot 编码。

> **说明**
>
> 什么是 one-hot 编码？one-hot 编码为独热编码，one-hot 编码是将分类变量作为二进制向量的表示。首先将分类值映射为整数值，然后每个整数值都被表示为二进制向量。one-hot 编码就是保证每个样本中的单个特征只有 1 位处于状态 1，其余位都是 0。需要注意的是，使用 mlxtend 模块的 TransactionEncoder 类对数据进行 one-hot 编码后，返回值为 True 或 False。

例如，创建一组商品订单数据，然后对其进行 one-hot 编码，代码如下：

```
# 导入 pandas 模块
import pandas as pd
# 导入 mlxtend.preprocessing 子模块的 TransactionEncoder 类
from mlxtend.preprocessing import TransactionEncoder
# 创建数据
print("原始数据: ")
data = {'id': [1, 2, 3, 4, 5],
        '商品名称':[['牛奶','洋葱','烤鸡','咖啡','鸡蛋','酸奶'],
                  ['牛油果','西蓝花','烤鸡','咖啡','鸡蛋','酸奶'],
                  ['牛奶','苹果','咖啡','鸡蛋'],
                  ['牛奶','烤鸡','玉米','咖啡','酸奶'],
                  ['玉米','西蓝花','香蕉','咖啡','面包','鸡蛋']]}
df = pd.DataFrame(data)
print(df)
print("one-hot 编码后的数据: ")
# 解决数据输出时列名不对齐的问题
pd.set_option('display.unicode.east_asian_width', True)
# 进行 one-hot 编码
te = TransactionEncoder()
te_ary = te.fit(df['商品名称']).transform(df['商品名称'])
df1 = pd.DataFrame(te_ary, columns=te.columns_)
print(df1)
```

运行程序，结果如图 10.5 所示。

```
原始数据:
    id                     商品名称
0    1    [牛奶, 洋葱, 烤鸡, 咖啡, 鸡蛋, 酸奶]
1    2    [牛油果, 西蓝花, 烤鸡, 咖啡, 鸡蛋, 酸奶]
2    3            [牛奶, 苹果, 咖啡, 鸡蛋]
3    4        [牛奶, 烤鸡, 玉米, 咖啡, 酸奶]
4    5    [玉米, 西蓝花, 香蕉, 咖啡, 面包, 鸡蛋]
one-hot编码后的数据:
      咖啡     洋葱     烤鸡     牛奶    牛油果     玉米     苹果    西蓝花     酸奶     面包     香蕉     鸡蛋
0    True   True   True   True   False  False  False  False   True   False  False  True
1    True   False  True   False  True   False  False  True    True   False  False  True
2    True   False  False  True   False  False  True   False   False  False  False  True
3    True   False  True   True   False  True   False  False   True   False  False  False
4    True   False  False  False  False  True   False  True    False  True   True   True
```

图 10.5　数据 one-hot 编码

3．频繁项集和支持度（apriori()函数）

利用 mlxtend 模块的 Apriori 算法来挖掘频繁项集，主要依赖于 mlxtend.frequent_patterns 子模块的 apriori() 函数。该函数能够在经过 one-hot 编码的数据中挖掘出频繁项集，其返回结果包含项集及其相应的支持度。例如，找出上述商品的频繁项集，代码如下：

```
# 利用 Apriori 算法挖掘出频繁项集
# 导入 mlxtend.frequent_patterns 子模块的 apriori()函数
from mlxtend.frequent_patterns import apriori
df_support = apriori(df1, min_support=0.05, use_colnames=True)
print(df_support)
```

上述代码中：df1 为编码后的数据；min_support 参数为给定的最小支持度；use_colnames 参数默认值为 False，返回的商品组合用编号代替，如果值为 True，则直接显示商品名称。

运行程序，结果如图 10.6 所示。

	support	itemsets
0	1.0	(咖啡)
22	0.8	(鸡蛋, 咖啡)
11	0.8	(鸡蛋)
2	0.6	(烤鸡)
3	0.6	(牛奶)
..	...	...
79	0.2	(西蓝花, 香蕉, 咖啡)
82	0.2	(面包, 香蕉, 咖啡)
83	0.2	(鸡蛋, 面包, 咖啡)
84	0.2	(鸡蛋, 香蕉, 咖啡)
188	0.2	(西蓝花, 面包, 香蕉, 鸡蛋, 玉米, 咖啡)

图 10.6　频繁项集和支持度

从运行结果中得知：support 为支持度，支持度越高，说明项集出现的频率越高，相应地指定商品出现的频率也越高。例如，（咖啡）支持度是 1.0，也就是 100%，这意味着所有的订单中都包含咖啡。再来看组合商品（鸡蛋,咖啡）支持度是 0.8，也就是 80%，这表明有 80% 的订单同时包含了这两款商品，那么，一共 5 笔订单，包含这两款商品的订单有 4 笔，即 80%。

4. 关联规则和置信度（association_rules()函数）

求关联规则和置信度主要依赖于 mlxtend.frequent_patterns 子模块的 association_rules()函数。通过之前求得的频繁项集，我们可以使用 association_rules()函数来计算出关联规则及其置信度，代码如下：

```
# 导入 mlxtend.frequent_patterns 子模块的 association_rules()函数
from mlxtend.frequent_patterns import association_rules
# 置信度
df_confidence = association_rules(df_support, metric="lift", min_threshold=0.5)
# 按置信度对结果进行降序排序
print(df_confidence.sort_values('confidence',ascending=False))
```

上述代码中，min_threshold 等参数可以在实际应用时根据数据集和业务需求进行设置和调整。

运行程序，结果如图 10.7 所示。

	antecedents	consequents	antecedent support	consequent support	support	confidence	lift	leverage	conviction	zhangs_metric
1909	(香蕉)	(西蓝花, 咖啡, 面包, 玉米, 鸡蛋)	0.2	0.2	0.2	1.0	5.000000	0.16	inf	1.00
1042	(鸡蛋, 烤鸡, 牛油果)	(酸奶)	0.2	0.6	0.2	1.0	1.666667	0.08	inf	0.50
1057	(西蓝花, 鸡蛋, 酸奶)	(烤鸡)	0.2	0.6	0.2	1.0	1.666667	0.08	inf	0.50
1056	(西蓝花, 鸡蛋, 烤鸡)	(酸奶)	0.2	0.6	0.2	1.0	1.666667	0.08	inf	0.50
1053	(牛油果)	(鸡蛋, 酸奶, 烤鸡)	0.2	0.4	0.2	1.0	2.500000	0.12	inf	0.75
...	...	...	...	...	...	...	...	...	...	...
773	(咖啡)	(鸡蛋, 酸奶, 牛油果)	1.0	0.2	0.2	0.2	1.000000	0.00	1.0	0.00
788	(咖啡)	(西蓝花, 玉米, 面包)	1.0	0.2	0.2	0.2	1.000000	0.00	1.0	0.00
802	(咖啡)	(西蓝花, 玉米, 香蕉)	1.0	0.2	0.2	0.2	1.000000	0.00	1.0	0.00
817	(咖啡)	(西蓝花, 玉米, 鸡蛋)	1.0	0.2	0.2	0.2	1.000000	0.00	1.0	0.00
0	(咖啡)	(洋葱)	1.0	0.2	0.2	0.2	1.000000	0.00	1.0	0.00

图 10.7 关联规则和置信度

从运行结果中得知：association_rules()函数返回结果为关联规则的各项指标，如 antecedents（前件）、consequents（后件）、antecedents support（前件支持度）、consequents support（后件支持度）、support（支持度）、confidence（置信度）、lift（提升度）、leverage（杠杆率）、conviction（确信度）、zhangs_metric（张氏度量）。

说明

下面对 association_rules()函数返回的关联规则中的各项指标进行解释，具体如下：

antecedents（前件）：前件就是前面的项，例如{A,B}，前件为 A。

consequents（后件）：后件就是后面的项，例如{A,B}，后件为 B。

antecedents support（前件支持度）：前件出现的概率。

consequents support（后件支持度）：后件出现的概率。

support（支持度）：项集的支持度为包含该项集的事务在所有事务中所占的比例。例如，{A,B}同时出现的概率。

confidence（置信度）：项集在包含该项集的事务中出现的频繁程度（概率）。例如，购买 A 的人，同时购买 B 的概率。

lift（提升度）：用于衡量两个事件之间的关联程度。提升度大于 1 且其值越高，表明正相关性越强；提升度小于 1 且其值越低，表明负相关性越强；提升度等于 1，表明没有相关性；提升度为负值，表明商品之间具有相互排斥的作用。

leverage（杠杆率）：用于衡量两个事件之间的关联程度。它表示两个事件同时发生的概率与在假设它们是独立事件的情况下预期同时发生的概率之间的差异。当杠杆率大于 0 时，表示两个事件之间存在正向关联；当杠杆率等于 0 时，表示两个事件之间不存在关联；当杠杆率小于 0 时，表示两个事件之间存在负向关联。

conviction（确信度）：用于衡量关联规则的可靠性。它表示如果前提事件发生，则导致结论事件不发生的概率与假设前提事件和结论事件是独立事件的情况下导致结论事件不发生的概率之比。当确信度大于 1 时，表示前提事件对于导致结论事件的发生有积极影响；当确信度等于 1 时，表示前提事件对于导致结论事件的发生没有影响；当确信度小于 1 时，表示前提事件对于导致结论事件的发生具有负面影响。

zhangs_metric（张氏度量）：用于衡量关联规则的置信度和支持度之间的关系。计算方式是将置信度和支持度相乘后进行开方，取值范围为 0～1，值越接近 1，表示关联规则越强。

5. mlxtend 模块常用子模块

下面来了解 mlxtend 模块常用的子模块，以便更好地学习 mlxtend 模块。

（1）mlxtend.preprocessing 子模块。

preprocessing 子模块包括以下方法，具体介绍如下：

☑ CopyTransformer：返回输入数组的副本的转换器。
☑ DenseTransformer：将稀疏数组转换为密集数组的转换器。
☑ MeanCenterer：对向量和矩阵进行列中心化的转换器。
☑ TransactionEncoder：用于 Python 列表中事务数据的编码器类。
☑ minmax_scaling：对 pandas DataFrame 进行最小-最大缩放。
☑ one_hot：对类别标签进行独热编码。
☑ shuffle_arrays_unison：同时打乱 numpy 数组的转换器。
☑ standardize：对 pandas 模块 DataFrame 对象中的列进行标准化。

（2）mlxtend.frequent_patterns 子模块。

frequent_patterns 子模块包括以下方法，具体介绍如下：

☑ apriori：从一个独热编码的 DataFrame 对象中获取频繁项集。该方法基于 Apriori 算法，根据最小支持度来筛选出频繁项集，有助于发现数据中频繁出现的组合。
☑ association_rules：生成关联规则的 DataFrame 对象，包括支持度、置信度、提升度等。它可以根据指定的关联规则指标和最小阈值筛选出具有一定关联性的规则。
☑ fpgrowth：从一个独热编码的 DataFrame 对象中获取频繁项集。该方法基于 FP-Growth 算法，使用 FP 树数据结构高效地挖掘频繁项集，适用于大规模数据集。
☑ fpmax：从一个独热编码的 DataFrame 对象中获取极大频繁项集。与频繁项集不同，极大频繁项集是指不再有超集是频繁项集的项集，具有更高的抽象度和概括性。
☑ hmine：从一个独热编码的 DataFrame 对象中获取频繁项集。该方法基于 Hash 算法，以哈希表为基础实现高效的频繁项集挖掘。

（3）mlxtend.file_io 子模块。

☑ find_filegroups：用于从不同目录中查找和收集文件的方法。它可以根据指定的路径、文件名子字符串、文件扩展名等条件，在不同目录中查找符合条件的文件，并将它们收集到一个 Python 字典中。
☑ find_files：用于在指定目录中根据文件名子字符串进行文件查找的方法。它可以根据指定的子字符串匹配条件，在指定的目录中查找符合条件的文件，并返回匹配的文件列表。

（4）mlxtend.text 子模块。

☑ generalize_names：将人的姓和名进行泛化处理，返回格式为<姓><分隔符><名字的第一个或几个字母>的姓名字符串。

☑ generalize_names_duplcheck：对 DataFrame 对象中的姓名列进行泛化处理并去除重复值。默认情况下，使用 mlxtend.text.generalize_names()方法对姓和名进行泛化处理，并根据是否存在重复值选择使用更多的名字字母进行泛化。

☑ tokenizer_emoticons：从文本中提取出表情符号。

☑ tokenizer_words_and_emoticons：将文本转换为小写的单词和表情符号。

（5）mlxtend.data 子模块。

☑ autompg_data：Auto MPG 数据集。

☑ boston_housing_data：波士顿房价数据集。

☑ iris_data：鸢尾花数据集。

☑ loadlocal_mnist：从 ubyte 文件中读取 MNIST 数据集。

☑ make_multiplexer_dataset：创建一个二进制 n 位多路复用器数据集。

☑ mnist_data：来自 MNIST 手写数字数据集的 5000 个样本。

☑ three_blobs_data：用于聚类的三个二维斑点数据集。

☑ wine_data：葡萄酒数据集。

（6）mlxtend.plotting 子模块。

☑ category_scatter：绘制散点图。它可以使用不同的颜色和标记样式表示不同的类别。

☑ checkerboard_plot：通过 matplotlib 模块绘制棋盘图表或热图。

☑ ecdf：绘制经验累积分布函数图。

☑ enrichment_plot：绘制堆叠条形图。

☑ heatmap：通过 matplotlib 模块绘制热图。

☑ plot_confusion_matrix：绘制混淆矩阵图。

☑ plot_decision_regions：绘制分类器的决策边界。

☑ plot_learning_curves：绘制分类器的学习曲线。

☑ plot_linear_regression：绘制线性回归拟合线。

☑ plot_pca_correlation_graph：计算主成分分析并绘制相关性图。

☑ plot_sequential_feature_selection：绘制特征选择结果图。

☑ remove_borders：从 matplotlib 模块的绘图中去除边框。

☑ scatter_hist：绘制散点图，并沿轴绘制各个特征的直方图。

☑ scatterplotmatrix：绘制散点图矩阵。

☑ stacked_barplot：绘制堆叠条形图。

10.4 前 期 工 作

10.4.1 新建项目目录

开发项目前应首先创建一个项目目录，以保存项目所需的 Python 脚本文件，具体步骤如下：运行 PyCharm，右击工程目录（如 PycharmProjects），在弹出的快捷菜单中选择 New→Directory，然后输入名称

"商超购物 Apriori 关联分析"，最后按 Enter 键。这样，项目目录就创建成功了，如图 10.8 所示。

图 10.8　新建项目目录

10.4.2　数据准备

商超购物 Apriori 关联分析抽取了近半年的购物数据，即 2024 年 1 月 1 日至 2024 年 6 月 30 日，其中包括"交易日期""数量""会员 id""商品名称"和"成交金额"，部分数据截图如图 10.9 所示。

图 10.9　部分数据截图

> **说明**
>
> 本项目使用的数据集为 TB2024.csv。在开发本项目之前，应将该文件复制到如图 10.8 所示的项目目录中。

10.5　数据预处理

10.5.1　查看数据

首先，使用 pandas 模块的 read_csv() 函数读取 CSV 文件，然后使用 DataFrame 对象的 info() 方法来查看数据，实现过程如下（源码位置：资源包\Code\10\view_data.py）。

（1）运行 PyCharm，在项目目录下新建一个 Python 文件，并将其命名为 view_data.py。

（2）导入 pandas 模块，代码如下：

```
import pandas as pd
```

（3）首先设置显示编码格式、宽度和最大列数，然后使用 pandas 模块的 read_csv()函数读取 CSV 文件并输出数据，代码如下：

```
# 设置数据显示的编码格式为东亚宽度，以使列对齐
pd.set_option('display.unicode.east_asian_width', True)
pd.set_option('display.width',10000)                    # 显示宽度
pd.set_option('display.max_columns',1000)               # 最大列数
# 读取 CSV 文件
df = pd.read_csv('TB2024.csv', encoding='gbk')
print(df)
```

运行程序，结果如图 10.10 所示。

（4）使用 DataFrame 对象的 info()方法查看数据，代码如下：

```
df.info()
```

运行程序，结果如图 10.11 所示。

```
          交易日期  数量   会员id                商品名称  成交金额
0      2024-3-30    1   mr19646   神机宝贝数独游戏图形数独    99.0
1      2024-3-30    1   mr17148   神机宝贝数独游戏图形数独    99.0
2      2024-3-30    1   mr13896   神机宝贝数独游戏图形数独    99.0
3      2024-3-29    1   mr15189   神机宝贝数独游戏图形数独    99.0
4      2024-3-29    1   mr14915   神机宝贝数独游戏图形数独    99.0
...          ...  ...       ...                ...    ...
24435   2024-1-3    1   mr15143     C语言编程词典个人版   199.0
24436   2024-1-2    1   mr16206     C语言编程词典个人版   199.0
24437  2024-2-22    1   mr30943         C#开发资源库   998.0
24438  2024-6-22    1   mr10051     C#编程词典个人版   219.9
24439  2024-6-22    1   mr10051  ASP.NET编程词典个人版  199.0
```

图 10.10　输出数据

```
[24440 rows x 5 columns]
<class 'pandas.core.frame.DataFrame'>
RangeIndex: 24440 entries, 0 to 24439
Data columns (total 5 columns):
 #   Column   Non-Null Count   Dtype
---  ------   --------------   -----
 0   交易日期     24440 non-null   object
 1   数量       24440 non-null   int64
 2   会员id     24440 non-null   object
 3   商品名称     24440 non-null   object
 4   成交金额     24440 non-null   float64
dtypes: float64(1), int64(1), object(3)
memory usage: 954.8+ KB
```

图 10.11　查看数据 1

从运行结果中得知：数据不存在空值，但是"交易日期"的数据类型不正确。

10.5.2　转换交易日期类型

在 10.5.1 节中查看数据后发现，"交易日期"的数据类型为 object。为了便于后续处理，下面使用 pandas 模块的 to_datetime()函数将其转换为日期类型，代码如下（源码位置：资源包\Code\10\view_data.py）：

```
df['交易日期']=pd.to_datetime(df['交易日期'])
```

转换后，再次使用 info()方法查看数据，结果如图 10.12 所示。

从运行结果中得知："交易日期"的数据类型被转换为了日期型。

```
<class 'pandas.core.frame.DataFrame'>
RangeIndex: 24440 entries, 0 to 24439
Data columns (total 5 columns):
 #   Column    Non-Null Count  Dtype
---  ------    --------------  -----
 0   交易日期    24440 non-null  datetime64[ns]
 1   数量        24440 non-null  int64
 2   会员id      24440 non-null  object
 3   商品名称    24440 non-null  object
 4   成交金额    24440 non-null  float64
dtypes: datetime64[ns](1), float64(1), int64(1), object(2)
memory usage: 954.8+ KB
```

图 10.12　查看数据 2

10.5.3　重复值检测与处理

在进行重复值检测时，首先使用 DataFrame 对象的 duplicated()方法来识别数据中的重复行，然后通过 sum()函数来统计重复值的数量。如果数据中存在重复值，则使用 DataFrame 对象的 drop_duplicates()方法来移除它们，代码如下（源码位置：资源包\Code\10\view_data.py）：

```
# 使用 duplicated()方法检测重复值
print('重复行数:',df.duplicated().sum())
# 删除重复值
df1 = df.drop_duplicates()
print('删除后重复行数:',df1.duplicated().sum())
```

运行程序，结果如下：

```
重复行数: 5
删除后重复行数: 0
```

从运行结果中得知：重复数据已经被成功删除了。接下来，我们将处理后的数据导出到新的 CSV 文件中，以便日后使用，代码如下：

```
df1.to_csv("TB2024new.csv", encoding='gbk',index=False)
```

10.6　数据统计分析

10.6.1　上半年成交金额分析

上半年成交金额分析主要分析 1～6 月份每个月的成交金额情况。我们首先按月统计成交金额，然后绘制柱形图，实现过程如下（源码位置：资源包\Code\10\month_data.py）。

（1）运行 PyCharm，在项目目录下新建一个 Python 文件，并将其命名为 month_data.py。

（2）导入相关模块，代码如下：

```
# 导入 pandas 模块
import pandas as pd
# 导入 matplotlib 模块
import matplotlib.pyplot as plt
```

（3）首先使用 pandas 模块的 read_csv()函数读取 CSV 文件，然后使用 dt 对象的 month()函数提取"交易日期"中的月份，最后使用 DataFrame 对象的 groupby()方法实现按月统计"成交金额"，代码如下：

```python
# 读取 CSV 文件
df=pd.read_csv('TB2024new.csv',encoding='gbk')
# 解决数据输出时列名不对齐的问题
pd.set_option('display.unicode.east_asian_width', True)
# 使用 dt 对象的 month()函数提取月份
df['交易日期']=pd.to_datetime(df['交易日期'])
df['月']=df['交易日期'].dt.month
# 按月统计成交金额
df1=df.groupby('月')['成交金额'].sum()
print(df1)
```

运行程序，结果如图 10.13 所示。

（4）使用 matplotlib 模块的 bar()函数绘制柱形图，代码如下：

```python
# 解决中文乱码问题
plt.rcParams['font.sans-serif']=['SimHei']
# 取消科学记数法
plt.gca().get_yaxis().get_major_formatter().set_scientific(False)
# x 轴和 y 轴数据
x=df1.index
y=df1.values
plt.bar(x,y)                                    # 绘制柱形图
plt.title('上半年成交金额分析')                    # 设置图表标题
# x 轴坐标轴
plt.xticks(x,labels=['1 月','2 月','3 月','4 月','5 月','6 月'])
plt.xlabel('月份')                               #  x 轴标签
plt.ylabel('成交金额')                            #  y 轴标签
plt.tight_layout()                              # 图形元素自适应
plt.show()                                       # 显示图表
```

运行程序，结果如图 10.14 所示。

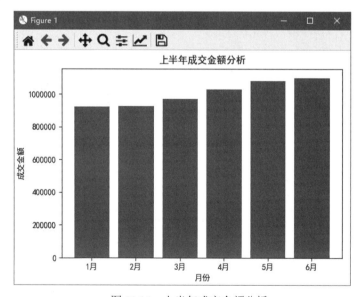

月	
1	922652.69
2	927969.54
3	971332.76
4	1029227.21
5	1080600.90
6	1100736.93

图 10.13　按月统计成交金额

图 10.14　上半年成交金额分析

从运行结果中得知："成交金额"呈现逐步增长的趋势。

10.6.2　上半年客单价分析

上半年客单价分析主要分析 1~6 月份每个月顾客的平均消费金额。我们首先按"会员 id"和"月"两个维度，统计总消费次数和总成交金额，然后计算"客单价"（客单价=总成交金额/总消费次数），并按月统计平均客单价，最后绘制折线图，实现过程如下（源码位置：资源包\Code\10\price_data.py）。

（1）运行 PyCharm，在项目目录下新建一个 Python 文件，并将其命名为 price_data.py。

（2）导入相关模块，代码如下：

```python
# 导入 pandas 模块
import pandas as pd
# 导入 matplotlib 模块
import matplotlib.pyplot as plt
```

（3）首先使用 pandas 模块的 read_csv() 函数读取 CSV 文件，然后使用 dt 对象的 month() 函数提取"交易日期"中的月份，最后使用 DataFrame 对象的 groupby() 方法实现按会员 id 和月两个维度，统计总消费次数和总成交金额，代码如下：

```python
# 读取 CSV 文件
df=pd.read_csv('TB2024new.csv',encoding='gbk')
# 解决数据输出时列名不对齐的问题
pd.set_option('display.unicode.east_asian_width', True)
# 使用 dt 对象的 month() 函数提取月份
df['交易日期']=pd.to_datetime(df['交易日期'])
df['月']=df['交易日期'].dt.month
# 按会员 id 和月两个维度，统计总消费次数和总成交金额
df1 = df.groupby(['会员 id','月']).agg(count=('会员 id','count'),        # 总消费次数
                                        sum=('成交金额','sum')          # 计算总成交金额
                                        ).reset_index()                 # 重置索引
```

（4）按月统计平均客单价。首先计算客单价，然后使用 DataFrame 对象的 groupby() 方法实现按月统计平均客单价，代码如下：

```python
# 客单价=总成交金额/总消费次数
df1['客单价']=(df1['sum']/df1['count'])
# 按月统计平均客单价
df2=df1.groupby('月')['客单价'].mean().round(1)
print(df2)
```

运行程序，结果如图 10.15 所示。

月	
1	256.0
2	247.9
3	250.5
4	249.6
5	236.5
6	237.3

图 10.15　按月统计平均客单价

（5）使用 matplotlib 模块的 plot() 函数绘制折线图，代码如下：

```python
plt.rcParams['font.sans-serif']=['SimHei']                # 解决中文乱码问题
# x 轴和 y 轴数据
x=df2.index
y=df2.values
```

```
plt.plot(x,y,)                                              # 绘制折线图
plt.xticks(x,labels=['1 月','2 月','3 月','4 月','5 月','6 月'])  # x 轴坐标轴刻度及标签
plt.yticks([0,50,100,150,200,250,300])                      # y 轴坐标轴刻度
plt.xlabel('月份')                                           # x 轴标签
plt.ylabel('客单价')                                         # y 轴标签
plt.show()                                                  # 显示图表
```

运行程序，结果如图 10.16 所示。

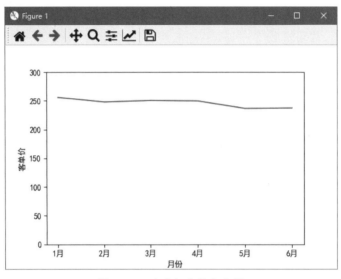

图 10.16　上半年客单价分析

从运行结果中得知：根据成交金额的数据，整体客单价并不高。

10.6.3　顾客客单价占比分析

顾客客单价占比分析主要分析各平均消费金额区间顾客的占比情况。我们首先按"会员 id"和"月"两个维度，统计总消费次数和总成交金额，接着计算"客单价"，并按客单价划分区间，然后按客单价区间统计顾客数，最后绘制饼形图，实现过程如下（源码位置：资源包\Code\10\price_rate_data.py）。

（1）运行 PyCharm，在项目目录下新建一个 Python 文件，并将其命名为 price_rate_data.py。

（2）导入相关模块，代码如下：

```
# 导入 pandas 模块
import pandas as pd
# 导入 matplotlib 模块
import matplotlib.pyplot as plt
```

（3）首先使用 pandas 模块的 read_csv()函数读取 CSV 文件，然后使用 dt 对象的 month()函数提取"交易日期"中的月份，最后使用 DataFrame 对象的 groupby()方法实现按会员 id 和月两个维度，统计总消费次数和总成交金额，代码如下：

```
# 读取 CSV 文件
df=pd.read_csv('TB2024new.csv',encoding='gbk')
# 解决数据输出时列名不对齐的问题
pd.set_option('display.unicode.east_asian_width', True)
# 使用 dt 对象的 month()函数提取月份
df['交易日期']=pd.to_datetime(df['交易日期'])
df['月']=df['交易日期'].dt.month
# 按会员 id 和月两个维度，统计总消费次数和总成交金额
df1 = df.groupby(['会员 id','月']).agg(count=('会员 id','count'),    # 总消费次数
```

```
              sum=('成交金额','sum')            # 计算总成交金额
              ).reset_index()                     # 重置索引
```

（4）按客单价区间统计顾客数。首先划分客单价区间，然后使用 DataFrame 对象的 groupby()方法来实现按客单价区间统计顾客数，代码如下：

```
# 划分客单价区间
df1['客单价区间']=pd.cut(df1['客单价'], [0,30,50,100,150,500],
              labels=[u"<30 元",u"30-50 元",u"50-100 元",u"100-150 元",u">150 元"])
# 按客单价区间统计顾客数
df1_group=df1.groupby('客单价区间',observed=True)['客单价'].count()
print(df1_group)
```

运行程序，结果如图 10.17 所示。

（5）使用 matplotlib 模块的 pie()函数绘制饼形图，代码如下：

```
# 解决中文乱码问题
plt.rcParams['font.sans-serif']=['SimHei']
label=df1_group.index                           # 饼形图标签
x=df1_group.values                              # 饼形图数据
plt.pie(x,                                      # 每一块饼图的比例
        autopct='%1.1f%%')                     # 设置百分比的格式，保留一位小数
plt.title('顾客消费客单价占比')                  # 设置图表标题
# 显示图例
plt.legend(label,loc='center right',bbox_to_anchor=(1.2,0.9))
plt.show()                                       # 显示图表
```

运行程序，结果如图 10.18 所示。

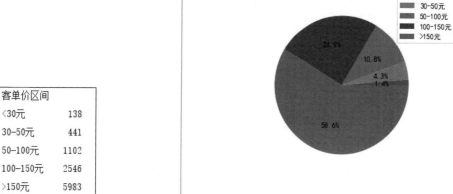

客单价区间	
<30元	138
30-50元	441
50-100元	1102
100-150元	2546
>150元	5983

图 10.17 按客单价区间统计顾客数   图 10.18 顾客客单价占比分析

从运行结果中得知：客单价主要集中在大于 150 元的区间，其中 100~150 元的客单价占到 24.9%。

10.7 购物关联分析

10.7.1 统计顾客所购买的商品

首先读取 CSV 文件，然后按"会员 id"和"交易日期"统计顾客所购买的商品，实现过程如下（源码

位置：资源包\Code\10\association_data.py）。

（1）运行 PyCharm，在项目目录下新建一个 Python 文件，并将其命名为 association_data.py。

（2）导入相关模块，代码如下：

```
# 导入 pandas 模块
import pandas as pd
# 导入 mlxtend.preprocessing 子模块的 TransactionEncoder 类
from mlxtend.preprocessing import TransactionEncoder
# 导入 mlxtend.frequent_patterns 子模块的 apriori()函数
from mlxtend.frequent_patterns import apriori
# 导入 mlxtend.frequent_patterns 子模块的 association_rules()函数
from mlxtend.frequent_patterns import association_rules
```

（3）首先使用 pandas 模块的 read_csv()函数读取 CSV 文件，然后使用 DataFrame 对象的 groupby()方法按"会员 id"和"交易日期"统计顾客购买的商品，同时去掉重复商品，代码如下：

```
# 解决数据输出时列名不对齐的问题
pd.set_option('display.unicode.east_asian_width', True)
pd.set_option('display.width',10000)                       # 显示宽度
pd.set_option('display.max_columns',1000)                  # 最大列数
# 读取 CSV 文件
df = pd.read_csv('TB2024new.csv', encoding='gbk')
# 按会员 id 和交易日期两个维度，统计顾客购买的商品，同时去掉重复商品
df_group = df.groupby(['会员 id','交易日期'])['商品名称'].unique()
print(df_group)
```

运行程序，结果如图 10.19 所示。

会员id	交易日期	
mr10004	2024-02-12	[神机宝贝数独游戏加减运算数独, 神机宝贝数独游戏图形数独, 神机宝贝数独游戏标准数独]...
mr10005	2024-01-24	[神机宝贝数独游戏加减运算数独, 神机宝贝数独游戏标准数独]...
mr10007	2024-02-02	[明日学院V1会员, Python编程摩卡]
mr10013	2024-01-20	[明日学院V1会员, Python编程摩卡]
mr10015	2024-01-28	[神机宝贝数独游戏加减运算数独]
		...
mr30993	2024-02-26	[神机宝贝数独游戏加减运算数独, 神机宝贝数独游戏标准数独]...
mr30994	2024-04-30	[JavaWeb编程词典个人版]
mr30995	2024-04-07	[神机宝贝数独游戏标准数独]
mr30996	2024-05-09	[Python编程摩卡, JavaWeb编程词典个人版]
mr30999	2024-01-11	[神机宝贝数独游戏加减运算数独, 神机宝贝数独游戏标准数独]...

图 10.19　按"会员 id"和"交易日期"统计顾客所购买的商品

10.7.2　数据 one-hot 编码

在数据统计完成之后，我们将对统计后的数据进行 one-hot 编码。这一过程主要利用 mlxtend.preprocessing 子模块中的 TransactionEncoder 类，具体是通过该类的 fit()方法和 transform()方法来实现。我们首先将统计后的数据添加到列表中，然后对数据进行 one-hot 编码，代码如下（源码位置：资源包\Code\10\association_data.py）：

```
# 将统计后的数据添加到列表中
data = []
for mylist in df_group:
    data.append(mylist)
# 查看前 5 条数据
print(data[:5])
```

```
# 对数据进行 one-hot 编码
te = TransactionEncoder()
te_ary = te.fit(data).transform(data)
df1 = pd.DataFrame(te_ary, columns=te.columns_)
print(df1)
```

运行程序，结果如图 10.20 所示。

	ASP.NET编程词典个人版	C#开发资源库	...	零基础学Java	零基础学Python
0	False	False	...	False	False
1	False	False	...	False	False
2	False	False	...	False	False
3	False	False	...	False	False
4	False	False	...	False	False
...	...	...	...	...	...
12015	False	False	...	False	False
12016	False	False	...	False	False
12017	False	False	...	False	False
12018	False	False	...	False	False
12019	False	False	...	False	False

图 10.20　one-hot 编码后的部分数据截图

10.7.3　Apriori 关联分析

下面，我们利用 mlxtend 模块的 Apriori 算法找出频繁项集。这一过程主要使用 mlxtend.frequent_patterns 子模块的 apriori()函数来完成。在找出频繁项集之后，我们将结果按照支持度进行降序排序，代码如下（源码位置：资源包\Code\10\association_data.py）：

```
# 利用 Apriori 算法找出频繁项集
df_support = apriori(df1, min_support=0.03, use_colnames=True)
# 按支持度进行降序排序
print(df_support.sort_values('support',ascending=False))
```

运行程序，结果如图 10.21 所示。

	support	itemsets
2	0.224709	(Java编程词典个人版)
12	0.219967	(神机宝贝数独游戏标准数独)
4	0.218386	(Python开发资源库)
0	0.205241	(JavaWeb编程词典个人版)
14	0.197587	(零基础学Python)
3	0.173960	(Python从入门到实践)
5	0.151830	(Python组合装)
1	0.111398	(Java从入门到精通)
6	0.100666	(Python编程摩卡)
7	0.094010	(Python项目开发实战入门)
11	0.081697	(神机宝贝数独游戏图形数独)
13	0.064975	(零基础学C#)
15	0.062895	(JavaWeb编程词典个人版, Java编程词典个人版)
19	0.052496	(零基础学Python, Java编程词典个人版)
10	0.050998	(神机宝贝数独游戏加减运算数独)

图 10.21　频繁项集部分数据

从运行结果中得知：左侧为支持度（support），右侧为对应的项集（itemsets），其中支持度最高也就是出现最频繁的单个商品是"(Java 编程词典个人版)"，组合商品是"(JavaWeb 编程词典个人版, Java 编程词典个人版)"。

接下来，我们根据支持度求得关联规则并按置信度进行降序排序这一过程主要依赖于 mlxtend.frequent_patterns 子模块中的 association_rules()函数，代码如下：

```
# 求得关联规则
df_confidence = association_rules(df_support, metric="lift", min_threshold=0.5)
# 按置信度进行降序排序
print(df_confidence.sort_values('confidence',ascending=False))
```

运行程序，结果如图 10.22 所示。

	antecedents	consequents	antecedent support	consequent support	support	confidence	lift
12	(Python项目开发实战入门)	(Python从入门到实践)	0.094010	0.173960	0.044842	0.476991	2.741958
21	(神机宝贝数独游戏图形数独)	(神机宝贝数独游戏标准数独)	0.081697	0.219967	0.037271	0.456212	2.074004
2	(Java从入门到精通)	(Java编程词典个人版)	0.111398	0.224709	0.034443	0.309186	1.375940
0	(JavaWeb编程词典个人版)	(Java编程词典个人版)	0.205241	0.224709	0.062895	0.306445	1.363743
14	(Python编程摩卡)	(Python开发资源库)	0.100666	0.218386	0.030616	0.304132	1.392636
1	(Java编程词典个人版)	(JavaWeb编程词典个人版)	0.224709	0.205241	0.062895	0.279896	1.363743
10	(Python从入门到实践)	(Python开发资源库)	0.173960	0.218386	0.046755	0.268771	1.230715
9	(零基础学Python)	(Java编程词典个人版)	0.197587	0.224709	0.052496	0.265684	1.182349
18	(Python组合装)	(零基础学Python)	0.151830	0.197587	0.039933	0.263014	1.331126
13	(Python从入门到实践)	(Python项目开发实战入门)	0.173960	0.094010	0.044842	0.257771	2.741958

图 10.22　关联规则部分数据

从运行结果中得知："(Python 项目开发实战入门)"与"(Python 从入门到实践)"以及"(神机宝贝数独游戏图形数独)"与"(神机宝贝数独游戏标准数独)"这两组规则的 confidence（置信度）均较高，分别达到 0.476991 和 0.456212。这表明，《Python 项目开发实战入门》与《Python 从入门到实践》被同时购买的概率为 48%，而《神机宝贝数独游戏图形数独》与《神机宝贝数独游戏标准数独》被同时购买的概率为 46%。此外，它们的 lift（提升度）值分别为 2.741958 和 2.074004，均大于 1，这强烈表明《Python 项目开发实战入门》与《Python 从入门到实践》之间存在显著的正相关性，《神机宝贝数独游戏图形数独》与《神机宝贝数独游戏标准数独》之间也存在很强的正相关性。

说明

关于关联规则中各项指标的详细解释，请参阅 10.3.3 节，这里不再赘述。

10.8　项　目　运　行

通过前述步骤，我们已经设计并完成了"商超购物 Apriori 关联分析"项目的开发。"商超购物 Apriori 关联分析"项目目录包含 6 个 Python 脚本文件和两个 CSV 文件，如图 10.23 所示。

下面将按照开发过程来运行脚本文件，以检验我们的开发成果。例如，运行 view_data.py 文件时，可以双击该文件，此时右侧"代码窗口"将显示全部代码，然后右击，在弹出的快捷菜单中选择 Run 'view_data' 命令（见图 10.24），即可运行该程序。

图 10.23　项目目录

图 10.24　运行 view_data.py

其他脚本文件按照图 10.23 给出的顺序运行，这里就不再赘述了。

10.9　源　码　下　载

本章虽然详细地讲解了如何通过 pandas 模块、matplotlib 模块和 mlxtend 模块实现"商超购物 Apriori 关联分析"的各个功能，但给出的代码都是代码片段，而非完整的源代码。为了方便读者学习，本书提供了用于下载完整源代码的二维码。

源码下载

## 第 11 章

基于 K-Means 算法实现鸢尾花聚类分析

——seaborn + pandas + matplotlib + numpy + scikit-learn

项目微视频

机器学习顾名思义就是让机器（计算机）模拟人类学习，有效提高工作效率。Python 提供的第三方模块 scikit-learn 融入了大量的机器算法模型，使得数据分析、机器学习变得简单高效。本章将通过 scikit-learn 模块中的 cluster 子模块提供的 K-Means 算法实现鸢尾花聚类分析。

本项目的核心功能及实现技术如下：

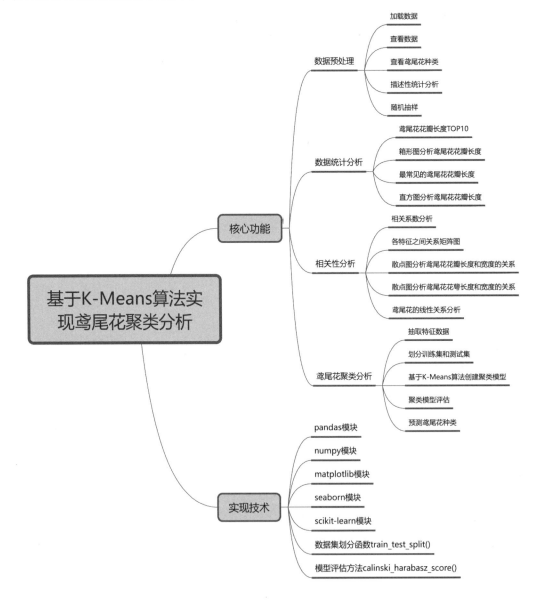

11.1 开发背景

scikit-learn（以下简称 sklearn）是 Python 最流行的机器学习库之一。它对常用的机器学习算法进行了封装，包括分类（classfication）、回归（regression）、聚类（clustering）和降维（dimensionality reduction）四大机器学习算法。

为了能够使读者对机器学习中的聚类分析进行系统的学习，本章将使用 sklearn.cluster 子模块的 K-Means 算法实现无监督学习鸢尾花聚类分析。我们将讲述从加载数据到数据预处理、数据统计分析、相关性分析，然后建立 K-Means 算法模型对鸢尾种类进行预测的完整过程。此过程旨在使读者快速了解和学习机器学习，并在实践中提升机器学习经验和技能。

11.2 系统设计

11.2.1 开发环境

本项目的开发及运行环境如下：
- ☑ 操作系统：推荐 Windows 10、Windows 11 或更高版本。
- ☑ 编程语言：Python 3.12。
- ☑ 开发环境：PyCharm。
- ☑ 第三方模块：pandas（2.1.4）、openpyxl（3.1.2）、numpy（1.26.3）、matplotlib（3.8.2）、seaborn（0.13.2）、scikit-learn（1.5.0）。

11.2.2 分析流程

基于 K-Means 算法实现鸢尾花聚类分析流程如下：首先需要了解数据集 iris；然后进行数据预处理工作，包括加载数据、查看数据、查看鸢尾花种类、描述性统计分析和随机抽样；接着进行数据统计分析和相关性分析；最后应用 K-Means 算法完成鸢尾花的聚类分析。

本项目分析流程如图 11.1 所示。

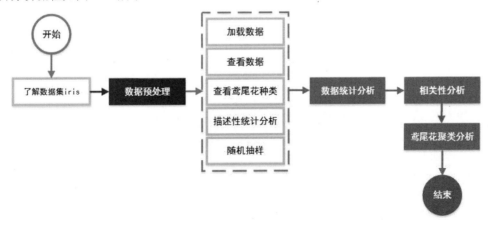

图 11.1 基于 K-Means 算法实现鸢尾花聚类分析流程图

11.2.3 功能结构

本项目的功能结构已经在章首页中给出。本项目实现的具体功能如下：
- ☑ 数据预处理：包括加载数据、查看数据、查看鸢尾花种类、描述性统计分析和随机抽样。
- ☑ 数据统计分析：包括鸢尾花花瓣长度 TOP10、箱形图分析鸢尾花花瓣长度、鸢尾花最常见的花瓣、直方图分析鸢尾花花瓣长度。
- ☑ 相关性分析：包括相关系数分析、各特征之间关系矩阵图、散点图分析鸢尾花花瓣长度和宽度的关系、散点图分析鸢尾花花萼长度和宽度的关系、鸢尾花的线性关系分析。
- ☑ 鸢尾花聚类分析：包括抽取特征数据、划分训练集和测试集、基于 K-Means 算法创建聚类模型、聚类模型评估、预测鸢尾花种类。

11.3 技 术 准 备

11.3.1 技术概览

实现基于 K-Means 算法的鸢尾花聚类分析主要依赖于 seaborn、pandas、matplotlib、numpy 以及 sklearn 这 5 个模块。鉴于这些模块的功能和用法在《Python 数据分析从入门到精通（第 2 版）》一书中已有详尽的阐述，本文不再逐一详细介绍。对于上述模块知识尚不熟悉的读者，建议参考该书中的相关内容以获得更多信息。

但是，由于 sklearn 模块中的众多机器学习算法都普遍使用数组，因此接下来我们将对 numpy 模块的内容进行补充说明。此外，为了帮助读者更全面地了解和学习 sklearn 模块，我们将对其进行进一步的深入介绍，并讲解机器学习中必备的知识，包括数据集的划分和模型评估。这样做的目的是确保读者能够顺利地完成本项目，并掌握机器学习相关的知识。

11.3.2 numpy 模块补充知识点

numpy 模块是科学计算领域的一大利器，在 sklearn 模块中大量的机器学习算法都应用了数组。接下来，我们补充介绍一些 numpy 模块的函数，以帮助读者在机器学习中更好地应用 numpy 模块。

1. 数组去重（unique()函数）

unique()函数用于对数组去重，并对去重后的数组按升序进行排序。该函数的语法格式如下：

```
numpy.unique(ar, return_index=False, return_inverse=False, return_counts=False, axis=None, *, equal_nan=True)
```

参数说明：
- ☑ ar：输入数组，如果是多维数组且未指定 axis（轴）参数，则数组会被展平后进行去重。
- ☑ return_index：布尔型，是否返回去重后得到的数组在原始数组中第一次出现时的索引。默认值为 False，即不返回索引。
- ☑ return_inverse：布尔型，是否返回原数组在去重后数组中的索引。默认值为 False，即不返回索引。
- ☑ return_counts：布尔型，是否返回数组去重后唯一值的个数。默认值为 False，即不返回索引。
- ☑ axis：指定操作的轴。默认值为 None，此时数组会被展平后进行去重。如果设置为整数，则根据数组的维度进行去重。例如，在二维数组中，axis=0 表示按行去重，axis=1 表示按列去重；在三维数组中，axis=0 表示沿第 1 轴去重，axis=1 表示沿第 2 轴去重，axis=2 表示沿第 3 轴去重。

☑ equal_nan：布尔型参数，默认值为 True。当设置为 True 时，函数会将数组中的多个 NaN（非数字，通常表示空值或缺失数据）值视为相等，从而在去重过程中将它们合并为一个 NaN 值。

下面通过具体的示例来介绍 unique()函数的应用。

（1）简单数组去重。

首先分别创建带重复值的一维数组和二维数组，然后使用 unique()函数进行去重，代码如下：

```
import numpy as np
a1=np.array([1, 1, 2, 2, 3, 3])
print(np.unique(a1))
a2 = np.array([[1, 1], [2, 3]])
print(np.unique(a2))
```

运行程序，结果如下：

```
[1 2 3]
[1 2 3]
```

（2）对二维数组进行按行去重。

将 axis 参数值设置为 0，可以实现对二维数组按行进行去重，代码如下：

```
a3=np.array([[1, 0, 0], [1, 0, 0], [2, 3, 4]])
print(np.unique(a3, axis=0))
```

运行程序，结果如下：

```
[[1 0 0]
 [2 3 4]]
```

（3）获取原数组去重后的索引。

将 return_index 参数值设置为 True，可以获取去重后的数组及其在原始数组中的索引值，代码如下：

```
a4 = np.array(['a', 'b', 'b', 'c', 'a'])
u, indices = np.unique(a4, return_index=True)
print(u)
print(indices)
```

运行程序，结果如下：

```
['a' 'b' 'c']
[0 1 3]
```

（4）获取原数组在去重后数组中的索引。

将 return_inverse 参数值设置为 True，可以获取去重后的数组以及原数组在去重后数组中的索引（见图 11.2），代码如下：

```
a5 = np.array([1, 2, 6, 4, 2, 3, 2])
u, indices = np.unique(a5, return_inverse=True)
print(u)
print(indices)
```

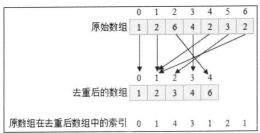

图 11.2　获取去重后的数组以及原数组在去重后数组中的索引（示意图）

运行程序，结果如下：

```
[1 2 3 4 6]
[0 1 4 3 1 2 1]
```

（5）找出数组中的唯一值以及这些唯一值在数组中出现的次数。

将 return_counts 参数值设置为 True，可以获取去重后的数组以及唯一值的个数，代码如下：

```
a6 = np.array([1, 2, 6, 4, 2, 3, 2])
values, counts = np.unique(a6, return_counts=True)
print(values)
print(counts)
```

运行程序，结果如下：

```
[1 2 3 4 6]
[1 3 1 1 1]
```

2. 通过索引查找数组的相关函数（arg 开头的函数）

numpy 模块提供了一些以 arg 开头的函数，这些函数在日常开发中非常实用，它们返回的不是数组而是索引，下面以一维数组为例，介绍这些函数的基本用法。

（1）argmax()函数。

argmax()函数主要用于查找数组中最大值的索引，例如下面的代码：

```
arr1 = np.array([130, 92, 134, 111, 82, 64, 99,101])
print('最大值：',np.max(arr1))
print('最大值的索引：',np.argmax(arr1))
```

运行程序，结果如下：

```
最大值：134
最大值的索引：2
```

（2）argmin()函数。

argmin()函数主要用于查找数组中最小值的索引，例如下面的代码：

```
print('最小值：',np.min(arr1))
print('最小值的索引：',np.argmin(arr1))
```

运行程序，结果如下：

```
最小值：64
最小值的索引：5
```

（3）argwhere()函数。

argwhere()函数用于查找满足条件的数组所对应的索引。例如，查找大于或等于 130 的索引，代码如下：

```
print('大于或等于 130 的索引：',np.argwhere(arr1>=130))
```

运行程序，结果如下：

```
大于或等于 130 的索引： [[0]
 [2]]
```

从运行结果中得知：argwhere()函数的返回结果是一个二维数组，那么如何将这个二维数组展平为一个一维数组呢？我们可以使用 flatten()函数来实现这一点，修改后的代码如下：

```
print('大于或等于 130 的索引：',np.argwhere(arr1>=130).flatten())
```

运行程序，结果如下：

大于或等于 130 的索引：[0 2]

（4）argsort()函数。

argsort()函数返回从小到大排序之后数组所对应的索引。例如，选出数学成绩前 3 名，代码如下：

```
print('前 3 名：',arr1[np.argsort(arr1)[-3:]])
```

运行程序，结果如下：

前 3 名：[111 130 134]

11.3.3 深入了解机器学习 sklearn 模块

sklearn 模块是一个开源的 Python 重要的机器学习库，它支持监督学习和无监督学习。该模块包含六大子模块，分别是 Classification（分类）、Regression（回归）、Clustering（聚类）、Dimensionality Reduction（降维）、Model Selection（模型选择）和 Preprocessing（数据预处理），并附有示例，如图 11.3 所示（源自官网）。此外，sklearn 模块还提供了模型评估和数据集加载的模块，这些模块为学习机器学习提供了方便。sklearn 模块还提供了详尽的技术文档，便于用户随时查阅。因此，sklearn 模块被广泛地学习和应用，成为学习机器学习的首选工具。

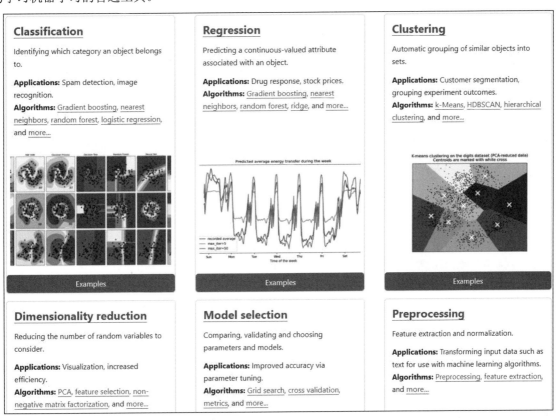

图 11.3　sklearn 模块的六大子模块（来自官网）

下面简要介绍一下 sklearn 模块的六大子模块。

（1）分类：用于标识对象所属的类别。

☑　　应用：垃圾邮件检测、图像识别等。

☑　　算法：SVM 最近邻、随机森林等。

（2）回归：用于预测与对象关联的连续值属性。

☑ 应用范围：药物反应、股票价格等。

☑ 算法：SVM 最近邻、随机森林等。

（3）聚类：自动将相似对象归为一组。

☑ 应用：客户细分、分组实验成果等。

☑ 算法：K-Means 算法、紧邻传播聚类、均值漂移聚类、层次聚类等。

（4）降维：减少要考虑的随机变量的数量。

☑ 应用：数据可视化，提高效率。

☑ 算法：K-Means 算法、特征选择、非负矩阵分解等。

（5）模型选择：比较、验证和选择参数和模型。

☑ 应用：通过调整参数改进模型精度。

☑ 算法：网格搜索、交叉验证、指标等。

（6）数据预处理：特征选择、特征提取和归一化处理。

☑ 应用：将输入数据转换为机器学习算法可用的数据。

☑ 算法：标准化、归一化、非线性转化、高斯分布转化等。

在了解了 sklearn 模块的六大子模块之后，接下来按照功能对这些模块进行细分，并逐一进行详细的介绍。

（1）数据集加载模块。

☑ sklearn.datasets：加载 seaborn 模块自带的小型数据集，相关函数及其说明如表 11.1 所示。

表 11.1　加载小型数据集相关函数及其说明

数据集函数	说　　明	适　用　算　法	数据集规模
load_iris()	加载鸢尾花数据集	分类、聚类、降维	150 行 4 列
load_diabetes()	加载糖尿病数据集	回归	442 行 10 列
load_digits()	加载手写数字数据集	分类	1797 行 64 列
load_linnerud()	加载 linnerud 物理锻炼数据集	多输出回归	20 行 3 列
load_wine()	加载葡萄酒数据集	分类	178 行 13 列
load_breast_cancer()	加载威斯康星州乳腺癌数据集	分类	569 行 30 列

例如，加载鸢尾花数据集，代码如下：

```
# 导入 sklearn.datasets 子模块的 load_iris()函数
from sklearn.datasets import load_iris
# 加载数据集 iris
data,target = load_iris(return_X_y=True)
print(data.shape)
```

运行程序，结果如下：

```
(150, 4)
```

☑ 加载较大型的数据集，相关函数及其说明如表 11.2 所示。

表 11.2　加载较大型数据集相关函数及其说明

数据集函数	说　　明
fetch_olivetti_faces()	加载 Olivetti 人脸数据集
fetch_20newsgroups()	加载 20 个新闻组数据集中的文件名和数据
fetch_20newsgroups_vectorized()	加载 20 个新闻组数据集并将其矢量化为令牌计数
fetch_lfw_people()	将带标签的人脸数据加载到 Wild（LFW）人群数据集中

续表

数据集函数	说　明
datasets.fetch_lfw_pairs()	将标记过的人脸数据从 Wild（LFW）加载到 pair 数据集中
fetch_covtype()	加载 covtype 数据集
fetch_rcv1()	加载 RCV1 多标签数据集
fetch_kddcup99()	加载 kddcup99 数据集
fetch_california_housing()	加载加利福尼亚住房数据集

例如，加载 20 个新闻组数据集，代码如下：

```
# 导入 sklearn.datasets 子模块的 fetch_20newsgroups()函数
from sklearn.datasets import fetch_20newsgroups
# 加载训练集 train
newsgroups_train = fetch_20newsgroups(subset='train')
print(newsgroups_train.filenames.shape)
```

运行程序，结果如下：

```
(11314,)
```

（2）数据预处理模块。

☑ sklearn.preprocessing：提供特征缩放、标准化、编码、缺失值处理等功能。

☑ sklearn.impute：用于填充缺失数据的模块。

☑ sklearn.feature_selection：包括特征选择方法，帮助选择最重要的特征。

☑ sklearn.decomposition：矩阵分解算法，如主成分分析（PCA）和因子分析。

☑ sklearn.model_selection.train_test_split：将数据集划分为训练集和测试集。

（3）分类模块。

☑ sklearn.linear_model：用于分类的各种线性模型。

☑ sklearn.svm：支持向量机，用于分类算法。

☑ sklearn.neighbors：k 近邻算法。

☑ sklearn.tree：基于决策树的分类和回归模型。

☑ sklearn.ensemble：基于集成的分类、回归和异常检测方法。

（4）回归模块。

☑ sklearn.linear_model：用于回归的各种线性模型。

☑ sklearn.svm：支持向量机，用于回归算法。

☑ sklearn.neighbors：k 近邻算法。

（5）聚类模块。

☑ sklearn.cluster：包括 K-Means、DBSCAN（基于密度的噪声应用空间聚类）、层次聚类等聚类算法。

☑ sklearn.cluster.KMeans：K 均值聚类。

☑ sklearn.cluster.AgglomerativeClustering：层次聚类。

☑ sklearn.cluster.DBSCAN：基于密度的噪声应用空间聚类方法。

☑ sklearn.cluster.SpectralClustering：谱聚类，数据之间的相似度矩阵。

（6）降维模块。

☑ sklearn.decomposition：主成分分析、独立成分分析等降维方法。

☑ sklearn.decomposition.PCA：主成分分析是一种线性降维方法。

☑ sklearn.decomposition.FastICA：独立成分，从混合信号中分离出原始信号。

（7）模型评估模块。

☑ sklearn.metrics：包括各种模型评估指标，如准确率、F1 分数、ROC 曲线等。

☑ sklearn.model_selection：提供交叉验证、参数搜索和数据集分割的工具。

11.3.4 训练集和测试集划分函数 train_test_split()的全面解读

在进行机器学习时，我们经常会将数据集划分为训练集和测试集，如图 11.4 所示的示意图。接下来，我们首先简单了解什么是训练集和测试集。训练集主要用于在建立模型时拟合模型中的参数，以便该模型能够预测未来的或其他未知的信息；而测试集则用于评估模型在预测时的精确度。

图 11.4　数据集划分示意图

下面介绍划分训练集和测试集时应注意的几点问题：

（1）训练集主要用于模型的训练过程，而测试集则应在模型训练完成之后使用，以评估模型的性能优劣。

（2）训练集中的样本数量必须足够多，一般至少占总样本数的 50%以上。

（3）训练集和测试集都必须从完整的数据集中进行取样。

在实际学习和使用机器学习（sklearn 模块）训练模型时，可以使用 sklearn 模块中 model_selection 子模块提供的 train_test_split()函数来实现将数据集划分为训练集和测试集。这种方法既科学又简单高效。该函数的语法格式如下：

```
sklearn.model_selection.train_test_split(*arrays, test_size=None, train_size=None, random_state=None, shuffle=True,
stratify=None)
```

参数说明：

☑ *arrays：单个数组或元组，表示需要划分的数据集。如果传入多个数组，则必须保证每个数组的第一维大小相同。

☑ test_size：测试集的大小，参数值为 0.0～1.0，表示测试集占整个数据集的比例。默认值为 0.25，即数据集 25%的数据将被用作测试集。

☑ train_size：训练集的大小，参数值为 0.0～1.0，表示训练集占整个数据集的比例。默认值为 None，表示训练集的大小为 1 减去 test_size 参数的值。

☑ random_state：随机数种子，控制每一次划分数据集的模式。如果需要每一次划分数据集得到的结果都一样，可以设置参数值为整数；如果需要每一次划分数据集得到的结果都不一样，可以设置参数值为 0 或者使用默认值 None。

☑ shuffle：是否随机打乱数据，默认值为 True，即打乱数据（类似于洗牌）。

☑ stratify：可选参数，用于在划分数据集时，根据指定的类别标签的分布来保持训练集和测试集中各个类别的样本比例相同。该参数只适用于分类标签。对于连续标签，该参数没有意义。

下面通过具体的示例介绍如何使用 train_test_split()函数划分训练集和测试集。

train_test_split()函数是 sklearn 模块中 model_selection 子模块的函数。在使用该函数，我们需要将其导入程序中，代码如下：

```
from sklearn.model_selection import train_test_split
```

接下来，我们就可以在程序中使用 train_test_split()函数了。首先，创建一个数据集，该数据集包括特征数据和类别数据，代码如下：

```
# 导入 numpy 模块
import numpy as np
# 导入 sklearn.model_selection 子模块的 train_test_split()函数
from sklearn.model_selection import train_test_split
# 创建数组
X, y = np.arange(10).reshape((5, 2)), range(5)
print('原始数据集：')
print(X)
print(list(y))
```

运行程序，结果如下：

```
原始数据集：
[[0 1]
 [2 3]
 [4 5]
 [6 7]
 [8 9]]
[0, 1, 2, 3, 4]
```

接下来，我们使用 train_test_split()函数将数据集划分为训练集和测试集，代码如下：

```
X_train, X_test, y_train, y_test = train_test_split(X, y)
print("训练集特征数据：")
print(X_train)
print("训练集类别数据：")
print(y_train)
print("测试集特征数据：")
print(X_test)
print("训练集类别数据：")
print(y_test)
```

运行程序，结果如下：

```
训练集特征数据：
[[0 1]
 [2 3]
 [6 7]]
训练集类别数据：
[0, 1, 3]
测试集特征数据：
[[8 9]
 [4 5]]
训练集类别数据：
[4, 2]
```

从运行结果中得知：train_test_split()函数输出的 X_train、y_train 和 X_test、y_test 都是 numpy 数组，其中 X_train（训练集特征数据）包含了 75%的数据，而 X_test（测试集特征数据）则包含了剩余的 25%的数据。

下面，我们将测试集所占的比例调整为 33%，代码如下：

```
X_train, X_test, y_train, y_test = train_test_split(X, y, test_size=0.33)
```

为了确保每一次运行程序时，train_test_split()函数划分数据集的结果都能保持一致，我们可以将 random_state 参数值设置为整数，例如 42，代码如下：

```
X_train, X_test, y_train, y_test = train_test_split(X, y, test_size=0.33, random_state=42)
```

在对数据集进行划分时，train_test_split()函数会利用随机数种子来打乱数据集。如果将 25%的数据作为测试集，那么测试集中的数据可能会出现类别不全的现象，此时可以通过将 stratify 参数设置为类别变量来确保测试集中包含所有类别的数据，例如下面的代码：

```
x1 = np.random.randn(10, 2)                                    # 10 个样本，2 个特征
y1 = np.concatenate([np.zeros(8), np.ones(2)])                 # 8 个 0，2 个 1
# 设置 stratify 参数值进行分层采样
x1_train, x1_test, y1_train, y1_test = train_test_split(x1, y1, stratify=y1)
print("训练集类别数据：")
print(y1_train)
print("训练集类别数据：")
print(y1_test)
```

运行程序，结果如下：

```
训练集类别数据：
[0. 0. 0. 0. 1. 0. 0.]
训练集类别数据：
[1. 0. 0.]
```

从运行结果中得知：无论如何划分数据集，都能够保证测试集中的类别是全的。

11.3.5 模型评估（calinski_harabasz_score()方法）

在聚类分析过程中，一旦聚类模型创建完成，就需要通过一定的方法来评估聚类模型效果的好坏。通常，我们会使用 Calinski-Harbasz Score（CH）作为评估指标。Calinski-Harbasz Score（CH）指标是聚类分析中的一种评估指标，它是基于类之间方差和类内方差来计算得分的，分值越大，代表聚类效果越好。在 Python 程序中，可以使用 sklearn 模块的 metrics 子模块中的 calinski_harabasz_score()方法来计算这一指标。

例如，创建聚类模型，然后评估模型，代码如下：

```
# 导入 make_blobs()函数
from sklearn.datasets import make_blobs
# 导入 KMeans 类
from sklearn.cluster import KMeans
# 导入 calinski_harabasz_score()函数
from sklearn.metrics import calinski_harabasz_score
# 控制并行计算库的线程数以解决警告信息
import os
os.environ['OMP_NUM_THREADS'] = '1'
# 用于生成聚类分析的数据
X,y= make_blobs(random_state=0)
# 创建聚类模型
kmeans = KMeans(n_clusters=3, random_state=0).fit(X)
# 评估模型
score=calinski_harabasz_score(X, kmeans.labels_)
print(score)
```

运行程序，结果如下：

```
114.8769626620075
```

11.4 前 期 工 作

11.4.1 安装第三方库

sklearn（全名为 scikit-learn）是一个建立在 numpy、scipy 和 matplotlib 等模块基础上的 Python 第三方库，

主要用于机器学习。因此，在安装 sklearn 模块之前，应确保已经安装了这些模块。例如，要安装 sklearn 模块，在系统"搜索"文本框中输入 cmd，打开"命令提示符"窗口，然后输入以下命令进行安装：

```
pip install scikit-learn
```

11.4.2 新建项目目录

开发项目之前，应创建一个项目目录，用于保存项目所需的 Python 脚本文件，具体步骤如下：运行 PyCharm，然后右击工程目录（如 PycharmProjects），在弹出的快捷菜单中选择 New→Directory，接着输入名称"基于 K-Means 算法实现鸢尾花聚类分析"，随后按 Enter 键。这样，项目目录就创建成功了，如图 11.5 所示。

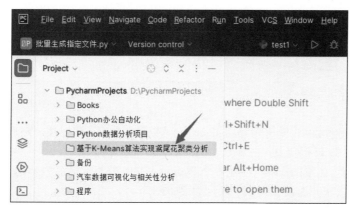

图 11.5　新建项目目录

11.4.3 认识鸢尾花

基于 K-Means 算法实现聚类分析的数据来源于 seaborn 模块自带的数据集 iris，其中 iris 表示鸢尾花。我们首先来认识鸢尾花，如图 11.6 所示。

图 11.6　鸢尾花

鸢尾花又名马莲花、蝴蝶花、蝴蝶兰，是一种多年生宿根草本花卉，其根茎短粗肥壮，花朵大而新奇，花色绚丽，包括蓝、白、黄、雪青等颜色。iris 数据集中的鸢尾花分为 3 类：山鸢尾（setosa）、杂色鸢尾（versicolor）和维吉尼亚鸢尾（virginica）。

鸢尾花属于鸢尾科植物，其结构主要由花萼、花瓣、雄蕊和雌蕊 4 个主要部分组成。这里，我们只需要了解花萼和花瓣，因为通过花萼长度、花萼宽度、花瓣长度和花瓣宽度 4 个特征，可以得出鸢尾花的种类，如花萼长度>花萼宽度且花瓣长度/花瓣宽度>2，一般为杂色鸢尾。

11.4.4 了解鸢尾花数据集 iris

下面介绍鸢尾花数据集 iris。iris 数据集包含 150 条与鸢尾花属性相关的记录，这些属性包括花萼长度、花萼宽度、花瓣长度、花瓣宽度和种类，字段说明如下：

☑ sepal_lenth：花萼长度（单位：cm）。
☑ sepal_width：花萼宽度（单位：cm）。
☑ pepal_length：花瓣长度（单位：cm）。
☑ pepal_width：花瓣宽度（单位：cm）。
☑ species：种类。

11.5　数据预处理

11.5.1 加载数据

下面，我们首先使用 seaborn 模块的 load_dataset()函数来加载 iris 数据集，然后输出数据以大致浏览鸢尾花数据，实现过程如下（源码位置：资源包\Code\11\view_data.py）。

（1）运行 PyCharm，在项目目录下新建一个 Python 文件，并将其命名为 view_data.py。

（2）导入 seaborn 模块并加载 iris 数据集，代码如下：

```
# 导入 seaborn 模块
import seaborn as sns
# 加载 seaborn 模块自带的数据集 iris
df = sns.load_dataset('iris')
```

（3）输出数据，代码如下：

```
print(df)
```

运行程序，结果如图 11.7 所示。

	sepal_length	sepal_width	petal_length	petal_width	species
0	5.1	3.5	1.4	0.2	setosa
1	4.9	3.0	1.4	0.2	setosa
2	4.7	3.2	1.3	0.2	setosa
3	4.6	3.1	1.5	0.2	setosa
4	5.0	3.6	1.4	0.2	setosa
..	...	...	...	...	...
145	6.7	3.0	5.2	2.3	virginica
146	6.3	2.5	5.0	1.9	virginica
147	6.5	3.0	5.2	2.0	virginica
148	6.2	3.4	5.4	2.3	virginica
149	5.9	3.0	5.1	1.8	virginica

图 11.7　鸢尾花数据

说明

上述数据出现的符号"..."表示自动省略了部分数据。

11.5.2　查看数据

为了查看数据，我们主要使用 DataFrame 对象的 info()方法，该方法可以显示数据的行数、列数、列名称、每列数据不为空数量、数据类型和内存使用情况，代码如下（源码位置：资源包\Code\11\view_data.py）：

```
df.info()
```

运行程序，结果如图 11.8 所示。

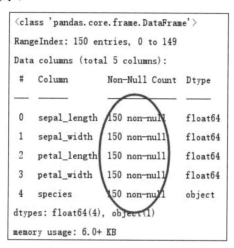

图 11.8　查看数据

从运行结果中得知：数据为 150 行 5 列，每一列数据不为空的数量均为 150，数据类型均正确，因此数据质量优。

11.5.3　查看鸢尾花种类

利用 DataFrame 对象的 unique()方法可以检索数据集中唯一值的种类，进而实现查看鸢尾花种类，代码如下（源码位置：资源包\Code\11\view_data.py）：

```
# 查看鸢尾花种类
unique_species = df['species'].unique()
print(unique_species)
```

运行程序，结果如下：

```
['setosa' 'versicolor' 'virginica']
```

从运行结果中得知：鸢尾花数据集 iris 包含了 3 种鸢尾花，分别为山鸢尾（setosa）、杂色鸢尾（versicolor）和维吉尼亚鸢尾（virginica）。

11.5.4　描述性统计分析

通过描述性统计分析，我们可以快速查看鸢尾花花萼长度和宽度、鸢尾花花瓣长度和宽度相关的统计信息，如花萼长度的平均值、中位数和标准差等。这一过程主要使用 DataFrame 对象的 describe()方法实现，代码如下（源码位置：资源包\Code\11\view_data.py）：

```
print(df.describe())
```

运行程序，结果如图 11.9 所示。

	sepal_length	sepal_width	petal_length	petal_width
count	150.00	150.00	150.00	150.00
mean	5.84	3.06	3.76	1.20
std	0.83	0.44	1.77	0.76
min	4.30	2.00	1.00	0.10
25%	5.10	2.80	1.60	0.30
50%	5.80	3.00	4.35	1.30
75%	6.40	3.30	5.10	1.80
max	7.90	4.40	6.90	2.50

图 11.9　描述性统计分析

从运行结果中得知：鸢尾花花萼长度平均值为 5.84、中位数为 5.80，标准差为 0.83。

11.5.5　随机抽样

为了更深入地研究鸢尾花数据，我们可以随机抽取不同种类的鸢尾花样本进行查看。我们首先按照种类进行分组统计，然后从每个种类中随机选取 5 个数据样本，实现过程如下（源码位置：资源包\Code\11\sample_data.py）。

（1）运行 PyCharm，在项目目录下新建一个 Python 文件，并将其命名为 sample_data.py。

（2）导入 seaborn 模块以加载 iris 数据集，代码如下：

```
# 导入 seaborn 模块
import seaborn as sns
# 加载 seaborn 模块自带的数据集 iris
df = sns.load_dataset('iris')
```

（3）使用 groupby() 方法根据种类（species）进行分组统计，然后从每个分组中选择 5 个数据样本，代码如下：

```
# 从 df 的每个种类中随机选择 5 个数据样本
sample_df = df.groupby('species').apply(lambda x: x.sample(n=5))
print(sample_df)
```

运行程序，结果如图 11.10 所示。

		sepal_length	sepal_width	...	petal_width	species
species				...		
setosa	48	5.3	3.7	...	0.2	setosa
	38	4.4	3.0	...	0.2	setosa
	22	4.6	3.6	...	0.2	setosa
	4	5.0	3.6	...	0.2	setosa
	42	4.4	3.2	...	0.2	setosa
versicolor	87	6.3	2.3	...	1.3	versicolor
	57	4.9	2.4	...	1.0	versicolor
	95	5.7	3.0	...	1.2	versicolor
	69	5.6	2.5	...	1.1	versicolor
	77	6.7	3.0	...	1.7	versicolor
virginica	103	6.3	2.9	...	1.8	virginica
	140	6.7	3.1	...	2.4	virginica
	146	6.3	2.5	...	1.9	virginica
	126	6.2	2.8	...	1.8	virginica
	125	7.2	3.2	...	1.8	virginica

图 11.10　不同种类的鸢尾花数据样本

从运行结果中得知：通过上述随机抽样方法，我们可以随机查看不同种类的鸢尾花数据样本。

11.6 数据统计分析

11.6.1 鸢尾花花瓣长度 TOP10

通过对鸢尾花花瓣长度进行降序排序，我们可以筛选出鸢尾花花瓣长度 TOP10 样本并绘制柱形图，实现过程如下（源码位置：资源包\Code\11\TOP10_data.py）。

（1）运行 PyCharm，在项目目录下新建一个 Python 文件，并将其命名为 TOP10_data.py。

（2）导入相关模块，代码如下：

```
# 导入 seaborn 模块
import seaborn as sns
# 导入 matplotlib 模块
import matplotlib.pyplot as plt
```

（3）首先加载数据集 iris，然后抽取鸢尾花花瓣长度和种类数据，最后使用 DataFrame 对象的 sort_values() 方法按鸢尾花花瓣长度进行降序排序并抽取排序后的 TOP10 样本，代码如下：

```
# 加载 seaborn 模块自带的数据集 iris
df = sns.load_dataset('iris')
# 抽取鸢尾花花瓣长度和种类，按鸢尾花花瓣长度进行降序排序
df1=df[['petal_length','species']].sort_values(by='petal_length',ascending=False).head(10)
print(df1)
```

运行程序，结果如图 11.11 所示。

	petal_length	species
118	6.9	virginica
122	6.7	virginica
117	6.7	virginica
105	6.6	virginica
131	6.4	virginica
107	6.3	virginica
130	6.1	virginica
109	6.1	virginica
135	6.1	virginica
100	6.0	virginica

图 11.11 鸢尾花花瓣长度 TOP10

从运行结果中得知：鸢尾花花瓣长度 TOP10 样本均为维吉尼亚鸢尾（virginica）。

（4）使用 DataFrame 对象的 bar() 函数绘制柱形图，并通过 axhline() 函数添加一条表示平均值的参考线，代码如下：

```
# 绘制柱形图
# 解决中文乱码问题
plt.rcParams['font.sans-serif']=['SimHei']
df1.plot.bar()
```

```
# 计算鸢尾花长度的平均值
mean=df['petal_length'].mean()
# 绘制鸢尾花长度平均值的参考线
plt.axhline(mean,color='r',linestyle='--',)
plt.ylabel('花瓣长度')
# 显示图表
plt.show()
```

运行程序，结果如图 11.12 所示。

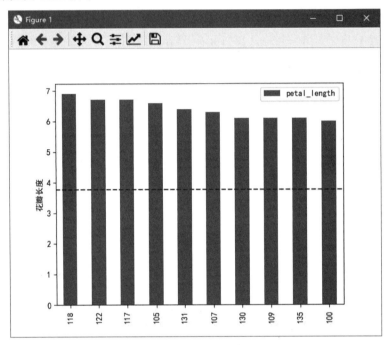

图 11.12　鸢尾花花瓣长度 TOP10

11.6.2　使用箱形图分析鸢尾花花瓣的长度

接下来，我们通过箱形图来分析不同种类鸢尾花花瓣的长度，实现过程如下（源码位置：资源包\Code\11\petal_length_box_data.py）。

（1）运行 PyCharm，在项目目录下新建一个 Python 文件，并将其命名为 petal_length_box_data.py。

（2）导入相关模块，代码如下：

```
# 导入 seaborn 模块
import seaborn as sns
# 导入 matplotlib 模块
import matplotlib.pyplot as plt
```

（3）首先加载数据集 iris，然后使用 seaborn 模块的 boxplot()函数绘制箱形图，代码如下：

```
# 加载 seaborn 模块自带的数据集 iris
df = sns.load_dataset('iris')
# 绘制箱形图
# 解决中文乱码问题
plt.rcParams['font.sans-serif']=['SimHei']
sns.boxplot(df,x='species',y='petal_length',hue='species')
# 显示图表
plt.show()
```

运行程序，结果如图 11.13 所示。

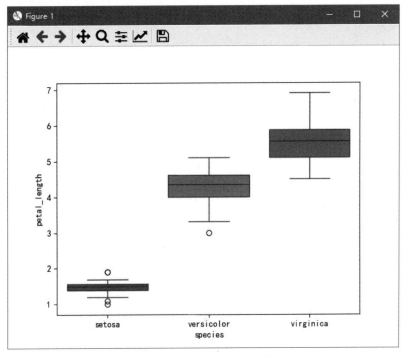

图 11.13　使用箱形图分析鸢尾花花瓣的长度

从运行结果中得知：山鸢尾（setosa）的花瓣长度普遍比较短，但存在异常值，说明其中个别花瓣的长度较长；而维吉尼亚鸢尾（virginica）的花瓣长度普遍比较长。

11.6.3　最常见的鸢尾花花瓣长度

通过统计鸢尾花花瓣长度的唯一值和唯一值出现的数量的最大值，我们可以判断最常见的鸢尾花花瓣长度。我们首先使用 numpy 模块的 unique()函数统计唯一值和唯一值出现的数量，然后使用 argmax()方法和 amax()方法分别计算最常见的鸢尾花花瓣长度和数量，实现过程如下（源码位置：资源包\Code\11\petal_length_data.py）。

（1）运行 PyCharm，在项目目录下新建一个 Python 文件，并将其命名为 petal_length_data.py。
（2）导入相关模块，代码如下：

```
# 导入 seaborn 模块
import seaborn as sns
# 导入 numpy 模块
import numpy as np
```

（3）首先加载数据集 iris，然后抽取鸢尾花花瓣长度，代码如下：

```
# 加载 seaborn 模块自带的数据集 iris
df = sns.load_dataset('iris')
# 抽取鸢尾花花瓣的长度
df1=df.iloc[:,2]
```

（4）使用 numpy 模块的 unique()函数统计鸢尾花花瓣长度唯一值和唯一值出现的数量，代码如下：

```
# 唯一值和唯一值出现的数量
x,p=np.unique(df1,return_counts=True)
```

```
print('唯一值和出现的数量: ')
print(x,'\n',p)
```

运行程序，结果如图 11.14 所示。

```
唯一值和出现的数量：
[1.   1.1 1.2 1.3 1.4 1.5 1.6 1.7 1.9 3.   3.3 3.5 3.6 3.7 3.8 3.9 4.   4.1
 4.2 4.3 4.4 4.5 4.6 4.7 4.8 4.9 5.   5.1 5.2 5.3 5.4 5.5 5.6 5.7 5.8 5.9
 6.   6.1 6.3 6.4 6.6 6.7 6.9]
[ 1  1  2  7 13 13  7  4  2  1  2  2  1  1  3  5  3  4  2  4  8  3  5
  4  5  4  8  2  2  2  3  6  3  3  2  2  3  1  1  1  2  1]
```

图 11.14　鸢尾花花瓣长度唯一值和唯一值出现的数量

（5）使用 numpy 模块的 argmax()方法和 amax()方法分别计算最常见的鸢尾花花瓣长度和数量，代码如下：

```
# 使用 argmax()方法和 amax()方法分别计算最常见的鸢尾花花瓣长度和数量
print('最常见花瓣长度: ',x[np.argmax(p)],
      '数量: ',np.amax(p))
```

运行程序，结果如下：

```
最常见花瓣长度: 1.4 数量: 13
```

11.6.4　直方图分析鸢尾花花瓣长度

接下来，我们通过直方图来分析不同种类鸢尾花花瓣长度的分布情况，实现过程如下（源码位置：资源包\Code\11\petal_length_hist_data.py）。

（1）运行 PyCharm，在项目目录下新建一个 Python 文件，并将其命名为 petal_length_hist_data.py。

（2）导入相关模块，代码如下：

```
# 导入 seaborn 模块
import seaborn as sns
# 导入 matplotlib 模块
import matplotlib.pyplot as plt
```

（3）首先加载数据集 iris，然后从该数据集中抽取花瓣长度和种类数据，并按花瓣长度进行降序排序，最后使用 seaborn 模块的 histplot()函数绘制直方图，代码如下：

```
# 加载 seaborn 模块自带的数据集 iris
df = sns.load_dataset('iris')
# 抽取花瓣长度和种类数据，并按花瓣长度进行降序排序
df1=df[['petal_length','species']].sort_values(by='petal_length',ascending=False)
print(df1)
# 绘制直方图
sns.histplot(data=df1, x="petal_length", hue="species",element="step")
# 显示图表
plt.show()
```

运行程序，结果如图 11.15 所示。

从运行结果中得知：山鸢尾（setosa）的花瓣长度多集中在 1 cm 左右，这与之前确定的鸢尾花最常见的花瓣长度相吻合，因此可以推断山鸢尾（setosa）是较为常见的鸢尾花品种；而杂色鸢尾（versicolor）和维吉尼亚鸢尾（virginica）的花瓣长度则主要分布在 3～7 cm。

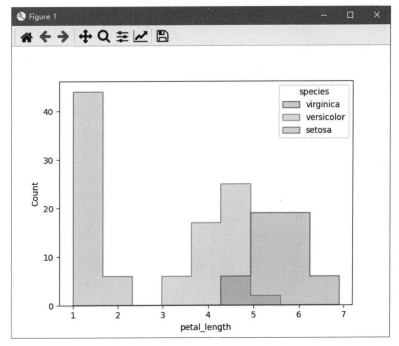

图 11.15　直方图分析鸢尾花花瓣长度

11.7　相关性分析

11.7.1　相关系数分析

相关系数分析主要分析鸢尾花花萼长度、花萼宽度、花瓣长度和花瓣宽度 4 个特征之间的相关性，这主要使用 DataFrame 对象的 corr()方法来完成，实现过程如下（源码位置：资源包\Code\11\corr_data.py）。

（1）运行 PyCharm，在项目目录下新建一个 Python 文件，并将其命名为 corr_data.py。

（2）首先导入 seaborn 模块以加载数据集 iris，然后从该数据集中抽取数据，代码如下：

```
# 导入 seaborn 模块
import seaborn as sns
# 加载 seaborn 模块自带的数据集 iris
df = sns.load_dataset('iris')
# 抽取数据
df1=df.iloc[:,0:4]
```

（3）使用 DataFrame 对象的 corr()方法计算相关系数，代码如下：

```
# 相关系数
corr=df1.corr()
print('相关系数如下：')
print(corr)
```

运行程序，结果如图 11.16 所示。

从运行结果中得知：花萼长度（sepal_length）与花瓣长度（petal_length）和花瓣宽度（petal_width）之间的相关性较强；同时，花瓣

相关系数如下：

	sepal_length	sepal_width	petal_length	petal_width
sepal_length	1.000000	-0.117570	0.871754	0.817941
sepal_width	-0.117570	1.000000	-0.428440	-0.366126
petal_length	0.871754	-0.428440	1.000000	0.962865
petal_width	0.817941	-0.366126	0.962865	1.000000

图 11.16　相关系数

长度（petal_length）和花瓣宽度（petal_width）之间的相关性也非常强。

11.7.2 各特征之间关系矩阵图

接下来，我们将通过矩阵图来分析鸢尾花各特征之间的关系，这主要依赖于 seaborn 模块的 pairplot()函数，实现过程如下（源码位置：资源包\Code\11\pairplot_data.py）。

（1）运行 PyCharm，在项目目录下新建一个 Python 文件，并将其命名为 pairplot_data.py。

（2）导入相关模块，代码如下：

```
# 导入 seaborn 模块
import seaborn as sns
# 导入 matplotlib 模块
import matplotlib.pyplot as plt
```

（3）加载鸢尾花数据集 iris，代码如下：

```
# 加载 seaborn 模块自带的数据集 iris
df = sns.load_dataset('iris')
```

（4）使用 seaborn 模块的 pairplot()函数绘制各特征之间的关系矩阵图，代码如下：

```
# 设置 matplotlib 全局字体大小
plt.rcParams.update({'font.size': 9})
ax=sns.pairplot(data=df,hue= 'species')        # 绘制矩阵图
ax.fig.set_size_inches(9,7)                    # 设置画布大小
sns.set(style='whitegrid')                     # 设置绘图风格
plt.show()                                     # 显示图表
```

运行程序，结果如图 11.17 所示。

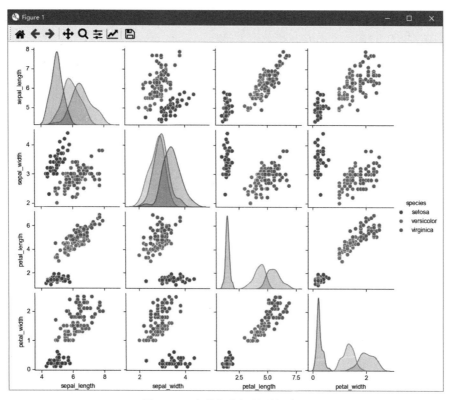

图 11.17　各特征之间关系矩阵图

从运行结果中得知：利用鸢尾花花瓣和花萼的特征数据，我们能够基本区分出 3 种不同的鸢尾花，这说明通过机器学习模型同样有可能有效地对鸢尾花的种类进行区分。

11.7.3　散点图分析鸢尾花花瓣长度和宽度的关系

通过散点图来分析鸢尾花花瓣长度与宽度的关系，我们设定花瓣长度为横坐标，花瓣宽度为纵坐标，并利用颜色来区分鸢尾花的不同种类。这一分析过程主要采用 seaborn 模块的 scatterplot()函数，实现过程如下（源码位置：资源包\Code\11\petal_scatterplot_data.py）。

（1）运行 PyCharm，在项目目录下新建一个 Python 文件，并将其命名为 petal_scatterplot_data.py。

（2）导入相关模块，代码如下：

```
# 导入 seaborn 模块
import seaborn as sns
# 导入 matplotlib 模块
import matplotlib.pyplot as plt
```

（3）加载鸢尾花数据集 iris，代码如下：

```
# 加载 seaborn 模块自带的数据集 iris
df = sns.load_dataset('iris')
```

（4）使用 seaborn 模块的 scatterplot()函数绘制散点图，代码如下：

```
# 散点图分析花瓣长度和宽度的关系
sns.scatterplot(data=df,x='petal_length',y='petal_width',hue='species')
# 显示图表
plt.show()
```

运行程序，结果如图 11.18 所示。

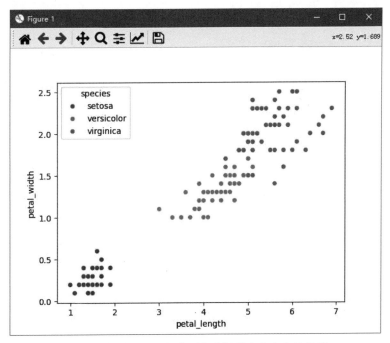

图 11.18　散点图分析鸢尾花花瓣长度和宽度的关系

从运行结果中得知：鸢尾花花瓣的长度和宽度特征，我们能够非常显著地区分出 3 种不同的鸢尾花种类。

11.7.4　散点图分析鸢尾花花萼长度和宽度的关系

为了探讨鸢尾花花萼长度与宽度之间的关系，我们利用散点图进行可视化分析。在此散点图中，花萼长度被设置为横坐标，花萼宽度被设置为纵坐标，并通过不同颜色来区分鸢尾花的 3 个种类。这一分析过程主要利用 seaborn 模块的 scatterplot()函数，实现过程如下（源码位置：资源包\Code\11\sepal_scatterplot_data.py）。

（1）运行 PyCharm，在项目目录下新建一个 Python 文件，并将其命名为 sepal_scatterplot_data.py。

（2）导入相关模块，代码如下：

```python
# 导入 seaborn 模块
import seaborn as sns
# 导入 matplotlib 模块
import matplotlib.pyplot as plt
```

（3）加载鸢尾花数据集 iris，代码如下：

```python
# 加载 seaborn 模块自带的数据集 iris
df = sns.load_dataset('iris')
```

（4）使用 seaborn 模块的 scatterplot()函数绘制散点图，代码如下：

```python
# 绘制散点图分析花萼长度和宽度的关系
sns.scatterplot(data=df,x='sepal_length',y='sepal_width',hue='species')
# 显示图表
plt.show()
```

运行程序，结果如图 11.19 所示。

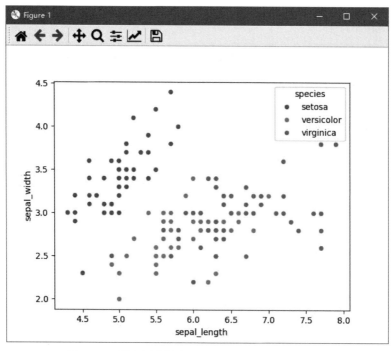

图 11.19　散点图分析鸢尾花花萼长度和宽度的关系

从运行结果中得知：在尝试通过鸢尾花花萼的长度和宽度来区分 3 种鸢尾花时，其中有两个种类的数据点存在重叠，导致它们之间的区分不够很明显。

11.7.5 鸢尾花的线性关系分析

seaborn 模块提供了直接绘制线性回归模型的功能，以便描述数据间的线性关系，这一功能主要通过 lmplot()函数实现。接下来，我们将利用这个函数来分析鸢尾花的线性关系，实现过程如下（源码位置：资源包\Code\11\lmplot_data.py）。

（1）运行 PyCharm，在项目目录下新建一个 Python 文件，并将其命名为 lmplot_data.py。

（2）导入相关模块，代码如下：

```python
# 导入 seaborn 模块
import seaborn as sns
# 导入 matplotlib 模块
import matplotlib.pyplot as plt
```

（3）加载鸢尾花数据集 iris，代码如下：

```python
# 加载 seaborn 模块自带的数据集 iris
df = sns.load_dataset('iris')
```

（4）使用 seaborn 模块的 lmplot()函数，分别针对花瓣和花萼绘制线性回归模型，代码如下：

```python
# 绘制花瓣长度和宽度的线性关系
sns.lmplot(data=df, x='petal_length', y='petal_width', hue='species')
# 绘制花萼长度和宽度的线性关系
sns.lmplot(data=df, x='sepal_length', y='sepal_width', hue='species')
# 显示图表
plt.show()
```

运行程序，结果分别如图 11.20 和图 11.21 所示。

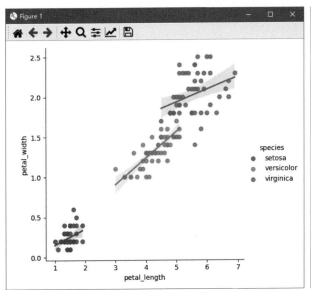

图 11.20　绘制花瓣线性回归模型

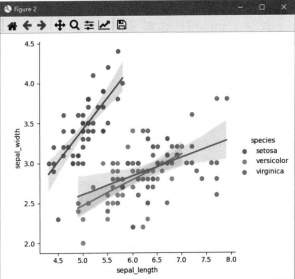

图 11.21　绘制花萼线性回归模型

从运行结果中得知：花瓣长度和宽度之间的线性关系比较强。

11.8　鸢尾花聚类分析

11.8.1　抽取特征数据

经过前面的相关性分析，我们发现鸢尾花花瓣的长度和宽度与鸢尾花的种类之间的相关性比较强。接下来，我们将抽取鸢尾花花瓣的长度和宽度数据，作为鸢尾花聚类分析的特征数据，实现过程如下（源码位置：资源包\Code\11\kmeans_data.py）。

（1）运行 PyCharm，在项目目录下新建一个 Python 文件，并将其命名为 kmeans_data.py。

（2）首先导入聚类分析相关模块、函数和类，代码如下：

```python
# 导入 seaborn 模块
import seaborn as sns
# 导入 numpy 模块
import numpy as np
# 导入 sklearn.model_selection 子模块的 train_test_split()函数
from sklearn.model_selection import train_test_split
# 导入 sklearn.cluster 子模块的 KMeans 类
from sklearn.cluster import KMeans
# 导入 matplotlib 模块
import matplotlib.pyplot as plt
```

（3）加载鸢尾花数据集 iris，抽取特征数据（即鸢尾花花瓣长度和宽度），代码如下：

```python
# 加载 seaborn 模块自带的数据集 iris
df = sns.load_dataset('iris')
# 抽取特征数据
data = np.array(df.iloc[:,2:4])
```

11.8.2　划分训练集和测试集

在执行 K-Means 算法对鸢尾花数据集进行聚类分析时，通常不需要将数据集划分为训练集和测试集，因为聚类是一种无监督学习方法，不涉及模型的训练和测试。但是，如果出于其他目的的需要划分数据集，可以使用 sklearn 模块中 model_selection 子模块的 train_test_split()函数，代码如下（源码位置：资源包\Code\11\kmeans_data.py）。

```python
# 划分训练集和测试集
x_train, x_test= train_test_split(data, random_state=0)
print("训练集: ",x_train.shape)
print("测试集: ",x_test.shape)
```

运行程序，结果如下：

```
训练集: (112, 2)
测试集: (38, 2)
```

从运行结果中得知：包含 150 条数据的鸢尾花数据集被划分为了训练集（112 条数据）和测试集（38 条数据）

11.8.3　基于 K-Means 算法创建聚类模型

我们首先使用 sklearn.cluster 子模块的 KMeans 类来创建聚类模型，并对训练集进行拟合，从而获得聚类标签，然后绘制散点图来展示聚类结果，实现过程如下（源码位置：资源包\Code\11\kmeans_data.py）。

（1）首先使用 KMeans 类对训练集进行拟合，创建聚类模型，然后获取聚类标签，代码如下：

```
kmeans = KMeans(n_clusters=3).fit(x_train)        # 创建聚类模型
y_pred = kmeans.labels_                           # 获取聚类标签
print(y_pred)
```

运行程序，结果如图 11.22 所示。

```
[0 0 2 1 2 1 1 0 2 2 2 2 0 2 0 0 2 2 0 2 0 2 0 1 2 0 0 0 2 1 1 2 0 1 1 0
 1 2 0 1 0 2 0 1 2 2 2 1 1 2 2 1 2 1 2 2 1 1 2 1 1 1 1 0 2 2 1 1 1 0 0 1 1
 0 1 2 0 2 0 1 2 1 2 1 1 2 1 2 0 0 0 2 2 0 2 1 0 2 2 1 0 0 2 0 1 1 1 2 0 2
 1]
```

图 11.22 聚类标签

（2）使用 matplotlib 模块的 scatter()函数绘制散点图，代码如下：

```
# 解决中文乱码问题
plt.rcParams['font.sans-serif']=['SimHei']
# 绘制散点图
plt.scatter(X[:, 0], X[:, 1], c=y_pred)
# x 轴和 y 轴标签
plt.xlabel('花瓣长度')
plt.ylabel('花瓣宽度')
# 显示图表
plt.show()
```

运行程序，结果如图 11.23 所示。

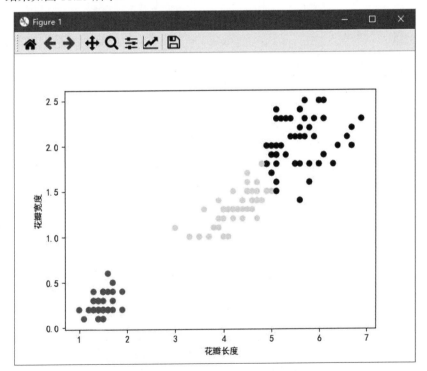

图 11.23 花瓣长度和宽度的散点图

从运行结果中得知：当使用花瓣长度和宽度两个特征作为聚类数据时，聚类效果很好。

> **说明**
>
> 在使用 sklearn.cluster 模块的 KMeans()方法对鸢尾花数据集进行聚类分析时，如果出现如图 11.24 所示的警告信息，可以通过控制并行计算库的线程数来解决，代码如下：
>
> ```python
> # 控制并行计算库的线程数以解决警告信息
> import os
> os.environ['OMP_NUM_THREADS'] = '1'
> ```
>
> ```
> D:\Python\Python3.12\Lib\site-packages\joblib\externals\loky\backend\context.py:150: UserWarning: Could not find the number of physical cores for the following reason:
> [WinError 2] 系统找不到指定的文件。
> Returning the number of logical cores instead. You can silence this warning by setting LOKY_MAX_CPU_COUNT to the number of cores you want to use.
>   warnings.warn(
>   File "D:\Python\Python3.12\Lib\site-packages\joblib\externals\loky\backend\context.py", line 227, in _count_physical_cores
>     cpu_info = subprocess.run(
>     ---------------
> ```
>
> 图 11.24　警告信息

11.8.4　聚类模型评估

聚类模型创建完成后，我们将使用 sklearn.metrics 子模块的 calinski_harabasz_score()方法对该模型进行评估，代码如下（源码位置：资源包\Code\11\kmeans_data.py）：

```python
# 聚类模型评估
score = calinski_harabasz_score(x_train,y_pred)
print(score)
```

运行程序，结果如下：

```
927.3376960160383
```

11.8.5　预测鸢尾花种类

下面，我们将测试集数据输入聚类模型，以预测鸢尾花的种类，这主要使用 KMeans 类的 predict()方法实现，代码如下（源码位置：资源包\Code\11\kmeans_data.py）。

```python
# 通过测试集预测鸢尾花种类
y_new=kmeans.predict(x_test)
print('预测鸢尾花种类：',y_new)
```

运行程序，结果如下：

```
预测鸢尾花种类： [2 0 1 2 1 2 1 0 0 0 2 0 0 0 0 1 0 0 1 1 2 0 1 1 2 1 1 0 0 1 2 0 1 2 2 0 1 2]
```

11.9　项 目 运 行

通过前述步骤，我们已经设计并完成了"基于 K-Means 算法实现鸢尾花聚类分析"项目的开发。"基于 K-Means 算法实现鸢尾花聚类分析"项目目录包含 16 个 Python 脚本文件，如图 11.25 所示。

下面按照开发过程运行脚本文件，以检验我们的开发成果。例如，要运行 view_data.py 文件，首先双击该文件，此时右侧"代码窗口"会显示全部代码，然后在"代码窗口"中右击，在弹出的快捷菜单中选择 Run 'view_data'命令（见图 11.26），即可运行程序。

图 11.25　项目目录

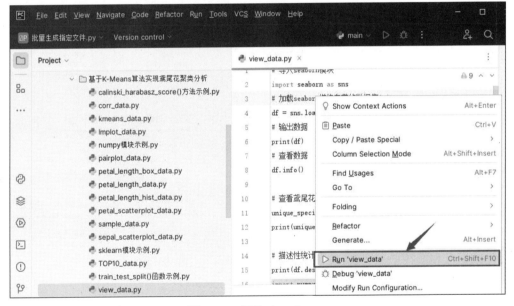

图 11.26　运行 view_data.py

其他脚本文件按照图 11.25 给出的顺序运行，这里就不再赘述了。

11.10　源　码　下　载

本章虽然详细地讲解了如何通过 seaborn 模块、pandas 模块、matplotlib 模块、numpy 模块和 sklearn 模块实现"基于 K-Means 算法实现鸢尾花聚类分析"的各个功能，但给出的代码都是代码片段，而非完整的源代码。为了方便读者学习，本书提供了用于下载完整源代码的二维码。

源码下载

## 第 12 章

电视节目数据分析系统

——Qt Designer + PyQt5 + pandas + pyecharts

对于数据分析程序来说，图形用户界面无疑更加友好、美观且操作灵活，用户可以据此根据实际需求选择需要分析的内容。本章将通过 Qt Designer+PyQt5 实现基于图形用户界面的电视节目数据分析系统。用户可以通过系统提供的维度选择数据，并生成对应的可视化图表，从而了解各平台节目占比情况、各类节目播出占比情况和各类节目数据变化趋势等。

本项目的核心功能及实现技术如下：

项目微视频

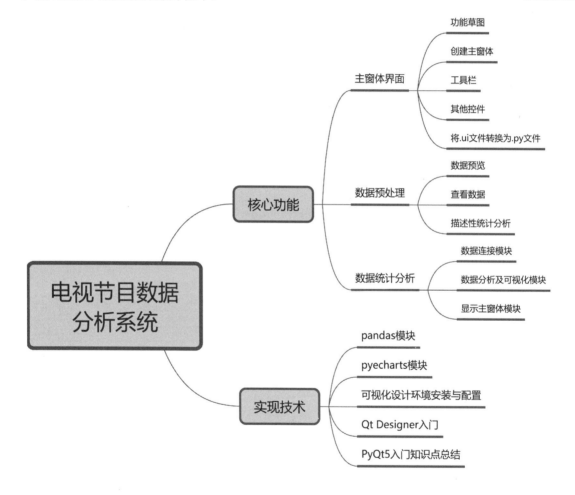

12.1 开发背景

电视节目数据分析系统将提供一个友好且美观的可视化界面，用户可以从该系统提供的多个维度中进行选择。根据用户的选择，该系统将会生成对应维度数据的可视化图表。通过这些图表，用户可以了解各平台节目占比、各类节目播出占比，各类数据变化趋势等。该系统界面的设计采用 Qt Designer，而可视化图表则采用 pyecharts 第三方图表。

通过本章的学习，读者将能够了解一个完整项目的开发流程和项目模块化的方法，还将掌握 Qt Design 可视化界面设计方法、界面与业务代码分离方法，以及第三方图表 pyecharts 中饼形图和折线图的应用。

12.2　系　统　设　计

12.2.1　开发环境

本项目的开发及运行环境如下：
- ☑　操作系统：推荐 Windows 10、Windows 11 或更高版本。
- ☑　编程语言：Python 3.12。
- ☑　开发环境：PyCharm。
- ☑　内置模块：sys、webbrowser。
- ☑　第三方模块：pandas（2.1.4）、openpyxl（3.1.2）、pyecharts（2.0.5）、PyQt5（5.15.10）、PyQt5Designer（5.14.1）。

12.2.2　分析流程

在开发电视节目数据分析系统前，我们需要了解数据分析流程：首先，通过数据准备了解数据集的形式，并将其复制到项目目录中；然后进行数据预处理工作，这包括数据预览、查看数据和描述性统计分析；最后进行数据统计分析。

本项目分析流程如图 12.1 所示。

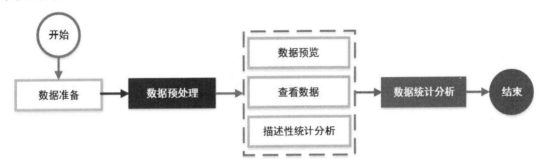

图 12.1　电视节目数据分析系统分析流程

12.2.3　功能结构

本项目的功能结构已经在章首页中给出。本项目实现的具体功能如下：
- ☑　主窗体界面：首先设计功能草图，然后通过 Qt Designer 设计完成主窗体图形用户界面。
- ☑　数据预处理：数据分析前，需要对数据进行全面的了解以确保数据质量。这一过程包括预览数据、查看数据和描述性统计分析。
- ☑　数据统计分析：实现各个功能的模块化，包括数据连接模块、数据分析与可视化模块和显示主窗体模块。

12.3 技 术 准 备

12.3.1 技术概览

电视节目数据分析系统采用图形用户界面，该界面主要通过 Qt Designer 结合 PyQt5 来实现。在系统中，数据分析及可视化功能则依赖于 pandas 和 pyecharts 两个模块。关于这两个模块（pandas 和 pyecharts），这里将不进行详细介绍。对于这些知识点尚不熟悉的读者，可以查阅《Python 数据分析从入门到精通（第 2 版）》，该书对这些模块进行了详细的讲解。

Qt Designer 和 PyQt5 这两大技术领域涉及的内容非常广泛。由于篇幅所限，本章将主要介绍如何搭建可视化设计环境、如何使用 Qt Designer 设计图形用户界面，以及对 PyQt5 的入门知识点进行总结和示例，以帮助读者快速了解 PyQt5。此外，在实际应用中，Qt Designer 与 PyQt5 的结合是不可或缺的，尤其是在开发图形用户界面（GUI）程序时。因此，本章还将介绍 Qt Designer 如何与 PyQt5 协同工作，以及如何实现 Qt Designer 图形用户界面与业务代码的分离，并通过实例进行说明，以确保读者能够顺利完成本项目并学习 GUI 程序的设计过程。

12.3.2 可视化设计环境安装与配置

对于 Python 程序员来说，使用纯代码编写应用程序是常见的。然而，大多数程序员更倾向于使用可视化方法来设计窗体界面，因为这样能够显著减少程序代码量，并且设计过程更加方便快捷。Qt Designer 为我们提供了一个这样的可视化设计环境，允许我们随心所欲地设计出理想的图形用户界面。

一旦设计好了图形用户界面，我们需要一个工具来将其与 Python 代码进行衔接，这个工具就是 PyQt。PyQt 是基于 Digia 公司开发的强大图形程序框架 Qt 的 Python 接口，由一组 Python 模块组成。它既可用于开发 GUI 程序，也可用于开发非 GUI 程序。PyQt 由 Phil Thompson 开发，自 1998 年首次将 Qt 移植到 Python 上形成 PyQt 以来，已经发布了 PyQt3、PyQt4、PyQt5、PyQt6 等主要版本。但由于 PyQt6 支持的 Python 版本最高到 Python 3.9，本项目选择最常用的 PyQt5。同时，结合 Qt Designer，我们实现本项目的图形用户界面与交互，如图 12.2 所示。

图 12.2　电视节目数据分析系统图形用户界面

那么，要实现上述效果的图形用户界面，首先需要在 Python 中搭建可视化设计环境，实现过程如下。

（1）安装 PyQt5 模块和 PyQt5Designer 模块。首先在 Pycharm 开发环境中搜索 PyQt5，然后从搜索结果中筛选与 PyQt5 相关的模块，即 PyQt5 和 PyQt5Designer，如图 12.3 所示，然后分别安装这两个模块。

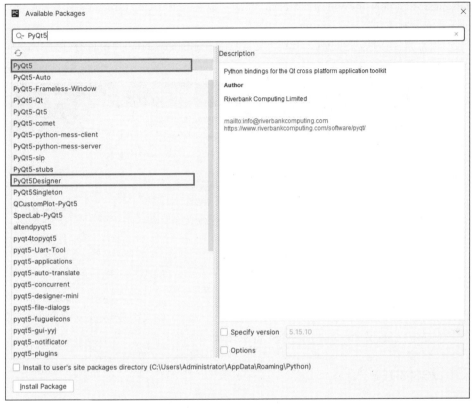

图 12.3　安装 PyQt5 模块和 PyQt5Designer 模块

（2）配置 Qt Designer。运行 PyCharm，打开设置窗口（Settings），选择 Tools→External Tools 子菜单，单击+按钮，打开 Create Tool（新建工具）对话框，首先在 Name 文本框中输入工具名称，如 Qt Design，然后在 Program 文本框中选择 designer.exe 文件的安装路径，如 E:\Python\Python3.12\Lib\site-packages\QtDesigner\designer.exe，最后在 Working directory 文本框中输入$ProjectFileDir$，配置效果如图 12.4 所示，单击 OK 按钮以完成 Qt Designer 的配置工作。

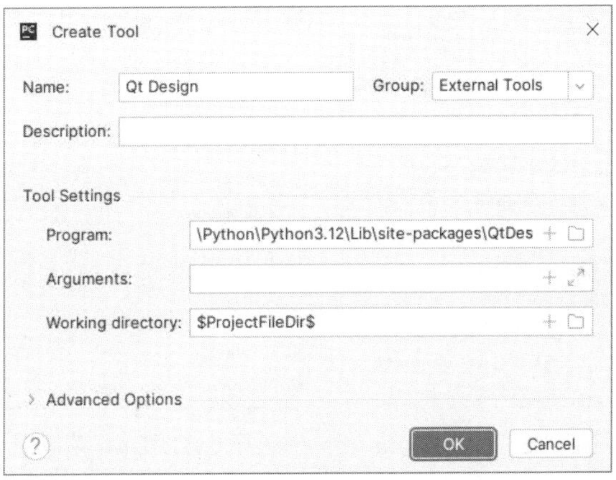

图 12.4　配置 Qt Designer

（3）配置 PyUIC，即将.ui 文件转换为.py 文件。依然选择 Tools→External Tools 子菜单，单击+按钮，打开 Create Tool（新建工具）对话框，首先在 Name 文本框中输入 PyUIC，然后在 Program 文本框中选择 python.exe 文件的安装路径，如 E:\Python\Python3.12\python.exe，接着在 Arguments 文本框中输入-m PyQt5. uic.pyuic $FileName$ -o $FileNameWithoutExtension$.py，最后在 Working directory 文本框中输入$FileDir$，单击 OK 按钮以完成配置工作。

（4）完成以上配置工作后，在 PyCharm 开发工具的 Tools→External Tools 子菜单中，将可以看到 Qt Design 和 PyUIC 两个菜单项，如图 12.5 所示。

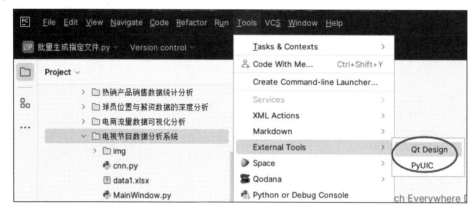

图 12.5　新增的 Qt Design 和 PyUIC 两个菜单项

如果需要进行图形用户界面设计，则选择 Qt Design 菜单项，如果需要将.ui 文件转为.py 文件，则选择 PyUIC 菜单项，前提是已设计好.ui 文件，否则可能会出现错误。

12.3.3　Qt Designer 入门

Qt Designer，中文名称为 Qt 设计师，是一个功能强大的可视化图形用户界面设计工具。使用 Qt Designer 设计图形用户界面可以大大提高开发效率。因此本项目图形用户界面的设计使用 Qt Designer。接下来，我们简要介绍 Qt Designer 以及如何使用它来设计图形用户界面。

按照前面的步骤，我们已经成功地在 PyCharm 开发环境中配置了 Qt Designer。接下来，我们可以通过 PyCharm 开发环境中的 External Tools（扩展工具）菜单轻松地打开 Qt Designer，实现过程如下。

（1）在 PyCharm 的菜单栏中选择 Tools→External Tools→Qt Designer 菜单项，如图 12.6 所示。

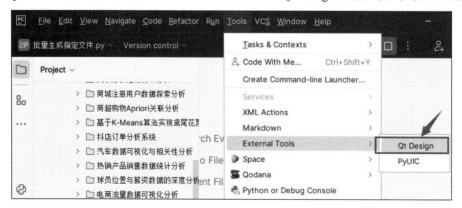

图 12.6　在 PyCharm 菜单中选择 Qt Designer 菜单项

（2）打开 Qt Designer，将显示"新建窗体"对话框，该对话框中以列表形式列出 Qt 支持的几种窗口类型，如图12.7所示。

按钮在底部的对话框窗口
没有按钮的对话框窗口
通用窗口

按钮在右上角的对话框窗口
带菜单、停靠窗口和状态栏的主窗口

图12.7 "新建窗体"对话框

（3）在"新建窗体"对话框列表中选择Main Window，单击"创建"按钮即可创建一个主窗口。接下来，我们一起来看Qt Designer的主要组成部分，如图12.8所示。

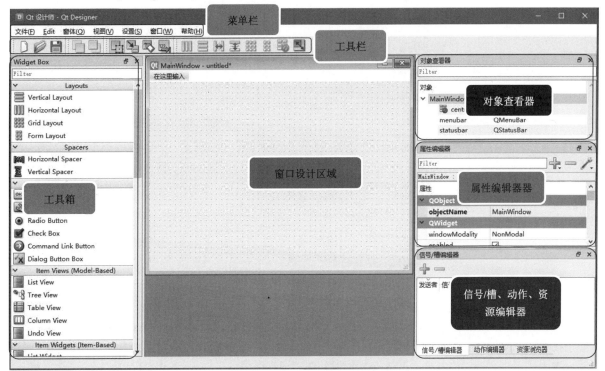

图12.8 Qt Designer

了解了Qt Designer，下面设计一个简单的系统登录界面，实现过程如下。

（1）首先创建一个窗体，然后将需要的控件放置在该窗体上。运行PyCharm，选择Tools→External Tools

→Qt Design 菜单项，单击 Qt Design 以打开"Qt 设计师"窗口，在弹出的"新建窗体"对话框中选择 Main Window，单击"创建"按钮以完成窗体的创建，如图 12.9 所示。

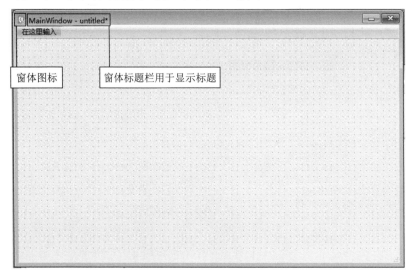

图 12.9　新建的主窗体

窗体图标和窗体标题栏需要通过"属性编辑器"进行设置，设置方法如图 12.10 所示。

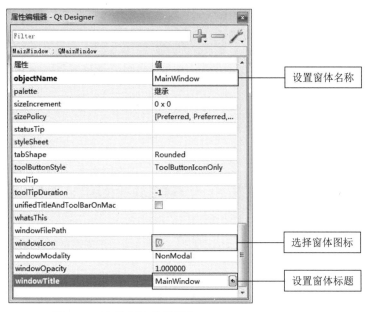

图 12.10　窗体属性编辑器窗口

（2）在窗体上添加两个文本框。首先在工具箱的 Input Widgets 中找到 Text Edit 控件，通过鼠标拖曳的方式，在窗体上添加两个文本框，然后单击第 1 个文本框，在"属性编辑器"中找到 placeholderText 属性，将其设置为"用户名"，接着单击第 2 个文本框，在"属性编辑器"中找到 placeholderText 属性，将其设置为"密码"。

（3）在窗体上添加一个按钮。首先在工具箱的 Buttons 中找到 Push Button 控件，然后将其拖曳到窗体上，在"属性编辑器"中找到 text 属性，将其设置为"登录"，设计完成后，结果如图 12.11 所示。

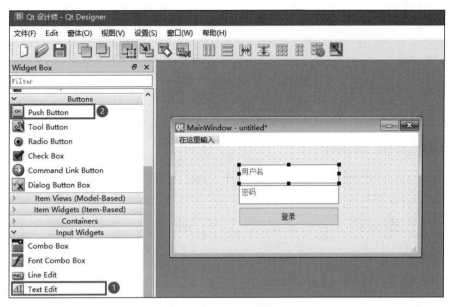

图 12.11　设计完成的系统登录界面

（4）相关属性设置完成后，是不是迫不及待地想看效果呢？那么，预览窗体，需要选择"窗体"→"预览"菜单项，结果如图 12.12 所示。最后别忘记按 Ctrl+S 快捷键以保存文件，将窗体保存到"示例"文件夹中，文件名为 login.ui。

图 12.12　预览系统登录

12.3.4　PyQt5 入门知识点总结

PyQt5 可以通过纯代码来设计完成图形用户界面并进行交互，PyQt5 API 拥有 600 多个类和 6000 多个函数，是一个跨平台的工具包，能够运行在所有主流的操作系统上，包括 Windows、Linux 和 Mac OS。我们在前面学习了如何通过 Qt Designer 设计图形用户界面，接下来需要通过 PyQt5 实现程序交互，也就是实现各个控件与代码的衔接。那么我们首先需要了解 PyQt5 入门的知识点，以便更好地学习后面的内容。

1. PyQt5 主要的类

下面介绍一下 PyQt5 主要的类。

☑　QObject 类：在类层次结构中是顶部类，它是所有 PyQt 对象的基类。

☑　QPaintDevice 类：所有可绘制的对象的基类。

☑　QWidget 类：所有用户界面（UI）对象的基类。QDialog 类和 QFrame 类继承自 QWidget 类，这两个类有自己的子类系统。

☑　QApplication 类：QApplication 类是 PyQt5 的一个核心类，它提供了一些方法和属性，用于管理应用程序的生命周期和事件循环，以及处理用户输入和操作。

☑ QMainWindow 类：包含菜单栏、工具栏、状态栏、标题栏等的主应用程序窗口，是最常见的窗口形式。

☑ QDialog 类：是对话框窗口的基类，主要用于执行短期任务，或与用户进行交互，可以是模态或非模态的。QDialog 对话框没有菜单栏、工具栏、状态栏等。

☑ QFrame 类：有框架的窗口控件的基类。

下面重点介绍 QApplication 类和 QMainWindow 类。

（1）QApplication 类。

QApplication 类主要用于管理应用程序，任何一个 PyQt5 图形用户界面程序都会包含一个 QApplication 类，在使用 QApplication 类前第一步是将其导入程序中，代码如下：

```
from PyQt5.QtWidgets import QApplication
```

第二步是初始化 QApplication 类，同时需要引入 sys.argv。这样做是为了通过 sys.argv 访问所有命令行参数，从而使程序从命令行启动。此外，程序在关闭时需要退出进程，以避免程序处于睡眠状态，代码如下：

```
import sys                          # 导入 sys 模块
app = QApplication(sys.argv)        # 初始化 QApplication 类以启动程序
# 此处省略了主窗口代码
sys.exit(app.exec())                # 程序关闭时退出进程
```

（2）QMainWindow 类。

任何程序都会有一个主窗口，这个主窗口一般会包含菜单栏、工具栏、状态栏和中心区域等。QMainWindow 类是主窗口框架，它继承自 QWidget 类，并包含了许多相关的类，可以创建主窗口、添加菜单栏、工具栏、状态栏等。例如，创建一个简单的主窗口，代码如下：

```
# 导入 sys 模块
import sys
# 导入 PyQt5.QtWidgets 的 QApplication 类和 QMainWindow 类
from PyQt5.QtWidgets import QApplication, QMainWindow
# 初始化 QApplication 类以启动程序
app = QApplication(sys.argv)
# 初始化 QMainWindow 类以创建主窗口
window = QMainWindow()
# 显示主窗口
window.show()
# 程序关闭时退出进程
sys.exit(app.exec_())
```

运行程序，结果如图 12.13 所示。

2．常见控件

下面介绍一下程序中常见的几个控件。

☑ QLabel 控件：用来显示文本或图像。

☑ QLineEdit 控件：提供了一个单页面的单行文本编辑器。

☑ QTextEdit 控件：提供了一个单页面的多行文本编辑器。

☑ QPushButton 控件：命令按钮。

☑ QRadioButton 控件：一个单选按钮和一个文本或像素映射标签。

☑ QCheckBox 控件：一个带文本标签的复选框。

☑ QComboBox 控件：下拉列表框，用于弹出列表。

☑ QMenuBar 控件：提供了一个横向菜单栏。

☑ QStatusBar 控件：状态栏，一般在主窗口底部。

图 12.13　一个简单的主窗口

☑ QToolBar 控件：工具栏，可以包含多个命令按钮，一般在主窗口顶部。

例如，在前面的主窗口中添加一个按钮，代码如下：

```
# 添加按钮控件
btn1 = QPushButton(window)
# 设置按钮文本
btn1.setText('按钮 1')
```

上述代码应放在创建主窗口与显示主窗口之间。

运行程序，结果如图 12.14 所示。

3. 信号与槽

信号与槽是 PyQt5 的核心机制，是各个控件与窗口对象之间相互
通信的基础。例如，单击按钮，会发射信号，然后执行相应的操作。

图 12.14　在主窗口中添加一个按钮

无论是控件与窗口对象之间的通信，还是多个窗口对象之间的通
信，以及实现多个界面的链接，都会应用信号与槽机制。因此，理解并熟练掌握信号与槽，是学习 PyQt5
开发图形用户界面程序的关键。下面，我们介绍 PyQt5 中的信号与槽的主要特点，具体如下：

☑ 一个信号可以连接多个槽，一个槽也可以监听多个信号。

☑ 信号与信号之间也可以互相连接。

☑ 信号与槽的连接可以同步也可以异步。

☑ 信号的参数可以是任意合法的 Python 类型。

例如，单击"按钮 1"时输出 Hello World！，代码如下：

```
# 导入 sys 模块
import sys
# 导入 PyQt5.QtWidgets 的 QApplication 类和 QMainWindow 类
from PyQt5.QtWidgets import QApplication, QMainWindow,QPushButton
# 定义 on_click()槽函数
def on_click():
    print('Hello World！')
# 启动程序
app = QApplication(sys.argv)
# 初始化 QMainWindow 类以创建主窗口
window = QMainWindow()
# 添加按钮控件
btn1 = QPushButton(window)
# 设置按钮文本
btn1.setText('按钮 1')
# 连接按钮的 clicked 信号到 on_click 槽函数
btn1.clicked.connect(on_click)
# 显示主窗口
window.show()
# 程序关闭时退出进程
sys.exit(app.exec_())
```

运行程序，结果如图 12.15 所示。

以上介绍了 PyQt5 从图形用户界面设计到实现控件与
业务代码衔接的整个过程。在实际开发中，完全使用 PyQt5
设计复杂的图形用户界面可能并非最佳选择。相反，结合
Qt Designer 和 PyQt5 开发图形用户程序才是一种更优的方
法。下面我们将探讨 PyQt5 如何与 Qt Designer 结合。

图 12.15　单击"按钮 1"时输出 Hello World！

4. PyQt5 与 Qt Designer 结合

在 12.3.3 节中已经通过 Qt Designer 设计完成了"系统登录"程序的界面。下面使用 PyQt5 实现控件与

业务代码的衔接。这需要先将 Qt Designer 设计完成的.ui 文件转换为 Python 脚本文件，然后才可以在 Python 环境中继续进行开发和完善。

例如，完善"系统登录"程序，当用户单击"登录"按钮，程序将首先进行判断，如果用户名和密码都输入正确，则提示登录成功；否则提示登录失败。实现过程如下。

（1）将.ui 文件转换为.py 文件。运行 PyCharm，打开"示例"文件夹，首先选择 login.ui，然后选择 Tools→External Tools→PyUIC 菜单项，将自动生成一个名为 login.py 的文件，如图 12.16 所示。

图 12.16　.ui 文件转换为.py 文件

（2）双击 login.py 文件，默认转换后的 Python 代码大致如图 12.17 所示。

图 12.17　转换后的 Python 代码

此时，如果直接运行程序，将不会显示"系统登录"窗口。为了显示该窗口，我们还需要加入程序启动的相关代码：

```python
import sys                                          # 导入 sys 模块
# 导入 PyQt5.QtWidgets 模块的 QApplication 类和 QMainWindow 类
from PyQt5.QtWidgets import QApplication, QMainWindow
# 每个 Python 文件都包含内置的变量__name__，
# 当该文件被直接执行时，
# 变量__name__就等于文件名（.py 文件）
# 而"__main__"则表示当前所执行文件的名称
if __name__ == '__main__':
    app = QApplication(sys.argv)                    # 实例化一个应用对象
    MainWindow = QMainWindow()                      # 创建主窗口对象
    ui = Ui_MainWindow()                            # Ui_MainWindow 类
```

```
ui.setupUi(MainWindow)                    # 继承 Ui_MainWindow 类中的 setupUi()方法
MainWindow.show()                         # 显示主窗口
sys.exit(app.exec())                      # 确保主循环安全退出
```

运行程序，结果如图 12.18 所示。

图 12.18　显示系统登录窗口

从运行结果中得知："系统登录"窗口已经显示，但它目前仅具备展示功能，与在 Qt Designer 中的预览效果是一样的，尚未实现我们想要的功能。因此，我们还需要继续编写代码。下面，我们利用信号与槽实现主窗口中各个控件与业务代码的衔接。

（3）在 Ui_MainWindow 类中创建槽函数 login()。首先获取用户名和密码，然后判断用户名和密码。如果用户名为"mr"，密码为"111"，则输出"登录成功"；否则输出"登录失败"，代码如下：

```
class Ui_MainWindow(object):
    # 此处省略了将.ui 文件转换为.py 文件后自动生成的代码
    # 创建槽函数 login()
    def login(self):
        # 获取用户名和密码
        user=self.textEdit.toPlainText()
        password=self.textEdit_2.toPlainText()
        # 判断用户名和密码
        if user=='mr' and password=='111':
            print('登录成功')
        else:
            print('登录失败')
```

（4）通过将按钮的 clicked 信号连接到 self.login 槽函数，我们可以实现单击"登录"按钮时判断用户名和密码的功能。在 Ui_MainWindow 类中添加如下代码：

```
self.pushButton.clicked.connect(self.login)
```

运行程序，结果如图 12.19 所示。

图 12.19　系统登录

至此，我们基本完成了"系统登录"程序的设计。然而，存在一个问题：如果需要频繁修改 Qt Designer 中的图形用户界面，那么每次修改后都需要重新将.ui 文件转换为.py 文件，这会导致我们之前在 login.py 中添加的判断用户名和密码的代码被覆盖，这显然是不方便的。因此，我们需要将 Qt Designer 设计的图形用户界面与业务逻辑代码进行分离，确保无论将来如何修改界面，都不会对业务逻辑代码产生影响。

5. Qt Designer 图形用户界面与业务代码分离

为了实现 Qt Designer 图形用户界面与业务代码的分离，我们可以将用于判断用户名和密码的代码单独存放在一个 Python 脚本文件中，实现过程如下。

（1）新建一个 Python 文件，并将其命名为 demo.py。

（2）导入相关模块，代码如下。

```python
# 从 login 中导入 Ui_MainWindow 类
from login import Ui_MainWindow
# 导入 PyQt5.QtWidgets 模块的 QApplication 类和 QMainWindow 类
from PyQt5.QtWidgets import QApplication, QMainWindow
import sys                          # 导入 sys 模块
```

（3）首先定义 LoginWindow 类，它继承自 QMainWindow 类和 Ui_MainWindow 类，然后将单击"登录"按钮时判断用户名和密码的代码放在该类中，代码如下：

```python
class LoginWindow(QMainWindow, Ui_MainWindow):
    def __init__(self):
        super(LoginWindow, self).__init__()
        self.setupUi(self)
        # 将按钮的 clicked 信号连接到 self.login 槽函数
        self.pushButton.clicked.connect(self.login)
    # 定义槽函数
    def login(self):
        # 获取用户名和密码
        user = self.textEdit.toPlainText()
        password = self.textEdit_2.toPlainText()
        # 判断用户名和密码
        if user == 'mr' and password == '111':
            print('登录成功')
        else:
            print('登录失败')
```

（4）启动程序，显示"系统登录"窗口，代码如下：

```python
# 每个 Python 文件都包含内置的变量 __name__
# 当该文件被直接执行时
# 变量 __name__ 就等于文件名（.py 文件）
# 而"__main__"则表示当前所执行文件的名称
if __name__ == '__main__':
    app = QApplication(sys.argv)        # 初始化 QApplication 类以启动程序
    login_window = LoginWindow()        # 初始化主窗口类
    login_window.show()                 # 显示主窗口
    sys.exit(app.exec())                # 程序关闭时退出进程
```

这样，我们就成功地实现了 Qt Designer 图形用户界面与业务代码的分离。界面代码与业务代码互不干扰，因此，无论以后如何修改界面，都不会影响业务代码。

12.4　前　期　工　作

12.4.1　新建项目目录

在开发项目之前，需要创建一个项目目录，以保存项目所需的 Python 脚本文件，具体步骤如下：运行 PyCharm，右击工程目录（如 PycharmProjects），在弹出的快捷菜单中选择 New→Directory，然后输入"电视节目数据分析系统"作为目录名称，并按 Enter 键，项目目录就创建成功了，如图 12.20 所示。

图 12.20　新建项目目录

12.4.2　数据准备

"电视节目数据分析系统"的数据主要来源于 Excel 文件（即 data1.xlsx），如图 12.21 所示。

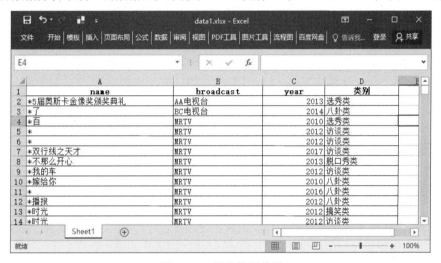

图 12.21　部分数据截图

说明

上述数据为笔者虚拟的数据，开发本项目之前，应将 data1.xlsx 文件复制到项目目录中，如图 12.22 所示。

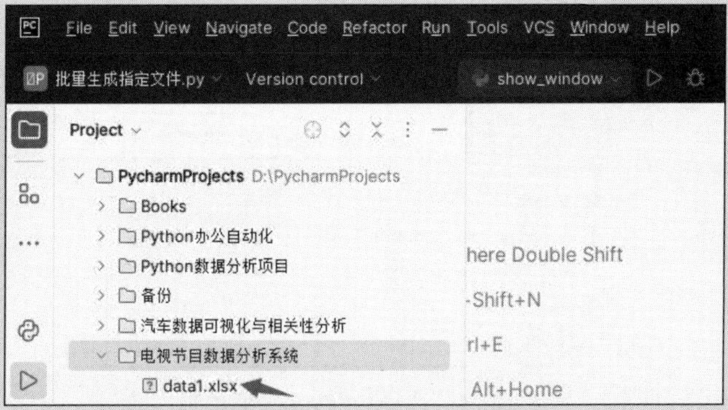

图 12.22　将 data1.xlsx 文件复制到项目目录

12.5　主窗体界面

12.5.1　功能草图

首先，根据系统功能结构设计功能草图，如图 12.23 所示。

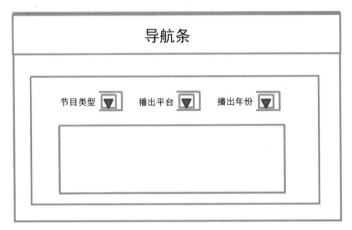

图 12.23　功能草图

在草图设计完成后，接下来我们将使用 Qt Designer 来设计完成主窗体界面。

12.5.2　创建主窗体

首先创建一个主窗体，然后将需要的控件放置在该窗体上。运行 PyCharm，选择 Tools→External Tools →Qt Design 菜单项，如图 12.24 所示，打开"Qt 设计师"窗口，在弹出的"新建窗体"对话框中，选择 Main Window，单击"创建"按钮，窗体创建完成，如图 12.25 所示。

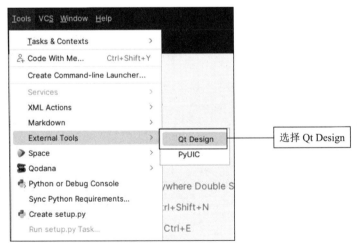

图 12.24　选择 Qt Design 菜单项

窗体图标和窗体标题栏需要通过"属性编辑器"进行设置，设置方法如图 12.26 所示。

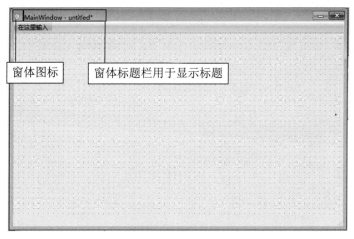

图 12.25　新建的主窗体

图 12.26　窗体属性编辑器窗口

相关属性设置完成后，你可能急切地想查看效果。那么，要预览窗体，需要选择"窗体"→"预览"菜单项，最后不要忘记按 Ctrl+S 快捷键以保存文件，将窗体保存为 MainWindow.ui 文件，其路径为项目所在文件夹（如"D:\PycharmProjects\电视节目数据分析系统\MainWindow.ui"）。

12.5.3　工具栏

工具栏主要使用 QToolBar 控件来实现。在窗体上右击，在弹出的快捷菜单中选择"添加工具栏"，然后为工具栏添加工具栏按钮，最终设计的工具栏效果如图 12.27 所示。

图 12.27　工具栏设计效果

具体步骤如下。

（1）工具栏按钮主要通过"动作编辑器"添加，通常放置在窗体的右侧。然后通过"动作编辑器"选项卡切换到"动作编辑器"窗口，具体操作如图 12.28 所示。

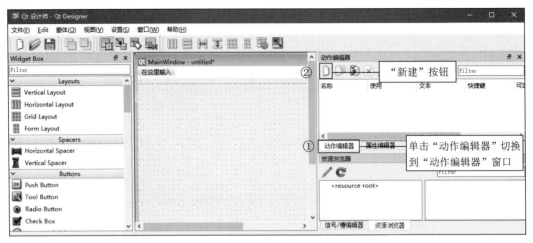

图 12.28　动作编辑器

（2）单击"新建"按钮，打开"新建动作"对话框，依次输入文本、对象名称、提示文本，并为按钮添加图标，操作步骤如图 12.29 所示，选择文件，选择"电视节目数据分析系统\img"文件夹中的图标，按图标序号进行添加（如图标 1.png），然后单击 OK 按钮，完成第一工具栏按钮。

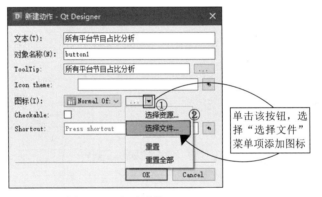

图 12.29　新建动作

接着按照以上步骤依次完成剩余 3 个工具栏按钮（参考图 12.27）。设计完成后的动作编辑器如图 12.30 所示。

图 12.30　设计完成后的动作编辑器

（3）编辑完成工具栏按钮后，通过拖曳的方式，将设计好的动作名称直接拖曳到工具栏上，如图 12.31 所示，当鼠标出现+符号时（见图 12.32）松开鼠标，工具栏按钮将被添加到工具栏上，而"动作编辑器"的"使用"复选框也同时被选中，如图 12.33 所示。接下来用同样的方法完成剩余的工具栏按钮。

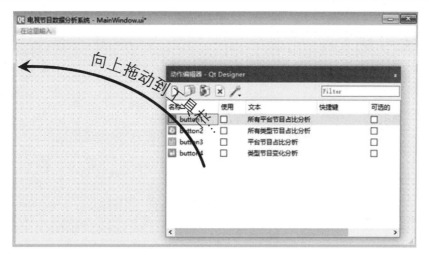

图 12.31 拖曳动作名称到工具栏

图 12.32 鼠标出现"+"符号

图 12.33 工具栏按钮和动作编辑器

（4）设置工具栏属性。设计完成工具栏按钮后，还需要为工具栏设置两个属性：iconsize 和 toolButtonStyle。这两个属性主要通过 QToolBar 控件的属性编辑器进行设置。iconsize 属性用于设置图标的大小，这里将图标的"宽度"和"高度"均设置 48 像素；toolButtonStyle 属性用于决定工具栏按钮的显示方式，若要实现图文结合的工具栏效果，需要将该属性值设置为 ToolButtonTextUnderIcon，如果不设置此属性，工具栏按钮将默认只显示图标或只显示文字。

（5）添加分隔符。右击工具栏第二个按钮，在弹出的菜单中选择"在"button2"之前插入分隔符"，这里插入两个分隔符。接下来，用同样的方法为后面的工具栏按钮插入分隔符。

至此，工具栏便设计完成了。

12.5.4 其他控件

下面将在窗体上添加其他控件，并通过 Qt Designer 属性编辑器设置每一个控件的属性，具体步骤如下。

（1）在窗体上添加第一个 Label 控件，用于显示标题。将 Font 属性的"大小"设置为 12；将 Text 属性设置为"播出平台 节目类型 年份"，确保每段文字中间有适当的空格，然后调整 Label 控件的宽度和长度，以使标题全部显示。

（2）在窗体上添加 3 个 Combo Box 控件，用于显示"播出平台""节目类型"和"年份"。将 objectName 属性分别设置为 cbo1、cbo2 和 cbo3；将 Font 属性的大小设置为"11"；右击 Combo Box 控件，在弹出的菜单中选择"编辑项目"菜单项，单击+符号添加内容，具体内容如表 12.1 所示。

表 12.1 控件名称及项目内容

控 件 名 称	项 目 内 容
cbo1	MR1 卫视
	MR2 卫视
	MR3 卫视
	MR4 卫视
	MR5 卫视
	MR6 卫视
	MR7 卫视
cbo2	八卦类
	搞笑类
	访谈类
	真人秀类
	选秀类
	脱口秀类
cbo3	2010～2023

接下来，将 cbo3 控件的 currentText 属性设置为"2023"，因为默认情况下显示 2023。

（3）在窗体上添加第二个 Label 控件，用于显示背景图片。将 pixmap 属性设置为"Code/20/img/电视节目数据分析系统.jpg"，单击黑色下三角按钮，在弹出的菜单中选择"选择文件"菜单项，选择背景图片文件。

（4）微调窗体和控件到合适的位置，最终效果如图 12.34 所示，按 Ctrl+S 快捷键以保存 MainWindow.ui文件，如果要预览界面设计效果，选择菜单"窗体"→"预览"菜单项即可。

图 12.34　主窗体设计完成后的效果

12.5.5　将.ui 文件转换为.py 文件

设计完成的主界面需要被转换为 Python 文件，以便在 Python 环境中使用，实现过程如下。

运行 PyCharm，打开项目文件夹，首先选择 MainWindow.ui，然后选择 Tools→External Tools→PyUIC菜单项，PyUIC 将自动生成一个名为 MainWindow.py 的文件，如图 12.35 所示。

如果此时运行 MainWindow.py 文件，界面将不会显示任何内容。那么，接下来我们需要做的是显示主窗体并实现功能代码。

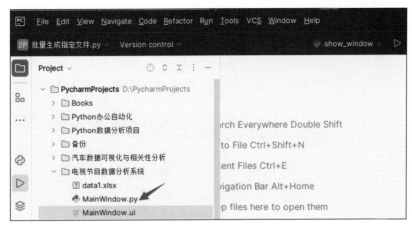

图 12.35　.ui 文件转换为.py 文件

12.6　数据预处理

12.6.1　数据预览

数据预览主要目的是大致浏览数据，例如，显示前 5 条数据，实现过程如下（源码位置：资源包\Code\12\view_data.py）。

（1）运行 PyCharm，在项目目录下新建一个 Python 文件，并将其命名为 view_data.py。

（2）导入 pandas 模块并读取 Excel 文件，代码如下：

```python
# 导入 pandas 模块
import pandas as pd
# 解决数据输出时列名不对齐的问题
pd.set_option('display.unicode.east_asian_width', True)
# 读取 Excel 文件
df = pd.read_excel('data1.xlsx')
```

（3）输出前 5 条数据，代码如下：

```python
print(df.head())
```

运行程序，结果如图 12.36 所示。

```
           name broadcast  year     类别
0          *少年    MR2卫视  2023   访谈类
1   *声音第2季升级版    MR2卫视  2023   访谈类
2       *人 第七季    MR3卫视  2023  真人秀类
3        *王第5季    MR6卫视  2023  真人秀类
4           *班   MRTV-3  2023  真人秀类
```

图 12.36　数据预览（前 5 条数据）

由于数据较多，上述仅预览了 2023 年的 5 条数据，下面使用 DataFrame 对象的 sample()方法随机抽取 10 行数据，代码如下：

```python
print(df.sample(10))
```

运行程序，结果如图 12.37 所示。

	name	broadcast	year	类别
199	*这碗饭	明日综艺台	2021	真人秀类
901	*微电影	MR30卫视	2015	情感类
704	*第一季	MR9卫视	2016	八卦类
623	*式会谈	MR21卫视	2017	脱口秀类
971	*儿不上班	TV-2	2014	情感类
257	*说第5季	aqy	2020	脱口秀类
414	*卫视非常静距离	MR32卫视	2019	访谈类
841	*有约	MR11卫视	2015	访谈类
687	*ar K第6季	net	2016	选秀类
438	*相迎2019相声跨年晚会	MR33卫视	2019	脱口秀类

图 12.37　随机抽取 10 行数据

从运行结果中得知：随机抽取的数据更有助于揭示数据中的问题、趋势和规律等。

12.6.2　查看数据

查看数据时，我们主要使用 DataFrame 对象的 info()方法来获取数据的行数、列数、列名称、每列数据不为空数量、数据类型和内存使用情况，代码如下（源码位置：资源包\Code\12\view_data.py）：

```
df.info()
```

运行程序，结果如图 12.38 所示。

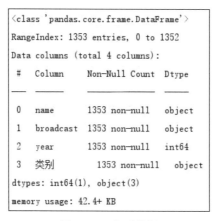

图 12.38　查看数据

从运行结果中得知：数据为 1353 行 4 列，且每列数据不为空的数量均为 1353。因此，可以得出结论：数据质量优，不存在缺失值和数据类型不正确的情况。

12.6.3　描述性统计分析

下面，我们将利用描述性统计分析，对数值型数据和字符串型数据的整体状况进行进一步的了解。特别地，我们将通过查看数据的最小值来检查数值型数据中是否存在 0 值。这一分析过程主要依赖于 Pandas 库中 DataFrame 对象的 describe()方法，代码如下（源码位置：资源包\Code\12\view_data.py）：

```
# 设置数字的显示精度
pd.set_option('display.precision',0)
print(df.describe())                                    # 输出数值型数据描述性统计
```

```
print(df.describe(include='object'))                                    # 输出字符串型数据描述性统计
```

运行程序，结果如图 12.39 所示。

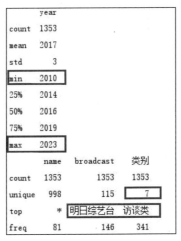

图 12.39 描述性统计分析

从运行结果中得知：数据中年份的最小值为 2010 年，最大值为 2023 年，包括 7 个不同的类别，其中"明日综艺台"的"访谈类"节目最多。

12.7 数据统计分析

12.7.1 数据连接模块

数据连接模块主要用于连接 Excel 文件，实现过程如下（源码位置：资源包\Code\12\cnn.py）。

（1）运行 PyCharm，在项目目录下新建一个 Python 文件，并将其命名为 cnn.py。

（2）导入 pandas 模块并读取 Excel 文件，代码如下：

```
# 导入 pandas 模块
import pandas as pd
# 定义数据连接函数
def data():
    # 读取 Excel 文件
    df=pd.read_excel('data1.xlsx')
    return df
```

12.7.2 数据分析及可视化模块

数据分析及可视化模块主要负责实现主窗体界面与业务代码的分离，并处理控件之间的交互。该模块首先利用 pandas 模块对电视节目数据进行统计分析，然后通过 pyecharts 模块将分析结果以可视化的形式展现出来。实现过程如下（源码位置：资源包\Code\12\variety_show_analysis.py）。

（1）运行 PyCharm，在项目目录下新建一个 Python 文件，并将其命名为 variety_show_analysis.py。

（2）导入相关模块，代码如下：

```
from PyQt5 import QtWidgets
# 导入主窗体文件中的 UI 类
```

```
from MainWindow import Ui_MainWindow
# 导入自定义数据处理模块
import cnn
# 导入第三方图表库 pyecharts 的相关图表模块
from pyecharts.charts import Pie,Line
from pyecharts import options as opts
# 导入浏览器模块
import webbrowser
```

（3）为了实现主窗体界面（也就是 UI）和业务代码的分离，我们首先创建 MainWindow 类，代码如下：

```
class MainWindow(QtWidgets.QMainWindow, Ui_MainWindow):
    def __init__(self):
        super(MainWindow, self).__init__()
        self.setupUi(self)
        # 单击工具栏按钮触发自定义方法
        self.button1.triggered.connect(self.all_platform_chart)
        self.button2.triggered.connect(self.all_type_chart)
        self.button3.triggered.connect(self.platform_chart)
        self.button4.triggered.connect(self.type_chart)
```

上述代码中，前 4 行代码主要实现界面与业务代码的分离，而接下来的代码用于实现控件事件触发自定义方法。这段代码可以根据实际项目情况进行编写。

通过这种方式实现业务代码，代码结构变得清晰。在未来若需修改界面，只需更新.ui 文件，并将其转换为 Python 文件即可。这样的修改不会对业务代码造成影响，这正是界面与业务代码分离的优势所在。

（4）在 MainWindow 类中，我们将编写一个自定义方法 all_platform_chart()，该方法用于实现所有平台各年节目数量占比分析，代码如下：

```
# 分析所有平台各年节目数量占比
def all_platform_chart(self):
    # 调用 cnn 模块的 data()方法获取数据
    df = cnn.data()
    # 获取年份
    myyear = self.cbo3.currentText()
    # 抽取指定年份的数据
    df=df.loc[df['year']==int(myyear)]
    # 按节目进行分组统计
    df_groupby = df.groupby('broadcast').size().reset_index()
    # 提取平台名称
    broadcast = df_groupby['broadcast']
    # 提取节目数量
    count = df_groupby[0]
    # 饼形图用的数据格式是 [(key1,value1),(key2,value2)]，所以先使用 zip()函数将二者进行组合
    data = [list(z) for z in zip(broadcast, count)]
    # 绘制饼形图
    name = myyear + "年所有平台播出节目数量占比情况"
    pie = Pie()                                                          # 创建饼形图
    # 为饼形图添加数据
    pie.add(series_name='类别',                                          # 添加序列名称
            data_pair=data)                                             # 添加数据
    pie.set_global_opts(title_opts=opts.TitleOpts(title=name, pos_left="center"),  # 设置饼形图标题居中
                        # 不显示图例
                        legend_opts=opts.LegendOpts(is_show=False))
    # 序列标签
    pie.set_series_opts(label_opts=opts.LabelOpts(), tooltip_opts=opts.TooltipOpts(
        trigger="item", formatter="{a} <br/>{b}: {c} ({d}%)"))
    htl = name + ".html"
    # 将图表渲染为 HTML 文件，并将其存放在程序所在目录下
    pie.render(htl)
    # 在浏览器中显示图表
```

```
webbrowser.open(htl)
```

（5）在 MainWindow 类中，我们将编写一个自定义方法 all_type_chart()，该方法用于实现所有类型节目各年数量占比分析，代码如下：

```
# 分析所有类型节目各年数量占比
def all_type_chart(self):
    # 获取年份
    myyear = self.cbo3.currentText()
    # 调用 cnn 模块的 data()方法获取数据
    df = cnn.data()
    # 抽取指定年份的数据
    df=df.loc[df['year']==int(myyear)]
    # 按节目类型进行分组统计
    df_groupby = df.groupby('类别').size().reset_index()
    show = df_groupby['类别']
    count = df_groupby[0]

    # 饼形图用的数据格式是[(key1,value1),(key2,value2)]，所以先使用 zip()函数对二者进行组合
    data = [list(z) for z in zip(show, count)]
    # 绘制饼形图
    name = myyear + "年所有类型节目数量占比情况"
    pie = Pie()                                                    # 创建饼形图
    # 为饼形图添加数据
    pie.add(series_name='类别',                                     # 添加序列名称
            data_pair=data)                                        # 添加数据
    pie.set_global_opts(title_opts=opts.TitleOpts(title=name,pos_left="center"),   # 设置饼形图标题居中
                        # 不显示图例
                        legend_opts=opts.LegendOpts(is_show=False))
    # 设置序列标签
    pie.set_series_opts(label_opts=opts.LabelOpts(), tooltip_opts=opts.TooltipOpts(
        trigger="item", formatter="{a} <br/>{b}: {c} ({d}%)"))

    htl = name + ".html"
    # 将图表渲染为 HTML 文件，并将其存放在程序所在目录下
    pie.render(htl)
    # 在浏览器中显示图表
    webbrowser.open(htl)
```

（6）在 MainWindow 类中，我们将编写一个自定义方法 platform_chart()，该方法用于实现各平台各年节目数量占比分析，代码如下：

```
# 分析各平台各年节目数量占比
    def platform_chart(self):
        # 调用 cnn 模块的 data()方法获取数据
        df = cnn.data()
        # 获取平台和年份
        platform=self.cbo1.currentText()
        myyear = self.cbo3.currentText()
        # 抽取指定年份和平台的数据
        df=df.loc[(df['year']==int(myyear)) & (df['broadcast']==platform)]
        # 所有平台播出节目数量占比
        df_groupby = df.groupby('name').size().reset_index()
        # 提取节目名称
        x_data = df_groupby['name']
        # 提取节目数量
        y_data = df_groupby[0]
        # 饼形图用的数据格式是[(key1,value1),(key2,value2)]，所以先使用 zip()函数对二者进行组合
        data = [list(z) for z in zip(x_data, y_data)]

        # 绘制饼形图
        name = platform + myyear + '年播出节目数量占比'
```

```
pie = Pie()                                                      # 创建饼形图
# 为饼形图添加数据
pie.add(series_name='类别',                                      # 添加序列名称
        data_pair=data)                                          # 添加数据
pie.set_global_opts(title_opts=opts.TitleOpts(title=name,pos_left="center"),    # 设置饼形图标题居中
                        # 不显示图例
                        legend_opts=opts.LegendOpts(is_show=False))
# 设置序列标签
pie.set_series_opts(label_opts=opts.LabelOpts(), tooltip_opts=opts.TooltipOpts(
    trigger="item", formatter="{a} <br/>{b}: {c} ({d}%)"))

htl = name + ".html"
# 将图表渲染为 HTML 文件，并将其存放在程序所在目录下
pie.render(htl)
# 在浏览器中显示图表
webbrowser.open(htl)
```

（7）在 MainWindow 类中，我们将编写一个自定义方法 type_chart()，该方法用于实现各类型节目数量逐年变化分析，代码如下：

```
# 分析各类型节目数量逐年变化
    def type_chart(self):
        # 调用 cnn 模块的 data()方法获取数据
        df = cnn.data()
        # 获取类型
        type = self.cbo2.currentText()
        # 抽取指定年份和平台的数据
        df = df.loc[df['类别'] == type]
        # 统计各年节目数量
        df_groupby = df.groupby('year').size().reset_index()
        # 绘制折线图
        x=list(map(str,df_groupby['year']))
        y=list(map(str,df_groupby[0]))
        name=self.cbo2.currentText()+'节目逐年数量变化'
        line = Line()                                           # 创建折线图
        # 为折线图添加 x 轴和 y 轴数据
        line.add_xaxis(xaxis_data=x)
        line.add_yaxis(series_name=name, y_axis=y)
        # 将图表渲染为 HTML 文件，并将其存放在程序所在目录下
        htl=name + ".html"
        line.render(htl)
        # 在浏览器中显示图表
        webbrowser.open(htl)
```

12.7.3　显示主窗体模块

在运行项目时，应首先运行 show_window.py 模块。该模块可以调用主窗体模块，进而实现数据分析及可视化，实现过程如下（源码位置：资源包\Code\12\show_window.py）。

（1）运行 PyCharm，在项目目录下新建一个 Python 文件，并将其命名为 show_window.py。

（2）导入相关模块，代码如下：

```
# 导入 QtWidgets
from PyQt5 import QtWidgets
# 导入 MainWindow 类
from variety_show_analysis import MainWindow
# 导入 sys 模块
import sys
```

（3）显示主窗体，代码如下：

```
# 每个 Python 文件都包含内置的变量__name__
# 当该文件被直接执行时，
# 变量__name__就等于文件名（.py 文件）
# 而"__main__"则表示当前所执行文件的名称
if __name__ == "__main__":
    # 初始化 QApplication 类以启动程序
    app = QtWidgets.QApplication(sys.argv)
    # 创建主窗体对象
    main = MainWindow()
    # 显示主窗体
    main.show()
    # 程序关闭时退出进程
    sys.exit(app.exec_())
```

至此，整个项目就完成了，运行程序，结果如图 12.40 所示。

图 12.40　电视节目数据分析系统

单击"所有平台节目占比分析"按钮，分析 2023 年所有平台节目数量占比情况，结果如图 12.41 所示。

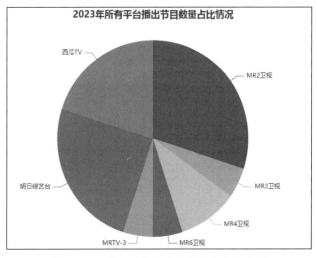

图 12.41　所有平台播出节目数量占比分析

12.8 项 目 运 行

通过前述步骤，我们已经设计并完成了"电视节目数据分析系统"项目的开发。"电视节目数据分析系统"项目目录包含 1 个数据文件、1 个.ui 文件和 5 个 Python 脚本文件等，如图 12.42 所示。

图 12.42　项目目录

接下来，我们运行主窗体脚本文件，以检验我们的开发成果。例如，要运行 show_window.py 文件，首先双击该文件，此时右侧"代码窗口"会显示全部代码，然后在"代码窗口"中右击，在弹出的快捷菜单中选择 Run 'show_window'命令（见图 12.43），即可运行该文件。

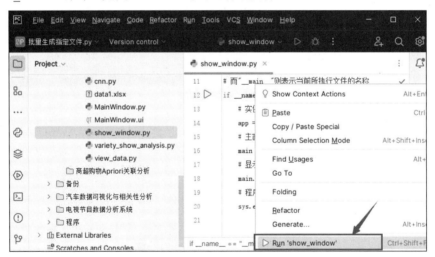

图 12.43　运行 show_window.py 文件

12.9 源 码 下 载

本章虽然详细地讲解了如何通过 Qt Designer 模块、PyQT5 模块、pandas 模块和 pyecharts 模块实现"电视节目数据分析系统"的各个功能，但给出的代码都是代码片段，而非完整的源代码。为了方便读者学习，本书提供了用于下载完整源代码的二维码。

源码下载